U0378800

The Ordinary Spaceman:
From Boyhood Dreams
to Astronaut

普通
宇航员

在太空实现的童年梦想

Clayton
Anderson

〔美〕克莱顿·C.安德森 著

高晓华 陈薪宇 译

北京时代华文书局

图书在版编目（CIP）数据

普通宇航员 /（美）克莱顿·C. 安德森著；高晓华，陈薪宇译.
—— 北京 ： 北京时代华文书局，2017.9
书名原文：The Ordinary Spaceman: From Boyhood Dreams to Astronaut
ISBN 978-7-5699-1735-2

Ⅰ．①普… Ⅱ．①克… ②高… ③陈… Ⅲ．①外太空—普及读物 Ⅳ．① V11-49

中国版本图书馆 CIP 数据核字（2017）第 164949 号

THE ORDINARY SPACEMAN: From Boyhood Dreams to Astronaut
by Clayton C. Anderson and Nevada Barr
Copyright © 2015 by Clayton C. Anderson
Foreword © 2015 by the Board of Regents of the University of Nebraska
Published by arrangement with McIntosh and Otis, Inc.
through Bardon-Chinese Media Agency
Simplified Chinese translation copyright © (2017)
by Beijing Times-Chinese Press
ALL RIGHTS RESERVED

普 通 宇 航 员

PUTONG YUHANGYUAN

著　者 |（美）克莱顿·C. 安德森
译　者 | 高晓华　陈薪宇

出 版 人 | 王训海
责任编辑 | 孟繁强
装帧设计 | 孙丽莉　赵芝英
责任印制 | 刘　银

出版发行 | 北京时代华文书局 http://www.bjsdsj.com.cn
　　　　　北京市东城区安定门外大街 136 号皇城国际大厦 A 座 8 楼
　　　　　邮编：100011　电话：010-64267955　64267677
印　　刷 | 北京京都六环印刷厂　010-89591957
　　　　　（如发现印装质量问题，请与印刷厂联系调换）
开　　本 | 700mm×1000mm　1/16　　印　张 | 21.25　　字　数 | 262 千字
版　　次 | 2017 年 9 月第 1 版　　印　次 | 2017 年 9 月第 1 次印刷
书　　号 | ISBN 978-7-5699-1735-2
定　　价 | 58.00 元

版权所有，侵权必究

致德克斯，一名真诚可靠的领导者，他在地面以及太空的时间永远都不嫌多。

致我所有的机组成员：

STS-117的C. J.、布鲁、斯旺尼、帕特里克•福雷斯特、丹尼和詹姆斯•赖利

第十五远征队的费奥多、奥列格和苏尼

STS-118的斯科特、斯考奇、里克、戴维兹、特蕾西•考德威尔、芭芭拉和本杰明•阿尔韦

第十六远征队的尤里、佩吉和谢赫

STS-120的帕博、扎博、法兰博、朗博、罗博、洛奇和博奇

STS-131的德克斯、麦什、瑞克、多蒂（笑一下！）、直子和斯蒂芬妮

你们在地球上和太空中和我一起分享了人生，永远感谢你们给我这样美妙的机会。

致我1998级17小组的"企鹅"同学们，也许我们没有一起飞过，但能够成为你们中的一员是我永远的荣幸。

献给我的父亲、母亲、姐姐、弟弟，他们教会了我永远不要放弃。

献给我的妻子、儿子和女儿，他们给我了不放弃的理由。

目录 CONTENTS

前言

　　我和克莱·安德森认识很多年了。我们是在全国教育联合会的一个会上认识的，当时他的女儿刚刚出生。他在我的婚礼上唱歌，从外太空给我打电话，给我了一次向无尽黑暗的宇宙大喊"爱你！"的机会。认识克莱之后，我也见过几位总统和第一夫人以及一些名人，但他是我认识的唯一的宇航员。他们太稀有了，环绕我们地球旋转的人。克莱符合你对英雄的所有想象：高大，身体健壮，婚姻幸福，真诚，直率，脚踏实地。这最后一点对宇航员来说有点讽刺。

　　读克莱的《普通宇航员》，你能够近距离地接触一个个事件，仿佛一名好友带你去游览海底，参观俄罗斯，在冰冷的太空漂浮，想办法在零重力环境下吃东西和上厕所。这一趟旅程私密而有趣。如果不能成为宇航员，那你可以读读这本书。也许这样还更划算，你可以体验克莱所有的狂野冒险，但不需要像婴儿一样蜷缩在太空舱里，或者在冬天的俄罗斯埋头苦干来证明自己。

　　准备发射吧。

内华达·巴尔

致谢

毫不夸张地说，成千上万的个人和组织都曾或多或少地为书中提到的故事添砖加瓦。从上小学到作为宇航员退休，我感受到了人们在尽他们最大的努力助我成功。虽然试图感谢每一个人显得很鲁莽，还是有一些人值得特别感谢。

首先就是我的妻子和我的家人。苏珊、科尔和萨顿，你们为我带来了巨大的欢乐，感谢你们陪我度过了辉煌的旅程，全心全意爱你们。

然后是我的老朋友和同事约翰·米尔斯特德，我在太空的时候，每天都会准时发给我鼓励的邮件。约翰也为引言的写作提供了指导，感谢他的帮助、智慧和友谊。

在水下训练时，国家海洋和大气管理局、北卡罗来纳大学威明顿分校、国家水下研究中心的基拉戈办公室提供了帮助。栖息地的管理者以及运营者展现了高水平的训练能力、专业程度以及对安全不计成本的坚持，让我们有了成功的信心。感谢基亚、比恩希、库珀、奥特、吉姆、多米尼克、雷医生、斯蒂文医生、金、比利、肯达尔、奥托、斯米蒂、罗杰、拜伦、哈尔和索尔。你们不仅监督着我，也是我的朋友。

飞行员安迪·罗伯特和雷·"州长"·海涅曼，愿意就T-38技术方面的问题协助我。感谢你们的努力，使得其他的飞行专家都无法指摘飞行方面的错误。

真心**感谢**①安东尼·凡舒教授。他是我宇航员生涯中一位杰出的俄语导师。凡舒教授亲切地帮我审阅了原稿，尽可能消灭了**错误**。感谢他在多种语言上的专业帮助。

致这个世界上所有的太空旅行者，我的前辈们以及未来将要进入太空的人们，感谢你们将自己奉献给了这样的探索工作，我们所做的事情对世界的未来而言很重要。

与此同时，我还要感谢我的好友，也是我的写作导师、作家、演员及艺术家内华达·巴尔。你在这个新作家身上倾注的耐心和信心让我成为了一名作者，能够更加有效地分享自己的人生经验。没有你的帮助，这本书只是一些零散的故事而已，充斥着超长的句子和大堆的形容词。

最后，当然要感谢NASA②，感谢各个中心，所有的员工。你两次冒险派出了这个内布拉斯加小镇男孩。感谢你在1981年雇佣了我，感谢你选中我成为代表美国的宇航员。永远感谢你的信任，愿你的每次冒险都能得到回报。

---

① 本段加黑部分原文为俄文。
② National Aeronautics and Space Administration，简称NASA，美国国家航空航天局。

引言

市场上已经有了不少关于太空奇观的书，要么主人公比我有名，要么作者比我有名：巨大的火箭穿透纸一般的大气层，点燃巨大而纯净的爆炸性燃料，从空中俯瞰我们脆弱而美丽的家园——地球。这些杰出的作品用成千上万张NASA照片讲述他们的故事；他们说到自己一个人视死如归地进入宇宙真空，身后只系着一根脆弱的钢缆。他们讲述生活中的故事，以及对抗永不餍足欲望的战斗。

我不想让这本书里都是琐事和政治正确的东西，我想要告诉读者这趟不可思议之旅的真实面貌。从一开始我如何申请成为宇航员，到我经历的选拔和训练，直至最后执行太空任务。我想让你们知道我实现梦想、最终"出国工作"这一路以来的波澜起伏。

我的父亲曾经很爱讲一个关于我的笑话。他会笑着对他们说："我告诉我儿子，别在学校里上天。"父亲，我确实在学校里上了天，我写这本书的原因非常简单：分享成为宇航员的种种经历。我想让尽可能多的人知道那个被我们叫作外太空的地方有着什么样的奇妙与光芒……我想让他们按我的方式来了解。

对很多事我都心存敬畏。我敬畏我与上帝的关系，我敬畏对家人的爱以及我对他们担有的责任和义务，我对努力成为最好的自己心怀敬畏：最好的丈夫、最好的父亲、最好的兄弟、最好的朋友和最好的宇航员。当我身着太空服，和巨大的真空之间只有薄薄几层织物和凯夫拉纤维①，当我站在国际空间站里加拿大产58英尺（17.7米）长机械臂的一端，当我看着地球与天空，那种敬畏感无法言说。但我从另一个方向得到了其他启发。我曾经听过一位过度自大的绅士被人警告说他破坏了"第三条规则"。他问第三条规则是什么，得到的答案是"你太看得起自己了。"他又问其他规则是什么，答案是"没有其他规则。"

　　我做过很多严肃的事情，我也非常严肃地对待它们。我尊重我的父母、家人、老师、宗教、朋友、工作、同事以及我自己。但我从没有破坏过第三条规则，我并没觉得克莱有什么了不起。

　　非常感谢内布拉斯加大学出版社的诸位同意出版这本书。罗博、考特尼、安、马丁、艾米丽、罗柏、罗斯玛丽、埃丽卡、托马斯、蒂什和洛纳作为我的收尾团队极其出色——为这支"纸火箭"的发射做好准备——离开整个出版团队的奉献帮助，各项工作不会如此顺利地完成。

　　在地球上的短暂时光里，我的人生中发生过一些壮丽宏大的事件，但我仅仅把自己看作是内布拉斯加的小镇男孩——并没有什么特别，仅仅是一个普通的美国人。如果你觉得我够有趣，甚至还拿起了这本书，我会觉得不安。但是既然你已经翻开了它，我会试图以一种有趣的方式，一种不那么正经的方式，尽力向你讲述我生命中发生的不平凡之事。生生不息，繁荣昌盛。②

---

① 凯夫拉纤维，杜邦公司出品，具有耐高温、高抗拉等特性。
② 美国科幻影视系列《星际迷航》中瓦肯人的著名祝词，通常伴随着瓦肯举手礼。

01
第一次飞行

　　人生总有第一次：第一次说话，第一次走路，第一次约会，第一次接吻，第一次被审计税务……嗯，你懂的。对于一名新晋宇航员来说，生活同样充满了第一次。从你去休斯敦约翰逊航天中心（JSC）[①]报到那一天起，拾级而上来到南4号楼6层宇航员部神圣的大厅，你就注定要经历一场充满期待且绝非儿戏的体验：第一次全体会议，第一次去男卫生间，第一次和经验丰富的宇航员争执，对方认为你有可能夺走他下一次太空行走的机会。这全部都是"入伙"仪式的一部分，这种仪式非常重要，决定你能否被也许是这星球上（也是星球之外）最出色的男男女女接纳为他们其中的一员。

　　在这许许多多的"第一次"中，或许最重要的体验也可以视为一种额外收获……一种时速高达850英里（1368千米）的额外收获！那是1998年11月4日，两个月前，我才刚刚成为宇航员候选人（ASCAN），来到JSC。这个

[①] Johnson Space Center，简称JSC。美国国家航空航天局下属管理载人航天任务的机构，1961年成立，当时的名字是载人宇航飞行中心，1973年为纪念美国前总统林登·约翰逊，改名为林登·约翰逊航天中心。

季节阳光明媚，气温略高过80度①，正是得州东南部美好的秋季，一年之中得州人期盼着这一季节，而它的短暂则令人哀叹，12月很快就要到了。

我早早地来到了艾灵顿·菲尔德机场，带着一点无伤大雅的紧张。这个机场位于休斯敦东南，曾经是一个空军基地，现在改成了NASA T-38教练机的大本营。我期待着一次终生难忘的体验。276号机库里的狭窄楼梯挂在东南角，我试探着往上爬，不时瞟一眼地上那架造型优美、白蓝相间的喷气式飞机，眼里都是渴望与崇拜。在这座巨大的建筑里，所有的飞机都庄严静默地停在地面上，每架飞机都像一块精心设计的拼图板，刚好使得整个机队的飞机都能停在机库里，不用暴露在得州南部的风暴、降雨、冰雹和高温下。来到这样一个不熟悉的地方，感觉到自己完全是个新手，我小心翼翼地打开了待命室的蓝门，里面就是飞行员和宇航员们做飞行准备的地方了。进去以后，我迅速朝着走廊另一头走去，心中默念千万别被拦下来问话。

不过，如果你穿着刷得一尘不染的黑色军皮靴走在这座建于二战期间的机库里，每走一步地板都会尖叫一声宣告有人来了。我左顾右盼寻找办公室的名牌。沿着走廊走了三分之一，终于来到了安迪·罗伯茨上校的门前，他是空军预备役上校，头衔是宇航员飞行教官。来到这里，算是一种受洗仪式：在NASA的T-38教练机上进行第一次飞行。（T-38里的T意思是教练机，这型双发喷气式飞机是NASA用来训练宇航员飞行的。）

我穿着崭新的海蓝色宇航员飞行服，名牌上写着"克莱顿·C.安德森，JSC"，在门口站得笔直，等着安迪示意我进去。他热情地笑了笑，朝我招招手，我走进去，顿了顿，打量一下这个前美国空军战斗机飞

----

① 此处指华氏温度，80华氏度约合26摄氏度。

行员的大本营。

安迪和其他三名飞行教官共用一个办公室，里面摆设随意，和任何一个美国政府机构的办公室没什么区别。浅褐色的办公室设备和隔间是政府发的，好像要把一切可能惹麻烦的人或事挡在外面。书架和文件柜的格局，就像小孩子在奶奶的客厅里搭建的城堡。文件和个人物品杂乱地放着，都是多年工作和家庭生活的写照，看到这里，我发现自己身上那套飞行服——崭新、鲜亮又僵硬——穿起来就像一包三件的新衬衫里刚抽出的纸板一样毛糙。我现在的教官、原来的战斗机飞行员，穿的衣服可旧多了。一想到这个，我浑身上下每个毛孔都散发出紧张和焦虑，像飞行前那样出了一身细汗。

他的飞行服曾经也和我的一样，色彩明亮、质地挺括，现在看起来就像一件舒服的牛仔衬衫，柔软服帖地包裹着他的上半身。曾经鲜亮的海蓝色变成一种褪了色的蓝粉彩，让我想起了自己最喜欢的一件老浴袍。但他这个人则透出一股子自信。两袖靠近胸的位置，有两个典型军队风格的臂章——左侧是美国国旗，右侧是NASA飞机运营指挥部的飞行教官臂章。臂章也有些褪色，飞行教员戴着它们在T-38上飞了无数次，在透明的舱盖下接受了一个又一个小时的暴晒，它们的飞行小时数已经多得需要他用计算机帮忙记录。每一根线都曾被紫外辐射捶打，每一次飞行都会让布料的颜色泛黄一些。喷气式飞机一次又一次飞入大气层，像针穿过衣服一样扎穿棉花般的云，安迪的飞行服则是飞机里无言的乘客。尽管遭到百般蹂躏，这件飞行服最终得到的奖赏是，被我们的太阳以光速发出的高能辐射触碰，这种辐射来自太阳系的中心，穿过9300万英里①才来到地球。

---

① 太阳到地球的距离，约合1.496亿公里。

　　我看了看安迪的名牌，上面有他的名字和头衔。尽管有些旧了，空军标志性的银边依然在闪着骄傲的光，象征着他投身的事业。当然，他也可以穿一套新的飞行服，只需要下到一楼，从对面的楼梯上去就有装备店。他本可以和我一样，也穿一套僵硬不舒适的新衣服。

　　我很快就明白了，和所有服过役的人一样，他穿着这身旧飞行服是一种骄傲的象征，纪念他如何勇敢地为他的国家挑战这片天空，纪念他每一次取得的胜利。

　　安迪正在打电话，电话那头是他的妻子。我无意偷听，但是听到他说什么"亲爱的我得挂了，来了个新的宇航员候选人体验他的空中刺激之旅"。我原本就紧张，自然被这些话吸引了注意力。我担心很快就会真真切切地体验到"火的洗礼"。

　　之前安迪就给我们上过课，讲T-38液压系统的微妙差别，我那时就认识他了。我俩再次向对方介绍了自己，花5分钟闲聊各自的生活。之后，他开始用战斗机飞行员的声调，向我介绍接下来飞行的技术细节。这趟训练飞行将在一块被称作W-147C（或者"威士忌一四七查理"）的区域进行，这块训练区位于墨西哥湾北部上空，从我们的飞控航电显示器上看是一个鲜绿色三角形。我们的飞行前简报包括了所有的细节：从飞机的尾翼编号到途中会经过的高威胁地区（跑道附近的鸟，艾灵顿机场附近的小飞机），还约定了目视信号，出现紧急情况或者需要从飞机弹射出去的时候，我们可能会用到。我们过到通信这一项时，有一则是关于"飞机无线电失效"（NORDO）的状况，安迪平静地问我："你会操纵无线电系统吗，克莱？"

　　"是的，长官，我想我会。"我自信地答道。每一个宇航员候选人兼飞行新手都会在地面学校上课，学习T-38飞机以及飞机系统的所有知识，包括通信和无线电。听到我的回答后，安迪递给我一小张纸，上面列出这次为时1小时15分钟的飞行中我们将会使用到的频率，这趟飞行也将（终于！）带我来到喷气式飞机的高速世界。

短暂休息之后，我们来到了跳伞准备室，对称的木架上挂着一百多个绿色军用降落伞，已经被工作人员一丝不苟地摆整齐了。他们等着下一个宇航员或者飞行员的到来，为他们背上降落伞，扣紧腰带，默默祈祷今天不会用上这玩意儿。我和安迪各自选了一个降落伞（我是特大号的），甩到右肩上，从小隔间里取出各自的头盔，朝停机线走去。

大步走向喷气式飞机，我昂首挺胸，斗志昂扬。在心底里，期待让我的神经兴奋不已。我迅速把耳塞塞到耳朵里，然后安静地跟在安迪身后，绕着飞机走了一圈。他一边讲一边对飞机和其他高科技附件进行起飞前检查，我在一旁全神贯注地观察。

我们的"大鸟"状况良好，一如预期，我从驾驶舱后侧边缘挂着的蓝色梯子爬上去，坐在老式并联双座的后排。我调整坐姿，扎好安全带，一名老练的地面工作人员帮我整理了所有的飞行装备：手套、头盔、文件包（装地图和航图），然后检查了我自己接的无数条接线、吊扣和皮带，确认它们都在正确的位置。他轻轻拍了拍我的肩膀，给了我一个假笑，直盯着我的眼睛，祝我一切顺利。我觉得他一定非常清楚我是个菜鸟。

用糖浆里打滚的乌龟那样缓慢的速度，我检查了驾驶舱后舱的仪表、指针和显示器，确认飞机的各种状态就像我之前学习过的一样，达到了起飞前的各项要求。我被牢牢地固定在座椅上，头盔也被下巴下方的带子固定好了。我朝驾驶舱中间靠下、略高于控制杆的地方看了看，想再确认一下无线电管理系统显示器。对比了五个显示数字和夹在膝上图夹上的手写卡，我略微松了一口气，确信自己已经在各个频隙中输入了正确的数字。

安迪的声音沉着而镇定："右侧准备启动。"他按下了前舱里相应的开启按钮。看着转速指针指向了12%~14%的设定值后，他下令"启动计时器"，这是一种口头确认，点火电路30秒后就会启动。他轻轻地将右侧发动机的油门杆向前推，安静的驾驶舱瞬间塞满了来自发动机的轰鸣。发动机转速达到每分钟2000转后，每一秒钟都会消耗大量的航空燃油，可变截面积喷口喷出大量的废气。这是一台通用电气①制造的八级涡轮喷气式发动机，在海平面能够提供3600磅的推力。经过同样的流程，安迪启动了左侧的发动机。两台轴向运行的发动机以几乎同步的节奏嗡嗡作响，给我的耳塞带来了巨大的压力。

经过多年在军队的飞行历练，安迪已经轻车熟路，向塔台请求许可："艾灵顿塔台，这里是NASA 917，威士忌—四七查理区域仪表飞行②，请求许可。"

等了10到15秒，电波传来了塔台人员调整麦克风的声音和带着杂音的回复："NASA 917，威士忌—四七查理区域放行，雷达方向，速度50，前往206跑道。准备好滑行后呼叫。"

我并没有完全听懂塔台人员说的话，而是火急火燎地试图搞定手中的这支圆珠笔。颤抖的双手再加上诺梅克斯③飞行手套，使得我完全没办法整齐地抄下这种陌生语言里的信息，没办法"重复许可"。更雪上加霜的是，我得在一块紧紧绑在右大腿的板子上操作，在一小片纸上抄这条重

---

① 通用电气，General Electric Company，简称GE，成立于1892年，经营范围包括电子工业、能源、运输工业、航空航天、医疗与金融服务等。
② 仪表飞行，飞行员完全根据飞机上的各种仪表指示操纵飞机的飞行。
③ 诺梅克斯，Nomex，一种耐高温的绝缘、阻燃材料。

要信息。我受到了打击，非常挫败，干脆放弃了。我的飞行员给了我第二次机会，冷静地重复了塔台的放行许可，几乎一字不差："艾灵顿塔台，NASA 917，沿雷达方向飞往威士忌一四七查理区域，速度50前往206跑道，已经准备好滑行，已经收到'反馈'。"

"NASA 917，这里是艾灵顿塔台，滑行至17右侧道，经由H道①。"塔台里面目不清的声音再次发令。

与此同时，坐在前舱的安迪用戴手套的左手推动了发动机油门杆。飞机持续地低吼，慢慢往前挪动，离开了停机位。我们从位于机场南端的T-38机库出发，沿着交叉滑行道H，滑向机场北端的17右跑道，差不多有11000英尺（3.3千米）远。

17右跑道在宽广辽阔的混凝土地面的遥远尽头，滑行过去一路花费的时间要多一些。对我来说是一件好事。我有足够的时间完成飞行前的必要检查，在冲向跑道的过程中最后看一眼注意事项。即使是在11月初，得州大多数时候吹的也是南风。利用17右跑道——逆风起飞——会为T-38短粗的机翼增加不少升力。安迪又呼叫了塔台，告知我们已经准备好起飞，机场空中交通管控员报以一串标准回复："NASA 917，左转方向090，保持2000（英尺高度），准备起飞，17右跑道。"

安迪重复了塔台的回复，平稳地将两支油门杆向前推，将我们这架12000磅（5.44吨）的飞机稳稳地放在了跑道上。他的脚紧紧踩着刹车板，将油门杆推到了初始位置，那是被称为"最大加力"的位置。发动机目前

----

① 原文为via hotel，在无线电通讯中，为了避免只说单个英文字母产生误解，例如B和D、J和G，发明了国际无线电通话拼写字母（International radiotelephony spelling alphabet），用常见单词代替单个字母。这里就是用hotel来代表字母H。

提供的推力接近起飞时的需要，准备将飞机推出跑道。安迪紧紧踩在刹车板上的双脚是我们还保持着静止状态的唯一原因。"克莱，准备好了？"他问道。

我那声温顺的"好了"，在他耳朵里一定像一个羞怯的三年级小学生。

安迪松开了双脚，抓紧了油门杆。他增加手上的力道，刚好可以将油门杆推过制动装置，越过了"最大加力"一直推到"加力燃烧"状态。发动机在最大运转状态嗡嗡作响，产生的力量超过了25000头种马，在这种力量的推动下，飞机沿着跑道一跃向前。

后座舱内的速度显示仪上，指针沿着顺时针方向稳步增长（最早停在60节），我的胸腔感到了推进带来的压力。所有的事情都在安迪的掌控之中（还记得不，我只知道如何操纵无线电），他开始请求起飞，有一天，会由我来说这些话："60节，100节，速度持续增加。"窗外的景色开始变模糊。

"SETOS（单发起飞速度），SETOS加10，"这个速度意味着我们已经足够快，即使失去了一个发动机也可以起飞。

我们沿着跑道以155节（287千米/时）的速度飞行，这样的速度是我之前从未体验过的。安迪踩在方向舵踏板上，就像踩在滑板上，将飞机的机头对准跑道的中心线。将控制杆轻轻向后一拉，将机头抬起5°，我们就升空了。地上的建筑很快就变成了小小的玩具屋。

安迪通过内部通话频率和我交流。我看不到他的表情。但是他听起来有点犯坏，叫我看看窗外，告诉他我看到了什么。"约翰逊航天中心和克利尔莱克市。"我回答道。

安迪笑了，说道："你再看看。"

我不知道他让我看什么，又仔细巡视了一圈地面上正在缩小的一切，试图找到我们玩的这个小游戏里的线索。

我挤出来一句一定不正确的回答："呃……NASA？"

他又笑了，让我注意一下飞行的角度。在起飞后的这段时间里，我们以几乎垂直的角度直接插入了天空！

当我们到达了目的地——墨西哥湾上空41000英尺（12.4千米），我意识到我们的速度降了下来，飞机的爬升角（飞机的机头和水平面的夹角）也变小了，于是平静了一些。我开始和安迪聊天，假装我也是一个开过高速飞机的老兵。但这信心没持续多久，就被安迪一个非常奇怪的问题打破了。

"克莱，你能听到我说话吗？"前舱在向我发话。

"是的，我能听到。"我马上就回答了。

"克莱，你能听到我说话吗？"这句话又通过头盔里的耳机传了过来，我觉得自己回答的声音应该高一点。

"是的！"我朝着氧气面罩大吼，开始意识到，可能发生了什么不得了的状况。

下一秒，飞机开始剧烈地摇晃起来。出大问题了。每过去一秒，我就愈发显得经验不足。我强迫自己镇定下来，开始在脑袋里搜寻培训里任何微小的细节。几乎是无意间，一个想法闯进了我的脑袋。我向前舱看去，那是安迪的后脑勺，他稳稳地坐着，我们之间有一堵刮花的玻璃墙。

显然，我们的通信系统出了问题。我用戴着宝蓝色手套的右手敲了敲右侧的耳机，然后竖起了大拇指，这个姿势应该是全世界通用的信号，安迪应该可以通过仪表板右侧安装的后视镜看到我的动作。接下来，我又敲了敲我的氧气面罩，比了一个大拇指朝下的手势，告诉他我能够听到他的声音，但是他听不到我说话。希望我真的表达清楚自己的意思了。

他用通话装置断断续续地回应，但是很平静，于是我没有那么担心了。"看来是通话装置有问题,我们得回去了。"我又竖起了拇指,于是我们返回了艾灵顿。我脑袋里乱极了,一会儿想着真要发生了灾难该怎么应对,一会儿想着"天哪,我到底是哪儿做错了?"

我们回到了停机位,完成了关机检查。座舱盖升起来时,我听到地勤人员的头儿,鲍勃·马伦,向安迪问了一个所有新手宇航员都担心的问题:"他把什么搞砸了?"

我完全是新手,根本不知道开始的时候要进行那个著名的"宇航员祈祷":"亲爱的上帝,别让我他妈的搞砸了!"

参照我在之前滑行时做的检查,我把驾驶舱里能找到的每个接线和按钮都检查了一遍又一遍。还是没有发现任何有问题的地方,我越来越确信,无线电面板的接法没有问题,我的头盔和通信系统也没有问题。飞机技师来了,搬来了蓝色的金属梯子,爬到和我一样高的位置。他仔细地看了一遍后舱里的开关和刻度盘。熟练地检查了一遍按钮和接线,这些也正是我之前检查过好多遍的地方。

最后他得出的结论是无线电管理系统的盒子失效了,证明了我的清白。我这才放松下来,大大地松了一口气。出问题的盒子被立刻更换了,速度非常地快,我们甚至都没有下飞机。

回到跑道后,我们又一次冲入了云霄。这一次则平安无事,只是安迪向塔台申请了提高"封锁高度":从28000英尺(8.5千米)提高到41000英尺。塔台同意了申请,安迪问我想不想突破一下声障。我心里想的是:"当然!"嘴上说的却是"可以"。我想象我们会在天上平稳地一直向前,穿破海面上的天空。试了才发现这种想象真是错得离谱。

我们达到了目标高度,41000英尺,平稳地将T-38保持在这一高度,测高仪的读数稳定了下来,显示为41,后面还跟着三个0。过了几秒,安迪用力将控制杆往后拉，将飞机翻了过来，大头冲下，机头直指墨西哥湾。他继续往后拉，控制杆几乎碰到了座椅的前缘。飞机整个向后翻过去，直直冲向地面。

做了一个跳水动作里的半周反身翻腾，我们向泛着白色浪花的水面冲去，每一秒钟浪花都在变大。"看看我们的速度。"安迪说，同时，他又让飞机做了一个半周旋转，一切又正了过来。

这是我第一次驾超声速飞机做后空翻，感觉头晕目眩，我努力朝速度指示表看去，试图集中注意力看清读数。速度：0.88，0.90，0.92。我看着数字稳稳地增长着，增长速度由地球的重力常数以及两台八级涡轮发动机的推力决定。数字超过了1.0马赫。

我们达到了声速！

数字还在增长，不过就像环法自行车赛里骑车上坡的骑手一样，增长的速度越来越慢。最后，数字停在了1.27。我们超过了声速！

我的大脑告诉自己应该听到超越声速后的巨响。过了几秒，我脑袋里唯一的声音是"这样啊？！"我们才是那巨响的原因。只是我们飞得太快，超过了声音的速度，所以才听不到。声爆早就被我们落在后面了。

第一次超越声速体验的最高潮和开始时一样，令人猝不及防。我们接近了封锁高度的下限，又一次来到了无形障碍的另一侧，安迪再次用力拉杆，止住我们向下坠落的势头。这个动作让人感觉好像飞机的金属机身被折弯了，抵抗着苹果落在牛顿头上时他发现的万物之力。我体重195磅（88.45千克），这个数字在数秒内翻了一倍，整个人深深陷在座椅里，感受着地球重力对我后背产生的拉力。

我坐在后舱，紧咬着牙关，绷紧了腹部的肌肉，就好像要排便一般，嗓子眼里还迸出来巨大的哼哼声，这一切都让人想起汤姆·克鲁斯主演的那部《壮志凌云》。这些动作想让血液回流到大脑，但是效果不佳。周边视野①已经开始消失，就好像舞台上的幕布在缓缓合上一样。

我突然担心起来，怕会失明和昏厥，再次鼓足了力气紧绷腹部，视线终于恢复了正常。我这才来得及体会这趟体验的刺激之处，对讲机里传来了一阵窃笑。安迪说："你那样做的时候真没必要发出那么大的声音。"我的飞行员一直在听我用力时发出的声音。我一下就从战斗机飞行员的幻想里掉出来，回到菜鸟飞行员的现实中。

我们在空中以350节（648千米/时）的速度划出一道笔直的轨迹，安迪建议我试着做一个横滚。"当然好啊，"我说，"我该怎么操作？"

安迪迅速地回答了我的问题："你只需要将操纵杆往右推，然后保持住几秒钟。让飞机滚转，之后再让操纵杆回到原位。"

听起来挺简单的，于是我试了一下。我把操纵杆向右推到底，用全力将它保持在那个位置。感觉时间差不多了（我怎么会知道多久算差不多？），我把操纵杆甩回到中间位置，通过透明的驾驶舱盖向上看去，期待看到无云的蓝色天空。但是我看到的只有水！我们整个倒了过来！安迪又笑了起来。他开始以教员的身份发话，说我"转得多了一点"。将操纵杆迅速地拨到右侧极限位，然后回到中间位置，世界又正了过来，蓝色的天空重现头顶。

在地面学校进行T-38训练时，教官多次警告我们，要注意一种被称作为"胃部感知"的状况。你可能对这种状况很熟悉——就是刚刚吃了双层培根奶酪堡和薯条，灌了一杯巧克力奶昔以后，第三次坐上过山车时会有

---

① 在注视点30°以外称为周边视野。

的感觉。你会直冒冷汗，你的胃一直在提醒着你，它可是一直在工作。你的嘴巴渴得不行，这时候吃一颗薄荷糖的话，也许可以稍稍缓解一下。好吧，我们的下一个机动，筋斗连筋斗，把上面提到的所有感觉都拉进我的大脑里。

　　安迪的计划是，他先向后用力拉杆，展示一下这个机动动作，如果我学到了诀窍，就让我也试一试。我们再一次大头朝下倒了过来，机头还指着地面。但这一次我们并没有停在这里，而是继续转，我的身体又一次感受到了重力的强烈作用。

　　对这些生理效应逐渐熟悉以后，我相信这次的机动应该不会那么具有挑战性。但我开始不住地出汗，汗水从额头一直流到脸颊，面罩里仿佛在下大雨。我的视野又一次变黑了，这时我才意识到自己根本不知道如何应对正在发生的状况。我又开始哼哼，惹得坐在前舱的哥们儿又笑了起来。尽管觉得尴尬（这种尴尬已经成了家常便饭），我还是继续哼，无所谓了。这回我拼命地收紧了腹部，希望能够让视野恢复，力道有点猛，差点以为会用上尿布。看来"胃部感知"第二阶段已经开始了，我戴手套的右手伸向了氧气系统开关。

　　我照着训练课里学的，将氧气推到100%的位置，然后掀起了头盔的面罩，将空气调节阀打开，让冷空气吹到我脸上。这样做确实有点效果，但是我们又开始转第二圈了。尽管我很想继续在天上飞，但是我的前庭系统[①]在警告我，如果不尽快降落的话，座舱里将会被我吐得一团糟。

　　我们从第二个筋斗里抽身后，安迪瞥了一眼燃油指示，然后呼叫道：

---

① 　前庭系统是人体平衡系统的一部分，对人体平衡和运动有重要影响。

"返回艾灵顿基地。"而我，顶多能瞥见自己的鼻尖，感觉好像一个已经升天的死人。再过几分钟，我们就可以回到地面了，我也可以达成宇航员之路上的众多里程碑之一：第一次飞行时没有吐在T-38里。

将飞机开回艾灵顿机场意味着我们从35000英尺（1.06千米）的高空持续下降。因为空调系统在高空中运行的效率比较高（高空的空气本来就冷，要保持凉爽还是比较容易的），降得越低，飞机内部就变得越热。空气热得让人不舒服，我又开始浑身冒汗。拜神经系统所赐，感觉越热，胃就越不舒服。出于习惯，我持续关注着氧气和空气调节的水平，确保氧气是在"100%"，而空调在"紧急"（全开）位置。遗憾的是，每次看完都会意识到并不会有什么变化，直至我们真的落到地面，打开舱盖，从座舱里爬出去。

最后几分钟的飞行波澜不惊，座舱里一片安静，我们两个都想着自己的事儿。安迪想的可能是回家与家人团聚，打个18洞的高尔夫。而我专注于别让自己吐出来。我拼尽全力忍着，直到终于停在NASA机库旁边柏油停机坪上。

最后一遍确认刹车踏板的位置，过了一遍停机检查单，看到地面人员点头后，安迪关掉发动机，松开安全带——这一切看上去几乎是同时完成的。我还在摸索身上的接线，收拾各种东西，安迪已经从座位上跳起来，要沿着梯子下去了，他还不忘给我一番鼓励：我做得有多么好，但是他得赶紧回去看小儿子的足球比赛……虽然听起来有点勉强。

我由衷地对安迪表示感谢，喊了一声不那么发自肺腑的"我真的很喜欢"，然后他就走了。我慢慢从停机位走回准备室。把降落伞挂回去，头盔也放回自己的小隔间，这时我才意识到，人生中第一次，我用喷气式飞机的速度兜了一圈儿，还躲过了死神。

　　我走进衣帽间，坐到自己的衣柜前面，并没有感到特别开心，反胃的感觉和高温带来的影响还在。我决定去洗个冷水澡，这样可能有助于恢复。我累极了，轻轻靠在浴室隔间的玻璃纤维墙上，任由冷水冲刷着身体，大约过了二十几分钟，才感觉恢复过来。回到更衣室，我浑身赤裸坐在长凳上，姿势就像罗丹的《思想者》，这才积攒起足够的能量，慢慢穿上衣服。全部穿戴整齐以后，又歇上几分钟，终于感觉好点了……还有一点骄傲。我已经做好准备重新面对世界，不过，不再是一个没有飞行经验的菜鸟了。

　　穿过两扇双开大门，我又来到机库，就在几个小时之前，我从这里出发经历了一场飞行冒险，现在我再一次站在这儿。我站在仅仅数英尺之外的灰色地板上，欣赏着这些飞机的造型之美，竖起耳朵听……但没有任何声音（已经过了下班时间）……吸一吸鼻子……这儿有许多种气味：从航空燃油到新轮胎那熟悉的橡胶味。

　　我转过头，朝着机库北边尽头的出口看去，确认一下出去的路线。我看到一个安静的守卫者，它的身份用印刷体写在金属盖子上：垃圾桶。我不知道接下来那一秒具体发生了什么，但我想，那应该是暗示的力量占据了我的大脑皮层。一股力量从体内涌出，催动着我揭开垃圾桶盖子，用刚才T-38起飞的速度，把胃里的一切一股脑儿吐了进去。

　　是的，确实是这样。尽管我不愿意承认，这名眼神坚毅的宇航员，他的第一次"冲天一飞"不过是一场"晕头转向"。

02
起点

我出生于1959年2月23日，确切来说大约是在0530（军用时间表示法，早上5时30分）。我们家有三个孩子，我是老二。我们生活在内布拉斯加州东南部的一个小镇。19世纪的亨利·克莱觉得这里让他想到位于肯塔基州的家乡亚什兰，于是将此地命名为亚什兰。这里差不多在玉米壳之州①最大的两个城市正中间（提示一下，这两个城市是林肯和奥马哈，以防有人不知道）。这个安静的郊区位于普拉特河南部转弯处，居住着18000~22000名（取决于人口普查的时间）善良的中西部百姓。这是一个适合孩子成长的好地方，典型的中央平原社区，有许多可以供年轻人鼓捣的东西。

我一直认为我是一个普通的小孩（你听到的故事可能不一样，不要四处打听——我担心他们会说出点什么）。我和同时代孩子们干的事情都差不多。我几乎参与了所有的体育活动：橄榄球、篮球、棒球。我还跑步，高中时开始打高尔夫球。

---

① 内布拉斯加州的别称。内布拉斯加州主要作物为玉米。

我常参加教堂活动，是唱诗班的一员，参加青年组织和主日学校，甚至还在教堂弹奏钢琴和管风琴（和弟弟卡比、姐姐洛里一起）。

我和卡比以及几个死党在盐溪岸边建造木头城堡，沿着北伯林顿和联合太平洋铁路的轨道晃荡，此外，我们还会趴在滑板上沿着亚什兰的雨水管道滑行。我们会在邻居家的苹果树下坐上好几个小时，津津有味地嚼着已经成熟的果子，研究我们眼中的超级英雄：超人、蝙蝠侠和罗宾，尽情地读DC和漫威①的漫画书。

我是我们当地童子军的一员，晋级为高级童子军后被推荐到箭社童军，那是童子军的荣誉团体。年纪还小的时候，我经常参加夏令营，在当地一家叫作水晶泉的营地区露营。

是呀，我确实挺普通的。

我的父亲，约翰·托马斯·安德森，人们都叫他杰克，他在内布拉斯加州路政部工作，是一名高速公路工程师，也是一名项目经理。他参加过朝鲜战争，海军二级军士，极具幽默感，是那种人人都认识、人人都喜欢的人。他和每个人都是朋友。

他在亚什兰土生土长，毕业于地方高中，从来没有读过大学。他在路政部是从维修工干起（后来有几个暑假我也做过这种工作），一直做到项目经理。

他有一颗赤子之心，总会尽力帮助身边的人。他是各种大大小小委员会的成员，在教堂十分活跃，热爱体育。但是，遗憾的是他没有机会看到

---

① DC（Detective Comics）和漫威（Marvel Comics）是美国两大漫画出版公司，DC拥有超人、蝙蝠侠、闪电侠等；漫威拥有蜘蛛侠、钢铁侠、美国队长、神奇四侠等。

我飞入太空了。实际上，他甚至没有机会看到我去NASA工作。三十出头的时候他就罹患心脏病，持续和酒精进行斗争，最终在1984年死于一场中风，年仅54岁。

我的母亲，爱丽丝，也是一个善良的人。她很聪明——一个知识分子，也是一个书虫，但她也会展现出些许的天真，就像一个聪明的伊迪斯·邦克①。她是一名尽职的母亲和妻子。总是把孩子和丈夫的需求摆在最优先的位置。她酷爱读书，早期读浪漫小说的时候，她常常捧着一本平装书，蜷缩在最爱的椅子里。真的很少见到她手里没有书的时候。

我在自己的成长过程中，见证了父亲母亲之间的那种爱，以及无惧为彼此奉献的决心。

而我最喜欢的故事则是母亲讲给我的，故事讲的是我父亲，一个非常聪明又有能力的小伙子，如何放弃了免费读大学的机会。

他心脏不好，一直在与严重的动脉硬化做斗争，在32岁就已经历过三次心脏病发作。因为身体原因，他很担心自己无法养家。为州政府工作可以有稳定的保险福利，于是他没有去大学，继续做他并不真心喜欢的工作，只为了能够照料家人和妻子。

我的父亲有着一种难得的品格——无私，一个证据就是他让母亲回到内布拉斯加大学继续她的语言病理学课程，并最终取得博士学位。父亲清楚地知道，母亲毕业参加工作以后，赚的钱很有可能比他多得多。而据我母亲说，在那个年代，很多男人无法容忍这种情况。

---

① 美国1970年代情景喜剧《一家子》（All in the Family）中的角色，是一位有点笨但心地善良的主妇。

在很长一段时间里，我都以为我理解母亲对家庭的爱，并把这种爱当作理所应当的存在。成为宇航员以后，我才因为偶然的契机，通过一件事了解到她为家庭的牺牲有多大。

有一次我和母亲内布拉斯加的比阿特丽斯去参加一次公共活动，路上我们聊起了家事。我们后来聊到父亲最后一次中风时的情形，我一直没想到他会就这样离开我们。更戳到我的是，我才知道原来是母亲让医生拔掉了父亲的生命保障系统。我们的家庭医生，理查德·约翰逊医生告诉母亲，父亲已经脑死亡，但是仍然能够自主呼吸，要想让他解脱，唯一的方法就是撤掉饲管。如此可怕的决定，她只能独自承担。过去这么多年，她一直都非常后悔做了这个决定，也一直没有勇气告诉我事情的真相。

也许是因为我们远隔数千英里，她只告诉了我的弟弟和姐姐，至少他们还住在内布拉斯加州。

她做了任何母亲都会做的事，总是想着保护她的孩子。

我和我的小伙伴们在社区计划并实施了好多项目，这些项目并不符合家长和邻居们设定的行为规范，我们自认为是一帮年轻的"工程师"，可稍有差池就会变成少年犯。有一次，我们决定从我家后院中间挖一条隧道，直达被大家亲切地称为"西尔维街廉价商店"的地方。

我们的计划宏伟极了：一路挖到商店地板之下（大概离我家有10个街区的距离），这样以后就能尽情享用商店的糖果和漫画书了。当然计划有纰漏，马上就被管理层（我父亲）否决了，他那天下班回到家，发现自家后院有一个直径6英尺（1.8米）、深3英尺（0.9米）的大坑。哎，要是那天没有工会组织的公休就好了！

由于邻居家黑莓树丛上的荆棘总是毁掉我们的后院橄榄球赛，于是我们把半个街区的黑莓树都砍了，当然，管理层也颇有微词。

我和我的兄弟卡比，虽不算密不可分，也一起度过了许多欢乐时光。作为哥哥，我试图保持一个"凡事尽在我掌握"的形象。我们自编自演漫画情景剧，扮演蝙蝠侠和罗宾。我们把旧浴巾围在脖子上，模仿着从铁管上滑下来的哥谭英雄们，模仿他们打击罪犯的形象和风格，有时会持续好几天。穿上超级英雄外套，我们会从车库屋顶跳下来吓唬人，让他们尝尝我们打击犯罪的天赋。卡比永远是罗宾，罗宾永远披褪色的黄色毛巾。而我，布鲁斯·韦恩，终极斗篷骑士，身披蓝色毛巾，随时准备着，带领我的小伙伴化险为夷（或者制造点危险）。

对于我们的姐姐而言，我俩这样的小伙儿确实是刺儿头。她读初中时，一名情郎事先没打招呼就来拜访，我发挥自己的领导力和口才，说服弟弟和我一起脱光衣服，只围着浴巾走到起居室，硬生生地及时打断了姐姐和情郎的拉手行为。

我和卡比共用一个小卧室，每次睡前都会因为一些鸡毛蒜皮而打闹，通常他会把打闹升级成每分钟数拳的攻击，然后我会狂笑，之后他的拳头再次升级……最后我俩都会沉沉睡去，在同一张双人床上，而灯则会一直开到天亮。

我和卡比都非常喜欢体育。周日从教堂出来我们会回家看这一周的NBA球赛（那时，电视上每周只转播一场比赛），比赛一结束，我们就会跑到我家车道上投篮，打一对一，玩得不亦乐乎。

周六的橄榄球也很好玩。周六是"比赛日"。剥玉米者队在内布拉斯加简直就是宗教，和天主教以及新教不相上下。我们还是小孩的时候，只有真正的重大比赛才会在电视上转播，譬如内布拉斯加对俄克拉荷马以及季后赛。那时并不像现在这样，每一天每一场比赛都会在电视上播出。

于是我们每天都围着收音机。父亲会打开KFAB电台（位于奥马哈），调高音量，我们便沉醉在莱尔·布雷姆泽的声音中，也许他是那个时代声音最好听的播音员之一。

"听众朋友们大家注意，他得分了！"莱尔朝着麦克风大声喊着，"喷气机"强尼·罗杰克绕过防线，达阵得分，整个州都为之疯狂。

这个男人的声音代表着剥玉米者队，高声喊着："他给了对手狠狠一击！"

内布拉斯加的孩子们都为这支球队而疯狂，在持续一整天的乐队比赛中，高中乐队的孩子们会在他们毛茸茸的行进乐队帽子里藏一只晶体管收音机，他们可以在高中橄榄球场草皮上一边做8字风车轮转，一边通过耳机收听比赛的动态。

听完比赛，剥玉米者队赢多输少（那时，经常是压倒性的胜利），我和卡比会抓起我们自己的球，去欧几里得大街的水泥人行道上来回投球玩儿，最后游戏会升级为各种悬空踢球，这也是我们后来在高中和大学都会玩的把戏。

我的姐姐洛里对体育并不感兴趣，但是我们有其他的共同爱好。她专长音乐，我也很喜欢。我们会在弗吉尼亚·帕克斯太太的房间里练习，等待对方下课的时候，就看看电视或者读书（从来都不做家庭作业）。

上学对我来说并不是很吃力的事。学业对我而言，并没有那么难。直到高中以后，家庭作业才开始是个问题，而在那之前，我都是把书拽回家，丢在电视机上面，去玩或者看电视节目（然后在地板上睡着），第二天一早再把书拽到学校。

在NASA数不尽的传奇当中，我成为宇航员的故事也许和其他的宇航员故事一样，但是，公允地说，也许我比大多数人都更幸运一些，这一点对你来说可能会有用。因为我的童年恰好是NASA取得各种成就的辉煌时期，对于我而言，最幸运的是我那时的年纪刚刚好，可以理解并品味周围发生的一切，我的父母也极为聪明。

那是1968年的平安夜，我的生命中种下了第一颗太空旅行的种子。爸爸和妈妈在一个特别不合适的时间叫醒我们姐弟仨，他们说，要我们"见证历史"。

在我的意识里，我的父母对于世界舞台上发生的特殊事件很敏感。从肯尼迪兄弟被刺杀，到马丁·路德·金遭枪击，再到关于太空飞行和彩色电视机的狂欢，他们坚持我们应该接触这些历史事件，这也让我们能更好地了解周围世界的动态。而在那一个圣诞前夜，阿波罗8号将会是这个崭新项目①的第二艘载人飞船，也是第一艘载人绕月飞行的飞船。

盘腿坐在客厅中央的椭圆形地毯上，头歪向一边，我全神贯注地盯着屏幕，关注着日益老旧的黑白电视机上的画面。指挥官弗兰克·博尔曼正在指挥着指令舱宇航驾驶员吉姆·洛弗尔和登月舱驾驶员威廉·安德斯创造历史，我被他们彻底迷住了，而美国领先了苏联一步。

我和家人一起见证了历史上最伟大的事迹。他们飞行的第四天是圣诞节前夜，指令舱宇航通信员发出呼叫"所有系统正常，阿波罗8号"之后，太空舱飞到月球的背面，通信被迫中断。那些宇航员们成为了第一批直接看到月球背面的人，那里被轰击得坑坑洼洼。

我那时才9岁，发现宇航员和地面任务控制人员失去联系以后，几乎惊慌失措。在那无比漫长的10到15分钟里，我满脑子想的都是会不会有某

---

① 指阿波罗计划，NASA从1961年至1972年进行一系列载人航天任务，最主要的就是载人登月。

种灾难降临到勇敢的宇航员们头上。我胡思乱想，想着是不是月球背面的
火山爆发了，正好在他们的轨道之下，将他们烧成了残渣；也有可能他们
唤醒了月球背面的邪恶太空怪龙，它喷出的龙炎炸掉了太空船！

在地球和被我们称作月亮的那块大石头之间，电波干扰的嗡嗡声持
续不断，不安一点一点积聚，通信员再次向宇航员们发起呼叫："阿波罗8
号，这里是休斯敦，完毕。"一般呼叫完毕后会有哔的一声，这次还没等休
斯敦完全呼叫完毕、进入静默状态，我们就听到了来自指挥官博尔曼的回
复，一声来自240000英里①之外，来自月球轨道的回复：

"这里是阿波罗8号，完毕。"

"好的，阿波罗8号，信号清楚。"

"收到，这里有一个圣诞老人，请周知！"

"收到！"

听到这则简短甚至随意的谈话，我终于长出一口气，放下心来。我完
全被迷住了，这就是我这辈子想要成就的事业。就我所知，我的人生梦想
就此开启了。

只是我将为之奋斗很久很久。

那天晚些时候，美国还在黑夜中沉睡，宇航员对地面上的电视观众
读了《创世纪》的头十句，还献上祝福："晚安，好运，圣诞快乐，上帝
保佑你们，在地球上的每一个人。"随后，1969年5月10日至16日那一周的
《电视指南》称，那天晚上，地球上每四个人里就有一个听到了宇航员的
话——收音机听众和电视观众加起来将近10亿人，来自64个不同的国家。

---

① 386242千米，地球到月球的平均距离是384400千米。

还有30个国家的观众是通过录播节目听到的。这些信息统统来自NASA的官方统计，1979年出版的图书《阿波罗战车：载人登月飞船的历史》中有记载。

我母亲对这些事情的记忆则完全不同，她固执地认为我在5岁还是6岁的时候就已决定要做一名宇航员了。显然，水星和双子座航天计划①的宇航员抓住了我幼小的心灵。她会向每一个感兴趣的人谈论这件事，说我经常表示要成为一名宇航员。我们会"认真讨论"，她说。

那样幼小的年纪，梦想的最高峰就是参加亚什兰"大事件"的儿童游行。"大事件"是一场夏日街道嘉年华，在每年7月的某个周末举行，为男女老少提供各种精彩的娱乐活动，活动的高潮则是游行。

游行将穿过好几个街区，全市的孩子们都会来参加一个服装大赛。孩子们会穿着各式各样的服装，评出一二三等奖，还都有奖品呢！漂亮的丝带，上面印着金色的字母，带子有蓝色、红色和白色的，象征着不同年龄组的获奖组。可能是通过西尔斯·罗巴克目录②买的，这三种颜色代表了美国，装饰着获胜者们的手，衬托着他们的笑容。

服装都是原创的，那时候还没有塔吉特商店，也没有沃尔玛和好市多超市，现在在这些店里，父母花上20美元就可以买上最新的超级英雄或者公主服装。

我母亲的手很巧，只要剪刀、胶带和一卷铝箔，就能用卧室衣柜里翻出来的帽盒将我打扮成全身银装的水星计划宇航员。整套服装都用铝箔包

---

① 水星计划，美国第一个载人航天计划，1959年开始，1963年终止。双子座计划是美国第二个载人航天计划，1965年开始，1966年终止。

② 西尔斯·罗巴克公司是世界最大的零售企业，它的邮购商品目录影响了几代美国人。

裹，帽盒是头盔，圆形的泡沫塑料清管器作为天线，这样就可以去接触太空里的外星人了。

在我第一次升空前的一次采访中，一个电台节目在奥马哈访问了我母亲，谈我小时候的梦想以及参加的游行，她指出我们过着一种俭朴的生活："你必须有一些创意，那时候人们也不会出去买戏服。我也不知道还可以买，不知道还有卖的。"

她继续向收音机里的听众讲她的故事："克莱从没想过当消防员、警察或者牛仔，他说过这样的话，但他一直想做的就是宇航员，我们就这么决定了。我会问他，他也会问我，我们会讨论一下这个问题。"

"我用铝箔和胶带把他打扮成一个宇航员，全身都包裹着铝箔。那时我经常戴帽子，有很多帽盒，我在一个圆帽盒上剪出一个方形的窟窿，他好向外看，然后我在盒子上也包满了铝箔。"

她的声音明显恼了起来，她说："他一开始没能赢得比赛，他被抢了。"主持人问她是否记得谁赢得了第一名，她不记得，她只记得我没有赢。

那天游行我走得很骄傲，这一点我还是很确信的。而我被抢这件事，你知道，我母亲说的也是事实。

梦想成为宇航员是一回事，能够穿上蓝色的航天服则是另一回事。如果一个人想要实现儿时梦想的话，究竟需要经历什么样的过程呢？

在整个高中以及黑斯廷斯学院求学期间，所有人都知道我想要成为宇航员。有人是通过餐厅的闲聊，有人是在赛季间的练习场上，我都会直言想要成为宇航员的梦想。但是，踏上通往休斯敦之路则纯属偶然。

沿着45号州际公路，在休斯敦东南约25英里（40千米）有个叫作清湖城的地方，这里被休斯敦的城区围绕，却并不是一个城市。它是休斯敦市边上的一块附属土地，载人航天项目在这里进行，这让"母舰"能够从这一地区取得税收。载人航天飞行计划为休斯敦的市议会以及他们在哈里斯县的朋友们带来了不少财政收入。

航天飞机项目伊始，一名非常聪明的数据和软件工程师，他名叫梅纳德·亨特利，在清湖城奋力且安静地为NASA工作着。

他的出现，正式开启了我的故事。

他的小办公室，位于任务控制大楼的行政楼层，亨特利绝不会想到他会在我的人生中扮演何种角色。从JSC电话本背面的约翰逊航天中心结构图来看，他的桌子在30号楼南侧二层。1961年从黑斯廷斯学院毕业后他就在这里工作了。

亨特利既是黑斯廷斯学院的校友，也是一名活跃的猎人，爱打野鸡。他每年秋天都会回到内布拉斯加的老家，在中西部打野鸡，同时顺便享受新鲜空气和野外美景，这个习惯像钟表一样规律。1980年，我读高中，那年秋天的那场打猎对于我和那些野鸡而言都变得极为重要。

当时，他和加里·马斯格雷夫博士一起北上打猎，后者也和黑斯廷斯学院关系密切。加里·马斯格雷夫博士是黑斯廷斯学院职业发展、咨询和布局中心的主任，恰好也是一名猎鸟爱好者。

我并不了解一切是怎么发生的，但他们一起端着猎枪，漫步在内布拉斯加中南部的崎岖野外，寻找羽毛华丽、害怕猎枪的猎物。他们沿着玉米地里的车辙艰难前行，这车辙还是数月前收割留下的印记。话题慢慢转向他们的职业，据说他们的谈话大概是这样的：

"你是做什么工作的，梅纳德？"指导老师首先抛出一个问题破冰。

"我是NASA的工程师，在休斯敦工作。"已经谢顶的小个子工程师回应道。

"太巧了，梅纳德，我们有个物理系的学生，对NASA特别感兴趣。"

"真的吗？"梅纳德抬起那双原本藏在厚重黑色镜框背后的眼睛，"他知道NASA在约翰逊航天中心有夏日实习项目吗？学生们可以在暑假期间申请工程维护岗位，秋季开学以后再回到学校，如果你需要的话我可以发给你申请表。"

这场偶然发生的对话之后，我填了一堆NASA的表格，寄了出去，坐在克莱德·扎赫特勒本教授的书桌前，他是黑斯廷斯学院物理系的主任，办公室位于斯坦哈特科学大厅。那是一个美丽的春日午后，我等着他的黑色转盘式电话响起。扎赫特勒本教授坐在堆满书和论文的办公室一角，也在焦急地等待。气氛是如此紧张，电话响起后，我几乎从椅子上跳了下来。

电话那头是罗伯特·"鲍勃"·琼斯，他是JSC暑假实习项目的协调员，我和他在电话上谈了有30分钟，一见如故。那一通电话以及填得十分漂亮的申请表，敲开了JSC的大门，我成为1981年6月40名暑假实习生之一，也就此开启了我的NASA生涯。

那年我22岁，从一名大学生变成了NASA的暑期实习生，来到了NASA约翰逊航天中心的任务支持指挥部，在数据系统和分析部门工作。坐在5号楼的工位上，想着这一切都是怎么发生的，对我而言是塑造人生的时刻。但这也并不是唯一的方式。

还在读大三的卡比已经是一名田径新星了，他取得了NAIA[①]全国田径锦标赛的资格，将参加400米跨栏项目。比赛在罗伯森体育馆举行，就在休斯敦大学和南得州大学附近。对我来说是幸事一件，我和父亲决定去观

----

①   National Association of Intercollegiate Athletics，全国大学校际体育运动协会。

战，我们想着可以去看卡比的比赛（我的弟弟最终在比赛中取得第七名，他后来总会开玩笑说自己是这个国家第二快的白人），顺便去那附近考察一下，找实习期间的住所。我的父亲永远是做计划的那个，他在自己那本小小的螺线笔记本里规划好了我们从亚什兰到休斯敦的每一站。作为一名高速公路工程师，他还特别计算了全部里程，甚至包括了半路歇息时去休息点的路程。我依然记得本子底部写下的最终数字——971英里（1562千米）。

整趟旅途都平安无事，我们到达了休斯敦。我们沿着画好的路线朝体育馆开去，来到休斯敦第三区的耶茨高中，这一区可不是什么好地方。我们开车慢慢经过这所学校，父亲叫我锁好车门，这是我们第一次见识到生活在陷入经济困难的城区是什么样子。

学校被10英尺（3米）高的铁栅栏围着，栅栏的顶上还有铁丝网，孩子们凑成一群一群，大多数斜靠在铁栅栏上，肩上扛着手提式音箱，播放当下流行的音乐。

对我们来说，尤其是对我而言，这一切都有点吓人。我们继续在这个街区转悠，希望能找到一个像样的酒店住两晚。但是真没有，于是我们继续前进。

最后我们到了罗伯森体育馆，遇到一队黑斯廷斯学院的运动员（他们穿着栗色的外套，其中还有我三级跳远的队友和学长杰夫·爱德华），这才放松了一些，开始享受这场全国赛事的美景和声色。

我父亲的强项之一是节俭，他很快就发现黑斯廷斯运动员的宿舍里有空位。接下来我记得的，就是我们跑到当地的塔吉特商店买在宿舍洗澡用的毛巾。

卡比的初赛结束后，我们有很长一段时间可以用来探索一下这个地方，决赛要等到深夜才开始。我和父亲决定去找那个NASA的地方，顺便找一找夏天哪里可以供我住宿。

我们手上有NASA提供的信息，包括其他暑期实习生和NASA联合教育项目学生的名字，他们可能也在找住宿的地方。从他们那里我得知约翰逊航天中心在城市的南端，距离有25英里（40千米），没有公共交通。这就意味着我需要一辆车。我们看了看几个公寓楼，从45号州际高速路和NASA1号路旁边那一栋开始。

令我惊讶的是，我还能想起来我们那时有多天真。那些人向我和父亲展示了家具齐备的一居室公寓"样板间"，但并没有告诉我们实际的房间里是没有家具的。又一个中西部来的乡下人，他们一定是这样想的。不管怎样，我这颗高速运转的工程师脑袋发现需要自己装修这个夏天的临时小家。非常感谢一家叫作"亚伦租赁"的公司！

在新生指南的帮助下，我们找到另一个前往NASA的年轻人，他叫马克·詹金斯，来自得州奥斯汀，我们和马克以及他的父亲约在"鹌鹑步"公寓楼（现在已经不存在了）里，就在清湖城公共高尔夫球场（也不存在了）和卫理公会教堂的对面，那时巴迪·米勒①还是那里的牧师。马克和我决定夏天的时候做室友，既能省钱，又能一起开着我们那辆没有空调的车去上班。而另一名工程师，来自伊利诺伊大学的一名学生肖恩·安德森，将加入我们，组成全男生阵容的小三角。

完成了初步的安排后，下一次我就要独自来休斯敦了。我将独自开车驶过971英里，驾驶着母亲的水星牌山猫掀背车（也没有空调）。16个小时的车程我要开上整整两个白天，中间在达拉斯过夜。最终到达我的公

---

① 美国乡村歌手，音乐人，

寓：位于清湖城一栋公寓楼的二层。这里离上班的地方不到3英里（4.8千米），那是莱斯大学租给美国政府的，租金仅仅是象征性的每年1美元。我上路了。

第一个工作日上午，我坐在人力资源部办公室里填写各种实习入职的文件。医疗保险、人寿保险和门禁卡：我还没开始正式工作呢，就开始头疼。处理完人力资源部的手续，我来到约翰逊航天中心5号楼的办公室。

韦恩·威廉姆斯是我的上级。温贝托·"伯特"·达维拉是我的直属领导兼导师。我将和软件工程师鲍勃·布雷克、马克·杰尼根、拉里·格瑞森、达雷尔·博伊德、罗杰·博克以及莫里·米内特一起工作。我们的任务就是研制和测试驱动航天飞机任务模拟器（SMS）的软件。模拟器位于5号楼的第一层，塞在东南角，位置很高，下面是液压启动器，可以使模拟器移动、转弯、"摇摆、乱叫及滚转"。这只机械怪兽能逼真地模拟上升和返回状态，而未来我将会真切地体验到这些状态。在宇航员的初步训练项目中，航天飞机任务模拟器是最主要的训练设施。

我们那屋有七张桌子，其中之一是我的。所有的桌子都是灰色的金属桌，巨大，丑陋。屋子则被称作是宇航员隔离办公区，没有装饰，一片荒凉，我选择了最里面角落里那张桌子。在起飞前，NASA航天飞机的宇航员们来到这里度过隔离期，做一些案头工作，远离疾病和病菌的威胁。这远远比不上我后来的宇航员住所，后者是在我来到宇航员办公室期间建起来的。

从我的桌子起，走廊两侧便是和我共用同一空间的同事们。我的位置可以轻易地看到上司威廉姆斯先生，每天都能看到他在那儿打瞌睡，抱着双臂，放在肚子上面、领带夹附近，他总是打着黑色的细领带。

那一整个夏天我都在注意宇航员的出没。我并不太了解航天中心的构造，也不知道宇航员们大多在哪里训练，平时都在什么地方。但我知道他们住在北边的4号楼，就在我们5号楼后面。就算楼号连续，建筑物本身也不一定在附近，NASA约翰逊航天中心的建筑物编号方式还挺随机的。这为我的职业生涯带来不少短途旅行，即有趣又浪费时间。

宇航员们占据了4号楼第三层，而飞行指导和控制人员分别住在第二层和第一层。我的目标就是，回到内布拉斯加之前，能够当面见到宇航员本尊并和他握手。

夏天很快来到尾声，我的实习也要结束了。我要回到内布拉斯加准备去爱荷华州立大学读研究生。我还没有见过一名宇航员。我看到过他们，但我这样一个小镇男孩，被这个地方和我在做的事情搞得晕头转向，无法鼓起勇气向这些国家英雄介绍自己。但是我知道我必须这么做，我必须认识一名宇航员。如果回到内布拉斯加，我的家人和朋友们第一个问题就会问：你见过那些宇航员了吗？我必须说见过，但我不能撒谎。

这个任务成为我唯一的任务：在离开前认识一名宇航员。也许我再也没有机会来这里了。

最后一周的周一早上，我制定了一个计划。我查看了SMS的时间表，想知道在接下来的几天哪个宇航员会来模拟器上训练（模拟器也是我当时唯一一飞过的东西）。

周五早上7点半，理查德·"迪克"·特鲁利和约瑟夫·恩格尔会进行4小时的起飞和降落训练。特鲁利和恩格尔是STS-2任务[①]的机组成员，特鲁利坐在前舱的左侧，是任务指挥官，恩格尔是飞行员，坐在右侧。我知道

---

① 哥伦比亚号航天飞机执行的第二次航天飞机任务，1981年11月12日发射。

要怎么做了，我那天早起去工作，坐在模拟器下面的台阶上，这样他们上模拟器的时候就会经过我。

我等了整整一周，没有人知道这个计划。我不太确定自己有勇气执行。那时，我还不是那种能够直面困难、推动事情发生的人。

我见过几次宇航员从模拟器里出来，他们通常都被一群讨厌的带薪实习生包围。在这里带薪实习生比暑期实习生多，都是成群结队地集体行动。数量上的优势让他们有勇气去接触那些"明星"们。

周五就要到了，我一遍一遍地在脑中练习介绍自己的话，我在高中时演过戏，想着背台词的经历在这里也有益处。我会在他们猝不及防的时候就开始说话，与他们有眼神接触，和每个人握手，并给他们一个真诚的中西部式问候："你好，我叫克莱顿·安德森，我只是想来打个招呼，祝你们在训练和接下来的任务中一切顺利。"

简单，直接，没有侵略性。我最担心的是他们可能会很忙，而我的自我介绍会浪费他们的时间，导致无法准时开始训练。在NASA，所有的起飞和降落时间都要控制得分秒不差，如果真的影响了他们，就是我失礼，而我的名誉则可能永远无法挽回。

周五到了，我按计划坐在阶梯那儿，等待着七点半来临。这个位置是我精心选择的，大概在阶梯中间，因为大厅和模拟器工作区之间有一个隔离区，这样我可以越过隔离区看到另一头。宇航员经过桌子从走廊那边走过来，这时我就能看到他们。他们会在灰色标准更衣柜前停一下，这个更衣柜就在我前方左手边。然后在他们打开隔离区的小门时，我会起身走下台阶，与他们碰面。

一切都按计划进行，7点45分，他们穿着短袖Polo衫，出现在走廊的另一头，穿过小门，来到更衣柜前，把身上的零碎东西放在里面（在模拟器里，任何没有绑牢的东西最终都会掉在模拟器后面的墙上）。

他们朝着台阶走去，特鲁利先生在前。而我，一个来自内布拉斯加的暑期实习生，瞪大双眼，伸出一只手，以两马赫的速度朝他们冲过去。

特鲁利先生明显有些匆忙，他说了一句真诚的"你好"，迅速握了一下我的手就沿着台阶走上去。恩格尔先生则不同，我和他握手，讲我准备好的话，他顿了顿，停在我面前，问我在哪儿读书。我告诉他我来自内布拉斯加一个小型文科学院，他和我有着相似的背景，于是和我分享了他在入伍前读大学的经验。

我在和一名美国宇航员闲聊诶！感觉就好像我俩已经认识好多年，聊起来轻松、坦率又真诚。那一刻在当时的我看来是人生中最棒的一刻！我终于可以自信地回家了。

我的梦想，有朝一日在太空飞行的梦想，在我人生的头二十二年不过是个梦而已，而现在，已经牢牢地种在了我的灵魂里。

03
团队里的新人

在爱荷华州立大学第二年第一个学期，我收到一个意料之外的全职工作邀请——是任务规划和分析部门（MPAD）的鲍勃·布朗提供的。1982年的暑假我有幸连续第二次成为NASA的实习生（那一年名额仅有30个），在去之前，我向NASA申请调到处理航天飞机飞行轨道的部门，我在爱荷华学习的这段时间里对这个领域产生了兴趣，最后，我到了布朗先生和他古怪的工程师团队这里。

据布朗先生讲，他们对我暑假期间的表现印象深刻。正好有一个政府职位空缺，他们希望我回到NASA，这一次是一个正式的工作机会。

他提醒说我，没有办法保证这个邀约长期有效，职位空缺来得突然，也可能马上就被补上。

但是我拒绝了。爱荷华州立大学硕士学位已经触手可及，我愿意冒险，赌我毕业之后这个职位还在。

和我父亲赌在赛马身上的钱不一样，我下的赌注有了回报。1983年5月，我正要从爱荷华州立大学毕业，在MPAD的朋友又打电话过来，那个职位看来还在。这一次，我已经拿到航空航天工程硕士学位，我接受了邀请，打包好一切，又一次（也许是最后一次）开车上路，来到休斯敦。

这一次已经来到门边，真希望能打开这玩意儿，别把腿伤了。

1983年夏天我极度恐慌。再一次启程去休斯敦，不是去玩或者放松，这一次我将会正式成为NASA的雇员，天呐！

正如我从之前的经验里学到的一样，无论哪年，把去休斯敦的时间安排在6月是很傻的，但是我没有选择。空气湿度维持在95%左右，温度也达到95华氏度（35摄氏度），如果你够幸运的话，温度会在晚上降到比较舒适的72华氏度（22摄氏度），这样的天气是不那么理想。投身当时国内发展最快的城市之一，再加上这里的交通问题，这名年轻的内布拉斯加人又一次遭遇困难。

但是这一次，我更加镇定了。我已经在JSC度过了两个暑假，要回到的是熟悉的任务规划和分析部门，我对NASA的一切也越来越熟悉。

在NASA全职工作的早期经历里，有几件小事依然留在我的记忆中，比如，我没有工作套装，母亲去奥马哈商店帮我买衣服。我出发去休斯敦的前一周，她给了我三条涤纶长裤，每一条还特意配上一件Polo衫，还有一双棕褐色暖步士皮鞋。哇！我不仅变成年轻工程师，现在打扮也像工程师了。

在职业生涯萌芽期的头几个月，我住在得克萨斯州阿卡迪亚的一个小镇上，和米基·达纳荷以及他的妻子多丽丝住在一起，在1982年暑假的那次实习中我们成为了好朋友。我当时在找离NASA近的住处，他们非常慷慨地打开自己的家门，没有收我房租。米基现在是我正式的"首席"工程师和导师，我们在一起很和睦，但是回想我们的第一次见面，我永远都不会预料到事情后来会朝着这个方向发展。

我站在JSC 30号楼三层位于角落的一间大办公室里，有点紧张，不时有些小动作，前后晃着身体，试图表现出自信和专业，虽然并不真的这么觉得。那是我第二次来JSC做暑期实习生，刚刚报道，正在等着我的新上司，罗伯特·W.贝克尔，以及他的首席工程师，迈克尔·E.达纳荷。他们稍后会来到办公室，领着我这个航空航天工程二年级研究生去临时工作区。我完全不知道他俩会是什么样的人，想象着这两位NASA工程师会是极度聪明，有点书呆子气，有可能有点内向。部门秘书是个威风凛凛的女人，叫做法耶·布鲁萨尔，告诉我他们在走廊的那一头，马上到。

我急切地想看看新老板长什么样，于是溜到走廊去瞧NASA的这些大人物，他们将在接下来两个半月里将我打造成型。

我对NASA工程师的想象被这两个人彻底打碎了，他俩打扮几乎一样，步伐自信地沿着走廊走过来，靴子的皮鞋底踏在瓷砖地面上，发出几乎同步的巨大响声。浅色花呢法兰绒衬衫有些塞在褪色蓝牛仔裤里，皮带上华丽的装饰扣几乎有小盘子那么大，贴在他们那突出的肚子下缘。我想："我这是到了哪儿啊？"脸上留着整齐的大胡子，肤色一看就是常年在户外工作的颜色。贝克尔和米基，我后来这么叫他们，并不是你认为的那种典型工程师。

理查德·"德克"·金卡德也不是。德克是一名会合轨道设计师，来自路易斯安那州的边远山区，平时穿牛仔靴、牛仔裤和法兰绒衬衫。德克、劳瑞·诺顿·汉森和她奥利奥饼干的故事注定将成为经典。

劳瑞当时是一名来自芝加哥大学的带薪实习生，后来成为约翰逊航天中心工程主任。她乐于分享，第一次在MPAD实习期间，有一天早上她带了一包奥利奥分给办公室的同事们。德克非常有风度地接受了她的好意，几口就把这巧克力饼干干掉了。劳瑞被他的吃法惊到了，问德克："你难道不知道怎么吃奥利奥吗？你得抓住两边，轻轻把它们掰开，然后舔里面。"

德克是一个不折不扣的"红脖子"①，大男子主义者，比劳瑞大三十岁，认真地听着她的话，然后开始暧昧地瞥这位来自北方的年轻小姑娘，脸上的坏笑越来越明显。刚刚还一板一眼说话的劳瑞生气了。她的脸涨得通红，意识到自己的话被他理解成了完全不同的意思。她突然站起来，喊道："不要这样，德克！"然后冲了出去。

劳瑞第二次来NASA实习，我们在她的桌子上放了一包全新的奥利奥巧克力夹心饼干，还用红色丝带打了个蝴蝶结。

不夸张地说，在30号楼三层的生活是疯狂的。我们这些"菜鸟"同美国太空项目历史上最顶尖的头脑们一起工作。任务规划和分析部门是一些真"火箭科学家"们的大本营，这些家伙们发明了稳定轨道会合和阿波罗飞船的进入导航算法，在载人登月中做出贡献。他们已经做出了很多伟大的成就，但是在我看来，对于当时刚刚起步的航天飞机项目，他们的积极性却略显不足。大家经常更有兴趣找乐子而不是赶项目截止时间。在整个航天飞机项目中，他们担负的责任比阿波罗任务期间要小得多，在日常的行动中就能看出他们的热情有所下降。

例如，我的主管鲍勃·贝克，他的公文包在NASA成了某种都市传说。他有两个公文包，一个总是随身携带，另一个则故意放在桌上打开，这样的话，有人来找他，办公室的其他人就可以回答说："我们不知道他在哪儿，但是公文包在这儿，他应该没走远。"

这种故事真的是编都编不出来。

可以说更新血液的时机已经成熟。政府提供了一个重要的雇用窗口，

①　原指美国南方脖子被晒红的农民，现多指保守的白人。

NASA和MPAD 抓住这个机会，我的好几位同事来到NASA的时间都和我差不多。

布莱尔、杰瑞、里克、金姆、埃里克、戴夫、蒂姆、史蒂夫、雷克斯、凯文、劳里和我为MPAD（以及其他JSC机构）带来了一场青年运动，后来成为一种很棒的组合：老兵领导层带领青年才俊。但是这里的日常依然很疯。

我们都有着不同的任务，首先是被要求读一大堆NASA手册。我们中的很多人都很有幸能够在导师的羽翼下学习，他们会让我们做真正重要的工作。以我为例，米基、贝克尔以及他的轨道会合专家肯·杨（贝克尔的老板），还有阿尔弗雷德·杜邦（米基的同事，现在是我孩子的教父），都很愿意给我机会学习，同时积累能在日后有所贡献的好名声。有些人就没有这么幸运了。他们工作上没有太大的负担，有的时候被分配去做和他们专业领域无关的工作。当然工作有截止日期，但是我们做的工作经常是理论性的，那时电脑也没有普及。我们有时得等数小时甚至数天才能用上数据终端机。偶尔我们真没什么有意义的事情能做，于是就即兴发挥。

我们最喜欢的即兴项目是"拉里大鸟"，这是一种从附近玩具店买的塑料扑翼机。拉里的塑料机身是鸟的形状，机翼有着合理的空气动力布局，还有尾翼，飞机由薄薄的轻质塑料制成。动力由一根橡皮筋提供，皮筋从机头内部的钩子一直拉到尾部的塑料曲柄。将曲柄转动15至20圈，就上足了发条，和在当地廉价商店能够买到的软木飞机组件一样。

拉里在办公室首次亮相的方式很简单。橡皮筋拧紧，尽可能飞得久一些。三角形的尾翼略向左倾斜一个角度，以保证飞机能够平直地飞行，瑞克和我组成飞行管控团队。我们从自己的办公室出发，来到行政区域门口，在那里，后勤人员包括法耶、珍妮特和桑迪正在认真地打字、归档文件和接电话。我把拉里调整好位置，准备起飞，右手牢牢地捏着机身下腹部。我举起右臂，用眼睛瞄准计划的飞行线路，左手稳稳地抓住曲柄，防止绷紧的橡皮筋松开。

一切准备就绪，拉里就要开启他的处女航了。轻轻一推，同时松开尾部的曲柄，拉里便自由了。他的翅膀开始有规律地上下摆动，发出一阵噪声，产生的推力把他推到空旷的区域。

行政区爆发出一阵尖叫。拉里的表现完美，稍稍倾斜的尾部使他能够在有限的空间内绕着一个紧凑的圆平飞。在这寻常的一天，这个入侵者登上舞台，翅膀摆动发出的声音也更加让人困惑。

我们打扰了秘书们的工作，他们很可能不愿原谅我们，但是随着产生的肾上腺素驱走了午后的睡意，怨气也很快就消散了。

拉里大鸟让我们这一群年轻工程师团结起来。"年轻虎将"拒绝思维定势，我们不打算去遵守，我们在为NASA建立新的传统。

在成长为工程师的路上，吉恩·"格诺"·瑞克斯、戴维·希夫曼、理查德·"迪克"·金卡德、吉姆·柯克帕特里克、洛奇·"驴头"·邓肯、洛奇·埃文托、比尔·斯普林、杰瑞·"J.B."·贝尔、阿尼·"好兄弟"·劳埃德、达里尔·"劳斯"·洛斯塔克、阿尔·杜邦、山姆·"我可能是错的，但我不这么认为"·威尔逊、约翰·"车轮"·惠勒、艾德·莱恩伯里、哈尔·"贝克脸"·贝克、查理·戈特、戴夫·霍曼、辛西亚·威尔斯、马蒂·詹内斯、布洛迪·"阿尔"·麦卡弗蒂，克劳德·格拉夫，阿尔·"国王奥拉夫"·伦德、李·"剃刀舌"·诺布拉腾、麦克·柯林斯、恩尼·史密斯、乔恩·哈波尔德、E."麦克"·亨德森、马蒂·"幸运"·林德、麦克·托宾、简恩·"简-伯德"·赛德斯、查理·布坎南、肯·"开心"·杨、凯西·"哦好的"·奥斯古德和亚历克斯·班尼这些资深工程师们都很乐于分享他们的经验和知识，而不仅仅局限在技术方面，我们则贪婪热切地从他们分享的一切东西中学习。

秉着这种愿意分享的精神，我们一帮新手在部门办公室柜子里找到了一大本活页夹，里面有所有资深同事出入证照片的副本，都是在创造历史的阿波罗项目时期拍的。

照片都很典型，对我们年轻人而言则非常滑稽。男人几乎都穿着同样的长袖有领白衬衣和黑色细领带，胸口的笔夹子里塞着政府发的黑色伸缩圆珠笔。女人有的是工程师，有的是行政后勤人员（那时都被叫作秘书），都带着黑框眼镜，发型蓬松，看起来有些可爱。

照片为我们带来了很多欢乐，也让人有些怀旧。更重要的是，启发我们搞了一个变装日，向我们的导师们致敬，我们把这一天称作"NASA书呆子日"。

我们开始收集能让人看起来像是来自60年代的衣服。还添加了一些自由发挥的元素：黑框眼镜缠上白色胶带，皮带裤上挂了计算尺，还有那个年代会用的计算器，那时候NASA在太空竞赛中领先苏联，把人送上了月球。我们定下第一次"NASA书呆子日"的日期，计划在太空中心对面的福多客汉堡组织一场午餐会。

"书呆子日"在年长的同事和我们这帮年轻人之间建立起友谊。他们中大多数人都极具幽默感。他们的笑容让我们觉得这种努力虽然不同寻常，但也值得。活动的最高潮之一是在当地炙手可热的詹姆斯·拉金酒吧的欢乐时光。我们穿上全套的衣服（还带了真的大学教科书），为了能看到老顾客（其中有很多美女）进来时穿过的门道，酒吧一开门我们就进去占据有利位置。

一天的工作即将结束，越来越多的人来到酒吧，我们这群书呆子靠着成人饮料带来的力量，以一种非常呆的行事风格开始表演。如果进来的是一个漂亮女生，大家就会一起尖声尖气地喊"嗨——，美女"，接着发出经典的哼哼笑，这些在1984年的电影《菜鸟大反攻》里是有名的桥段。这部由罗伯特·卡瑞丁和安东尼·爱德华兹演绎的电影描述了书呆子们的生活，现在已经成为经典，和电影里一样，我们中的任何人试图约人去跳舞的话，其他人就一起谴责他。

计划很成功！

约翰逊航天中心有两个餐厅，老一点的那个被称作11号楼，它在我的NASA生涯中有着相当重要的位置。在我还是一名年轻工程师的时候，很快就从前辈那里知道中午11点餐厅会有特色午餐等待着饥肠辘辘的人们，每天都在同样的位置，雷打不动，唯一会变动的是菜单上的可选品类。

在20世纪80年代初，只要花2.75美元就能享受到每日特色，如"鸡肉炸蛇"（牛排）和"驴鞭"（烤小香肠）。也就只有湾区大道上罗恩脆皮炸鸡店的不限量自助能够击败它了。

1990年初夏，11号楼餐厅会改变我的人生。餐厅最里面有一家小小的礼品店，我当时站在柜台前，给一个朋友买NASA的小摆件。我写了张支票付钱，正等着店员兑现，瞥了一眼离我最近的入口，看到一位非常迷人的女士，熟练地推开双开大门走进来。

她特别美，个子高高的，一头金发，穿一件墨绿色的连衣裙，进来以后到沙拉吧排队。我那时从不吃沙拉，不过那天我决定破例。我拿好支票本冲向沙拉吧，拿起托盘径直排在这位迷人的女士后面。

我随意动了动，但很有可能看起来明显得像车祸现场，想瞥一眼她NASA内部公务卡片上写的名字。"我们认识吗？"这是我向她搭讪的第一句话，我那时还没什么经验。

"应该不认识。"那位年轻的女士回复道。她的笑容比甜美的外形和修长的双腿更加动人心魄。我张口结舌，嘟囔着，想再找个什么法子引起她注意。

我们走到付款台，一切都结束了——但是我确实看到了她的名牌，上面写着苏珊·哈瑞尔德。

我回到自己办公室，但并没有停下追求这位女士的脚步，她终有一天会成为我的妻子。那时没有可以利用的电子邮件或者网络资源，于是我翻开自己那本老旧的约翰逊航天中心电话簿，直接翻到H区，每翻一页，我的心跳都会加速。

找到了！她在45号楼的人力资源部工作。我拿起电话，紧张地拨了5位分机号码，是她的秘书接电话，这位年轻人告诉我她目前不在座位上。我向他表示感谢，让他转告他的上司给克莱顿·安德森回电话，留下我的5位分机号码。

不可思议的是，几天过去了，甚至几周都过去了我还是没有接到回应。我把这当作拒绝的意思。于是将注意力转移到单身生活里更重要的方面：体育锻炼和当篮球裁判。

试图联系苏珊这件事已经过去一个月还是两个月了，我独自坐在屋里，NASA工作区的新电话簿送来了。那天晚上我无事可做（很多个夜晚都是这样的），我抓起略小了一号的电话簿，一页一页翻看着薄薄的灰色纸页，希望能翻到认识女生的名字。不用说我也知道，这挺惨的。

我翻到一个有点印象的名字：辛迪·基查。她和我的一个同事约会了很多年，成为我的第一个目标。除了我认识她，觉得她很漂亮之外，也没有什么其他理由。孤独的内布拉斯加工程师决定一试。我拨了那个号码。

辛迪的妈妈接了电话，完全不知道我在干吗或者我想干吗。而我没想到会是她妈妈，结结巴巴地，终于说清楚我是谁，问了辛迪是否还单身。辛迪的妈妈亲切又善良，告诉我她记得我，但是也很直接地知会我：辛迪有新的男朋友。我被击倒了，就像狂欢节射击摊位上的丘比娃娃一般，感觉又难堪又失败，还有一点沮丧，觉得自己都没法约女孩子出来，花了整整两集情景喜剧的时间可怜自己。

等到了广告时间，我告诉自己：克莱，你是个32岁的男人，一个NASA工程师，个性有趣。从沙发上起来，拿起电话再打一个！

我也是这么做的，拨通第二个人的电话：沙拉吧认识的苏珊。我紧张地按下号码，电话发出哔的一声，转向她事先录好的信息。听到她在答录机上录下的信息，我呆住了。尴尬和慌乱又一次向我袭来，我像个16岁的小孩一样摔了电话，没有在已经启动的答录机上留下任何讯息。我独自在家，觉得自己很可怜。

我决定再试一次，这次我发誓要像男人一样，至少留一条消息，不再做软弱无能的事。

第二次打电话，我变得自信起来。毕竟，还能发生什么更糟糕的事情呢？她说她不感兴趣？那也不是没发生过。

我随意站在厨房，把话筒夹在耳朵和右肩之间，电话的另一头咔哒响了一声，是她！不是答录机，是苏珊在接电话。

我又慌了，搜刮些文雅的词儿，希望能够抓住她的注意力，直到我有机会开口约她出来。我直冒汗，介绍了我自己，提醒她我们曾经在沙拉吧里见过。她承认了，知道我是谁。我和她闲聊一会儿，知道了她打了一场NASA休闲联盟的垒球比赛，刚回来。太棒了，她也是运动员，算是有可以展开的共同点了。

我还是想试试运气，聊了5分钟以后我决定试一试。我邀请她吃午饭，她答应了！我高兴坏了。

期待着我们的约会，我去了一趟男装店。我需要新衣服，这种场合万万不能以书呆子工程师的形象出现。那一天到了，我的秘书黛比·怀特第一个注意到我的新打扮。她马上就明白我要去见一名女性朋友。她的调侃反而让我有些放松。

我去苏珊位于45号楼一层的人力资源部办公室接她，到那儿时她正站在桌边打电话，穿着粉红色的羊皮短裙、高跟鞋和一件白衬衫。她简直太漂亮了！我又开始发慌。

午餐约会很棒，我把她送到楼门口，脑袋里高速运转着，想说点什么，好有第二次约会的机会。我是做过准备的，问过我的弟妹、前模特吉娜，下一步该怎么办。"如果约会进行得顺利，别等。"吉娜说，"在你送她走之前再约她出来。"我接受了她明智的意见，再次约会苏珊。她来自印第安纳的埃尔克哈特，是一名无比性感、聪明的职业女性。

这也是一段迄今长达23年的友谊和亲密关系的开端，我们还养育了两个可爱的孩子。苏珊在这场旅程中一直是一名了不起的旅伴，如果没有她我做不到这一切。

谁说书呆子约不到女孩的？

04
嘿，先填个表

为了成为宇航员，我一共申请过15次，这件事一直流传在我的朋友、追随者或粉丝当中。确实，这15次尝试中的头14次都彻底地失败了，人们拿这件事情开玩笑或者暗中讽刺。事实上，NASA还拍了一条公益广告，介绍我15次申请的经历。我当然愿意随时都能说"晚到总比不到好"，但在一开始，这句话对我而言还只是理论而已。

申请成为美国宇航员的流程实际上十分简单。你只需要一台电脑，找个搜索引擎，输入以下两个网址中任意一个：www.usajobs.gov 或者 http://astronauts.nasa.gov。

我要预先警告你一下，这些网站不是为胆小的人准备的，它们毕竟是政府网站。但是如果你够幸运，输入关键词"宇航员"和"休斯敦，得克萨斯"，就可能发现联邦政府正在招募新的宇航员，通过官方流程，你就可以把自己的名字放进（潜在）宇航员候选名单里。

20世纪80年代中期，后备宇航员（astronaut hopefuls，被简称为As-Hos，同混蛋"Asshole"谐音）的申请周期是每年一次。部分是因为哥伦比亚号在1981年4月成功实现了首次起飞和降落，需要越来越多的宇航员。当时哥伦比亚号的指挥官是约翰·杨，飞行员则是鲍勃·克利平。

后续的三架航天飞机陆续试飞（STS-2~4，都十分成功），项目经理十分期待四架航天飞机组成的"U-haul"①太空舰队的"运营能力"。这些外形流畅、黑白两色的轨道飞行器将能够在地面和近地轨道之间运送人和货物。航天飞机急切需要新的宇航员加入，选拔办公室并不缺乏人才，热情的年轻一代美国人已经准备好要站出来，开启宇宙中最棒的职业生涯。

1983年底，我发现自己符合所有的初步要求，于是决定提交第一次申请。我和大多数申请者一样，都以为只需要申请一次就好（此处应有笑声）。我只需要知道如何申请。

首先我得搞到一张纸质申请表以及相关流程的信息。并不像现在，你只要登录电脑就能获取一切，在1983年，你得写一封信去询问，贴好邮票，写好地址。

我收到的回信里有一个四折的小册子，上面还有NASA的"蠕虫"标志（主要在80年代使用，后来又换回了经典的"大肉丸"标志）。题目是"任务专家及飞行宇航员候选人须知"。里面包含所有候选人需要知道的和宇航员选拔项目相关的信息。

对于任务专家，如果要申请，需要满足的最低条件如下：

1. 学士学位，需来自被认可的大学，方向包括工程、生物科学、物理科学或数学。必须有至少三年的专业相关工作经验，并在专业方向上有成熟经验。如拥有更高等级的学位，可折算为工作经验（硕士计一年，博士计三年）。学业准备质量是重要因素。

2. 需能够通过NASA二级空间体检，该体检与军方或民间二级飞行体

① 美国著名搬家公司。

检相似，此外还有以下具体标准：

    a. 远视力：i. 未矫正前不低于20/100，矫正后可达20/20，单眼。[①]

    b. 血压：i. 坐姿测量血压为140/90。

    c. 身高在152—193厘米之间。

（现在，NASA官网上的要求是任务专家的视力不低于20/200，飞行员的身高要求是157—190厘米，任务专家则是148—193厘米。）

对飞行员的要求基本是一样的。主要差别就是视力不低于20/50（矫正后可达20/20），能通过一级体检，身高不低于163厘米。而附加的条件"至少有1000小时喷气式飞机机长的飞行经验"和有飞行测试经验者"优先"更是表明了他们需要精英中的精英。

手册中还提到必须有美国国籍，心理及技术（临床、生理或实验心理学除外）、护理、社会科学、航空以及航空管理方面的学位并不符合要求。

详细介绍航天飞机计划后，手册中列出对任务专家的职责要求：任务专家需要同指挥官以及飞行员一同工作，负责成员行动规划、耗材的使用和实验以及有效载荷的操作等任务的协调。他／她需要对航天飞机的系统了若指掌，同时也要十分了解操作特点、任务需求和目标，以及所负责任务每个实验的配套系统和设备。任务专家需要进行舱外活动（太空行走），

---

①   20/20：距离视力表20英尺，能看到大多数人看到的东西。20/100：大多数人距离视力表100英尺可以看到的东西，需要距离视力表20英尺才能看到。

使用遥控操作系统（机械臂）处置载荷，执行或协助特定实验操作。（那时没有提到空间站，它的出现还要等个几年。）

薪酬和福利也有大致介绍，但是我一点都不在乎挣多少或者福利怎么样。我想当宇航员！

正式的申请文件包裹需要寄到：

> NASA，约翰逊航天中心
> 宇航员选拔办公室
> 收件人：AHX
> 休斯敦 得克萨斯 77058

文件最终会落到杜安·罗斯的桌上，他安静又有些害羞，一头厚厚的白发，人很幽默。他个子不高，略壮，热爱长跑的跑者，在政府部门工作了一辈子。

罗斯是宇航员选拔委员会的头儿，在宇航员的大本营约翰逊航天中心工作。杜安（每一个多次申请的人都认识他，和我们一样都和他发展出亲近的私人关系）有一位长期的工作伙伴以及真正的幕后管理人员帮他，特蕾莎·戈麦斯，关于美国宇航员选拔，我认为，任何一件你想知道的事儿他们两个都知道。

你的申请材料（application，那些多次申请的人又亲切地称为"app"）在7至10天后会送到，装在官方9×12英寸马尼拉纸信封里，信封的左上角有着NASA的标志。

信封里有一封感谢信，感谢你对宇航员选拔项目的兴趣，还有一堆官方表格和发行物，用来让那些胆敢滥用政府系统的美国公民产生敬畏心。

最不容错过的是一份十分清晰的指导文件，告诉你如何进行下一步，如不遵守，则有"您的申请可能不予考虑"的风险。

必须填的表格是标准的：一份SF-171（个人资历声明），一份SF 93（医疗记录），JSC 465表格（医疗记录补充说明）和JSC 490表格（附加信息）。如果要进一步完善申请信息，还需要提供完整的大学成绩单（复印有效）。

真正的选拔现在才开始。

如果说申请流程自成一派，可算是一种艺术的话，我的SF-171表格远远算不得一件艺术品。

在我的时代（可以从历史的角度理解，也可以认为指我前面14次没有下文的申请），填写表格的流程和今天相比有很大不同。申请人

    a. 无需使用电脑（那时电脑还没有普及，你需要一间仓库才能放得下它）；

    b. 需要一大堆纸和一支蓝色或黑色的圆珠笔，又或者一台打印机；

    c. 如果谣传是真的，申请人还需要准备足够的修正液，或者一台梦幻的科罗娜电动打字机，带有修正墨盒，可以修正所有的错误。

1983年版的美国政府标准表格SF-171共有4页（除非还需要附加表格SF-171A）。宇航员留言簿中，声称对于申请的评判不限于填写的内容，还会考虑是否有拼写错误。我们都知道黑色或者蓝色墨水有多难擦除，成功申请的基础就是能够想办法重写你搞砸的部分：在写错的地方敷上一层薄薄的修正液，慢慢地吹，直到干透（也是我们这一代人的另一个关键技巧）。

另一个你需要注意的地方就是要学会玩"宇航员申请游戏"。作为这个申请游戏的出头鸟，我一直认定（非常天真地）自己需要遵守SF-171表格上的每一句要求。要求提供过去20年的居住地址时，我都写了。要求填写全名和出生日期时，我把"克莱顿·康纳德·安德森"和"02/23/1959"都塞在了小小的格子里。进一步要求提供"三份来自熟悉你工作和品格的人的推荐"时，他们就收到了不多不少三份。

遵守要求，都写在格子里，没有拼写错误，不提供任何他们没有要求提供的内容。直到第十二次申请，我才知道自己的竞争者提供的文件里不仅有推荐人的名字和地址，还有一堆信件，把他们夸得天花乱坠，仿佛再过几天就要被收编到宇航员队伍一样。

申请表是标准的政府表格，上面有好多无关的东西。例如，第十四部分会问你是否愿意在华盛顿、美国任何一州或者美国以外的地方工作。但是每个人都知道宇航员们（至少美国宇航员们）住在休斯敦，约翰逊航天中心附近。

填到工作经验和受教育程度这一部分时，事情变得有意思起来。在标准表格小小的空间里使用打字机的话，没法写太多细节。我直到"申请生涯"后期才知道有附加表格这种东西。

当时我的工作经验还很有限（工作不到一年），如果把暑期实习都算上的话也不到两年。我只能寄希望于我的物理学位（黑斯廷斯学院学士）和航空航天工程学位（爱荷华州立大学硕士），希望能在竞争者们的各种博士学位之间拼得一席之地。

从各种的特殊技能、取得的成绩，奖励一直到推荐信，我的申请烂透了。我完全不知道职业生涯至今取得过什么令人刮目相看的成绩。老实讲，第一次申请时我知道自己没有机会。我不自欺欺人，我知道如果想要被委员会注意，还有一条很长、很长的路要走。

在15年的尝试之后，我现在是一名自封的申请专家了，有一件事情我一直觉得很有趣：申请资料中很少提到不合格标准。

正像前面提到的，除了视力和血压要求之外，任务专家的身高在152—193厘米之间。据我所知吉姆·韦瑟比和斯科特·"小马达"·阿尔特曼就有195厘米高，他俩还是飞行员。有好几个女性宇航员的身高都在下限附近：我一下就能想到南希·柯里（152厘米），芭芭拉·摩根（165厘米）和温迪·劳伦斯（162厘米）。

宇航员对听敏度也有要求（对普通人而言就是听力水平），但是仅会针对听觉频谱内一组三个的频率，从我有限的视角来看，我觉得自己和其他人一样有机会。

经常有人问我申请做宇航员是不是很难。我的回答很简单：不是。我只能说这个过程消耗的是时间。基本要求只是提供政府标准雇佣表格，填好，外加三封推荐。需要涉及一些医疗方面的内容，但基本上也就这样了。签上名字，写上日期，塞进邮箱，美国邮政服务会将它送到约翰逊航天中心的收发室，然后它也许会在某人的邮箱里等到地老天荒。然后，手指脚趾都紧紧交叉①，等着，等着，再等等。

辛勤准备收到的正面回复会是一封确认信，以及一条可爱且私人的消息：如有任何与阁下之申请相关决策，我们将尽快通知。哦，还得等着。

当评估委员会真的收到了你的申请，看了以后觉得你是合格的候选人，一切就会变得更有趣。评估委员会的职责不是选什么人出来，而是要阅读上千份申请，将候选人的数字减少到一个可以进一步操作的水平。

---

① 手指交叉是祈求好运的意思。

有一组资深宇航员来决定是否博士学位比非博士学位要好，是否军方飞行员比非军方飞行员要好，是否来自某个特定的高等学府真的重要。

所以我是如何被选上的呢？这可真是难倒我了！

大多数想要成为宇航员的人都会申请个好几次。最困难的部分是第一次申请的时候就能组织好必要的信息。搜寻之前居住地的信息，找到所有的高中以及大学成绩单并复印，想好找谁来推荐。这些事情占用了大部分的时间，如果都完成了，那么接下来就简单了。

宇航员选拔办公室会每年要求你更新你的信息，所以多大多数人而言，只要你的基本信息完备，你只需要在上一次的申请上加上你认为相关的信息。

到了2013年，杜安·罗斯在给后备宇航员做简报时分享了一些宇航员选拔过程的关键信息，以及从他从业37年的经验来看，这一过程是怎么变化的。随着航天飞机计划的结束和商业航天公司的崛起，美国宇航员的选拔目前关注的焦点是长期太空旅行。

除去2013年的数据，历史选拔数据显示，从1959年的第一次选拔开始，共有50758人申请过宇航员的职位。一共选出了338名宇航员，选中的机会是0.6%。非飞行员选拔的数据显示，39%的人有硕士学位，而38%的人有博士学位。

在选拔的飞行员中，53%有硕士学位，43%有学士学位。

合计起来，近半数的宇航员拥有硕士学位（46%）。一直以来大家都认为如果想要增加被选中的概率，需要有博士学位，这种观念受到了挑战。非技术类的学士学位基本没用，建议候选人们在宇航员选拔方面有优势的专业取得一个更高等级的学位。

现在的选拔过程可以分为五步：

1.评估候选人基本情况。

2.候选人会获得一个初始评价"符合要求"或者"极为合适"，根据个人背景和技能分到不同的小组中，这样也避免了"拿苹果和橘子比较"的状况，比如拿战斗机飞行员和教师做比较。学科分组包括物理科学、生物科学、工程及运营、飞行测试工程、教育以及飞行员。

3.候选人的评价和排序都是在组内进行的。

4.开始面试和体检（这项工作会持续5个星期）。

5.进行最终选拔。

一旦被选中，候选人有几个月的时间搬到休斯敦。

经过两年的基本训练才能取得飞行资格，这时你才可能有资格进行长达三年的任务训练。

最近的一组候选人，选拔时间开始于2012年，任务计划仅包括国际空间站（ISS）任务，因此他们在飞行之前至少要经过8年的训练。

正式的面试会（选拔委员会）就是为了解答面试官们的一个基本问题："我愿意和这个人一起进入太空吗？"委员会的目的不是找到非常专业的人员，而是什么都能做一点的人。

他们想知道如下问题的答案：

1.为什么想要成为宇航员？是一种激情还是仅仅认为这件事好玩？

2.你的动手能力如何，如你会修汽车或者电脑吗？

3.你的过往经验是不是适用？

4. 你的沟通能力怎么样？

5. 你会如何应对人际关系？如何对变化做出反应？

6. 候选人是不是能够代表NASA？

7. 候选人的个性会不会太强烈？

8. 你是否具有团队精神？是否是一个自我驱动的人？

9. 你是一个什么样的人，是否工作勤奋，谦卑和自我意识的平衡点在哪儿。

10. 是否具有良好的情景意识和判断能力。

在评估你的申请之前你必须符合所有的要求。例如，如果你即将取得飞行执照或者学位或者工作经验，这些都不算数，所有的条件必须在申请截止日那天满足。

面谈由现任宇航员和约翰逊航天中心主要领导组成的小组执行。小组会对新任宇航员做出推荐，经过JSC主管的批准后，会送到NASA管理部门进行最终的批准。

据罗斯称，对于候选人的基本要求有所降低，但是身体要求并没有。对于宇航员的要求同墨丘利、双子座和阿波罗项目时期是一样的。长时间的飞行要求宇航员具备顶尖的生理和心理条件。检查很详细，包括眼睛、牙齿、核磁共振、心脏和心血管检查，还要进行肺活量测试。

文件上没有对年龄的限制，只需要通过体检。但是符合体检要求的可能性一定是随着年龄递减的。宇航员年龄的范畴是从23到46，年轻即优势，因为在NASA的工作时间可以更长。

某些身体上的问题会让你马上失去资格，比如肾结石，即使你只有一颗。视力要求也是一个关键的因素。如果你的视力是20/400，矫正后可达

20/20，或者不低于20/800，通过激光视力矫正手术可以实现20/400，矫正后也能达到20/20的话，也合格，前提是在眼部手术两年后才能申请。

近期来自国际空间站的数据显示，一些执行长期任务的宇航员视力有所下降。数个研究项目正在进行中，试图确定为什么会发生这种状况，并搜寻可能的应对方法。

今天，所有的后备宇航员都知道即使你被选中，也不能保证就会参加航天任务。在你作为后备宇航员期间，如果以下任何重要领域中没有取得成功都会让你失去资格：俄语、机器人学和太空行走。

13年以来我都一直在更新我的申请，我发现如果想要成为被考虑的对象，我需要做出改变。选拔办公室几乎不会有任何反馈意见，很难知道如何让我在选拔委员会眼里更有存在感。

有些事情很简单（尽管会花点钱）。例如，许多申请者会去考私人飞机执照，有人会去学潜水，甚至还有人会去学习高空跳伞或者去爬世界上最高的山峰。所有这些人都是无畏的勇者，他们的目的只有一个，那就是告诉宇航员选拔办公室：

    a. 你在努力成为更好的自己；

    b. 你不反对学习新技能；

    c. 你知道成为宇航员需要什么样的能力；

    d. 你不畏惧任何尝试。

带着苏珊的鼓励，我踏上了那条道路。我俩一起拿到了潜水证，在那个周末我们还怀上了大儿子科尔（好吧，这两件发生在同一个周末的事情确实没什么关系，但是至少证明了我们俩都精力十足）。

为了拿到目视飞行证书，我努力学习，这证书可是驾驶单发飞机的入场券。后来，我甚至决定接受一份新工作——在JSC做应急响应中心的经理。

因为大多数的申请者都在做着、或者早已做过同样的事情，我认为这并不能让我脱颖而出。我需要特别的东西。

到了第十三年。我和苏珊差不多已经要放弃了。我们完全不知道他们是否在认真地对待我的申请，我们去了一趟西雅图，拜访朋友顺便寻找工作机会。回来的路上，我并不知道下一步该干什么。这时我接到了来自杜安·罗斯的电话。他想知道我是否能够加入1996级的第五宇航员候选小组。

我又再次燃起了希望，抱歉了西雅图！

来到了面试环节的时候，我想要与众不同。我需要一些在委员会看来是真的很特别的事，大多数宇航员不知道当然也不会去做的事。我找了找，还真发现我有可以用作"杀手锏"的东西。我确实经历过一件让我显得特别的事。高中和大学期间我都是篮球裁判。我可是匹斑马呢！①

篮球裁判和宇航员是极佳的类比对象，两个职位都需要你认真研究"比赛"。篮球裁判需要知道并理解大量的规则，如果你同时吹大学男生联赛和女生联赛的话，还需要注意两者的规则有着微妙的区别，而且所有的规则在任何情况下都必须准确无误地执行。

作为宇航员，和规则对应的是系统知识、情景意识以及"粗体字"程序（换句话说，按照记忆执行）。作为一名太空中的"裁判"，遭遇到特殊状况时，你必须精确、迅速地知道要做什么，有时候只能凭记忆。

当你是一名体育比赛的裁判，影响通常没有那么重大。但是作为一

---

① 球赛的裁判通常穿黑白条纹的服装，被戏称为"斑马"。

名宇航员，如果错误地执行了一项任务或者在错误的时间进行了正确的操作，很有可能就要了你以及你同伴的命。

另外还有一个相同点，宇航员和篮球裁判都对身体条件有要求。虽然宇航员没有要求一定要锻炼，但是他们需要每年通过体能测试：1.5英里（2.4千米）跑或者骑健身车，然后测试氧气吸入呼出水平；在1分钟内做尽可能多的仰卧起坐、俯卧撑和引体向上（至少两个）；握力测试（确定有足够的手部力量执行太空行走），还有柔韧度测试（是否能摸到脚趾）。为宇航员专门设置一组高难度动作当然没有必要，更多都是一些对于整体体能的测试。

最低的底线是，你能把你那肥硕的屁股（或者大胸脯）塞到宇航服里，就一切安好了（但那些把你塞进宇航服里的同事们就该在饮水机旁说闲话了）。

这个类比的最后一条，也许是最重要的一条，那就是面临威胁正常表现的能力。我在吹高中和大学的比赛时，遭遇过好几次这样的情况：整个体育馆里只有其他两个裁判在你这边，有时，就连这样的同盟也不能保证。

那样的压力是巨大的，季后赛，激动人心，充满压力，有时甚至有点吓人，当然最终的结果取决于球员的表现。在得州东部的某些场馆，你得在比赛结束的时候躲着点教练们，或者找保安保护你，免得狂热的球迷或者教练的妻子对你的表现不满。

安吉丽娜大专的教练盖·戴维斯尽管坐在自己的凳子上，还是会盯着你，双臂紧紧抱在胸前，他多嘴的儿子坐在记录台边比赛日专用座位上，怂恿着他。在这样一场比分咬得很紧的比赛中，如果想在下半场快结束时吹一个不利于主队的判罚是需要很多勇气的。

瞬间分析情况并决定是否要吹响挂在你脖子上那只黑色的FOX40裁判哨，这实际上是一种宇航员训练。即使你的判决是正确的，你依然需要注意你的动作，所有人都看着你，正确的动作会让大家都知道一切尽在掌握。不管你穿的是条纹上衣还是太空服，情况是一样的。

两组技能中最后也最重要的便是自我意识。我吹了25年的比赛，见过的自我意识和在轨道上一周看到的晚霞一样多。健康的自我意识是大多数宇航员的重要特征，实现这一点需要人们意识到它对我们行为的影响。

一名强大的高中或大学裁判必须展现自信，而不是常被误认为是自信的自负或者傲慢。两者间的区别十分微妙，一不小心就会越界。你的自我意识以及表现出来的相应态度，为你自己以及你的个性提供了一目了然的展示。宇航员也是一样。

我第一年成为宇航员候选人的时候发现，如果你足够热切，就能够得到与众不同的对待。仅仅是套上蓝色的飞行服，人们都会用崇敬的眼神看你，就像在看一名摇滚明星或者专业运动员——这也足以让人沉醉。

还有一些其他的小事，比如有一次一家店给了我的同事"一辈子免费吃披萨"的特权，又比如发射准备期间，有人开玩笑说肯尼迪支持团队的工作人员可以"防止我们的妻子和女友见面"。在建立名望的长征路上，抗拒这些诱惑是第一步，不过即使处置不当也不一定会让你身败名裂。

我这套"宇航员和裁判员"的类比在面试时表现不错，但是还不够好。如果再次收到NASA的拒绝明信片我也不会太难过。反正已经习惯了。不过，这一次我不仅收到了明信片，还收到了一封真的信。

那是1996年5月7日，杜安·罗斯在信中感谢了我一次又一次的尝试，他们这次从2400名申请者中选出了25名任务专家和10名飞行员，这次的竞争十分激烈，由于名额有限，使得很多像我一样极为合适的候选人落选。原来我是极为合适的候选人！我还是有机会的！

这封信给了我一丝希望。我进入了面试环节，至少有机会在选拔委会面前表现自己。但是这一次，我觉得，如果大多数应征者收到的是明信片的话，收到一封贴了邮票的信还是有些意义的。我还要继续努力。

第二次参加面试已经是两年后了，这一次我更有经验，更棒的是，我有了一个计划。

根据第一次面试的反馈，我知道选拔委员会在技术知识和技能方面对我有所顾虑。当1998年我再次坐在他们的对面时，我首先分享了我作为工程师的15年技术经验。但我觉得真正打动他们的是我结束时的陈词。

我引用了《消费者报告》杂志的年度汽车特刊，里面会对一年来的新车打分。为了帮读者找到合适的车子，专家们使用了三个描述语：极力推荐、不推荐、数据不足。这些描述语就是我计划的关键。

我建议委员会的成员们都去JSC随便转转，遇到个人就可以停下来，问问他们是否认识克莱顿·安德森或者是否曾和他共事。我猜，有50%的概率他们会收到肯定的回答（我在那里工作了很久）。

在那一刻，我说，就像那本杂志一样，委员会将会收集到真实的数据。他们可以问那些人是怎么认识我的，他们觉得我是一个什么样的人，我工作是否勤奋——任何问题都可以问。也可以问他们是否认为我会成为一名优秀的宇航员，他们是推荐我、不推荐我、还是没有足够的信息做出这个决定。

最后，我告诉委员会我有一个别人都没有的优势——我来自内布拉斯加州。人力资源部的格雷格·海耶斯问为什么他们应该选择一个内布拉斯加人，我解释道，作为第一人总会有各种延伸的可能性，更不用说，从此以后国会里的内布拉斯加代表就有明确的理由支持太空项目了。

我最后直接转向委员会的成员，朝着宇航员史蒂夫·霍利飞快一笑，继续说道："你们选了一个来自堪萨斯的家伙，不是吗？"

迎接我吧，宝贝！我准备好了！

05
接一下电话，好么？

　　据说那个电话被称作"终极电话"。大多数宇航员都记得他们的终极电话：时间、地点，与这件人生中最重要的事相关的一切。这通电话将为一名平凡的美国公民提供一个不平凡的机会，成为一名宇航员。

　　我和苏珊当时在佛罗里达，准确地说是在肯尼迪航天中心（KSC）。她获得了一次费用全免的旅行，去了著名的火箭发射中心，这次旅行是NASA推广活动"认识太空飞行"的一部分。活动奖励那些为航天飞机项目作出卓越贡献的NASA员工以及其他正式员工，他们分属不同的组织。苏珊得到奖励是因为她在和平号空间站项目第一阶段里的优秀表现。这个项目也是国际空间站项目的前辈，后来我们则密切参与了后者。

　　我们在卡纳维拉尔角①见证火箭发射。STS-91，最后的航天飞机与和平号对接任务。火箭位于发射台39A，已经准备好要发射了，它将是最后一次对俄罗斯和平号空间站的拜访，这次行动在NASA的历史地位也就此

---

① 卡纳维拉尔角是位于美国佛罗里达州布里瓦德郡大西洋沿岸的一条狭长陆地，附近的肯尼迪航天中心和卡纳维拉尔角空军基地是美国发射航天飞机的地方。

锁定。任务指挥官是富有经验的宇航员查理·普雷科特，发现号航天飞机将载着6名宇航员升空，返回时再载上和平号空间站里的宇航员，原籍澳大利亚的宇航员安迪·托马斯，共计7人。领航员多姆·格里，以及任务专家温迪·劳伦斯、珍妮特·卡凡蒂、张福林和俄罗斯宇航员瓦列里·鲁米恩组成了航天飞机团队。

"认识太空飞行"的活动通常在发射两天前开展，种类繁复，数量不胜枚举。会有一场午餐会，新宇航员候选人丽莎·诺瓦克将发表简短演说。（丽莎是16组成员之一，在被宇航员威廉·A. "比利·奥"·奥费莱恩拒绝之后，她成了身穿纸尿裤携带胡椒喷雾的臭名昭著的女人。）[①]她穿着海蓝的飞行服，黄色的高领毛衣，看起来愉快又热情，一直笑容满面，和大家握手并签名。午餐会很棒，我和苏珊还以发现号航天飞机发射场景为背景照了一张合影。

旅途中最重要也最有趣的派对是卡纳维拉尔角港口和游船码头的欢迎活动。现场云集了宇航员、NASA管理人员、承包商以及获奖人，人们享用着精致的前菜和成人饮品。我们加入人群后，遇到了好几张非常熟悉的面孔。一些VIP和我俩说了一些令我们感到很奇怪的话。布洛克·"兰迪"·斯通，前飞行指挥官、约翰逊航天中心任务运营处主任（那时也是我的领导），告诉我说"放松，没事儿"。当时这句话我没放在心上，不过确实感觉很奇怪，他怎么会说那样的话。我和苏珊迅速交换下眼神（还扬了扬眉毛）。杰夫·班托，当时飞行指挥办公室的主

---

① 2007年2月，丽莎·诺瓦克因为感情问题，穿着成人纸尿裤，驱车1500多公里，在奥兰多国际机场停车场用喷雾袭击了另外一位女宇航员科琳·希普曼，因此成为第一位在职期间遭到重罪指控的宇航员。

任、前飞行指挥官，也溜达到我们跟前，加入了闲聊。他说："别离电话太远。"我开始意识到了什么。杰夫是选拔委员会的一员，我才在他和其他一群大佬面前大讲特讲关于克莱顿·安德森的一切，试图成为一名后备宇航员。

直到大卫·利斯特马，另一位宇航员，当时的飞行机组运营主管，碰巧路过，我才有胆做起白日梦来。他说："嗨，克莱，你什么时候回休斯敦？"我迅速反应过来，也不知道回答得是不是简短及时，但是他的回应"我们到时再聊"确实非常有趣。我只同他在面试的时候聊过，我很怀疑以后是否再有机会和他说话，除非……可能……谁知道呢。

不，别想了，我告诉自己，别再想选拔的事。我担心希望越大，揭晓结果的时候只会面对更大的失望。我和苏珊都不愿继续讨论这个话题了，但是也达成了共识：今天的谈话还真是奇怪。尽管感觉聊的东西本质上是积极的，但是我们不知道到底有什么样的意义。好吧，那么就再多喝两杯吧。

下一场派对是发射前一天的大型庆祝活动，活动在皇家公寓举行，这是一家酒店式公寓，位于可可海滩，游人如织，休斯敦NASA人的休闲好去处。我们能参加是因为苏珊作为航天飞机—和平号项目办公室的一员受到了邀请。这场大型的盛会就是为了庆祝最终的发射以及对接。

我们来到露台，享受着凉爽的天气和又一次即将成功发射前的那种兴奋。苏珊和往常一样美丽，很受大家欢迎。不仅因为她工作得力，更是因为她真的很漂亮，成为了各种醉汉的目标——他们中的任何一个都有能力让她的职业生涯更上一步或就此终止。让我站在那儿看着我的妻子被别人拥抱和索取"庆祝之吻"可不是什么容易的事儿。苏珊则迎面而上，用姿态和笑容礼貌地挡了下来。她表现得优雅又平静，十分专业。我钦佩她的胆略。

众多的关键人物参加了这次聚会：弗兰克·卡伯特森，第一阶段项目办公室负责人，苏珊的老板；乔治·阿比，约翰逊航天中心主任；尤里·格拉兹科夫，获得无数荣誉的宇航员，苏联的英雄；还有前宇航员麦克·贝克尔，俄罗斯的运营主任。阿比和格拉兹科夫坐在同一张桌子上，享受这场狂欢……可能享受得有点过头了。阿比先生的眼皮已经开始打架了。他最有名的事迹是在关键的谈话过程中打呼噜，然后迅速醒来，好像一秒钟都没有耽搁。他真的是一个令人不可思议又聪明的人。

大家来到各自的桌前享用西瓜果盘。西瓜一切两半，边缘雕成了漂亮的锯齿状，里面盛满了各种各样的水果，真是佛罗里达室外海岸派对的完美之选。

我安静地站在露台，保持着距离，假装是一名漠不关心的派对常客。前一天我已经参加了一个派对，听过各种关于宇航员选拔的暗示，我想，最好的策略就是闲逛，不要做任何蠢事。我保持着距离，静静地观察，彬彬有礼。为了避免这一次在最后几个小时里把事情搞砸，我决定和"少说话"结成联盟。

天不遂人愿，我离前宇航员以及约翰逊航天中心最高领导仅有几步之遥，而且他俩都已经喝高了。

阿比先生率先行动，他刚打了几个盹儿，醒过来发现桌子中央有新上来的果盘，一秒钟都没有犹豫，精力充沛、下手精准，像一头捕三文鱼的熊，将他的大手直接伸向了那只西瓜，抓了满手的西瓜球、草莓、葡萄和其他什么水果，迅速一把送进巨穴一般的食道。尤里紧随其后，他的动作也一样，但是他的手没有那么大。这场景真是又惊人又恶心。任何看到这个场景的人都会对那个果盘失去兴趣。

接下来发生的事情牢牢地保存在我的记忆仓库里。一名漂亮的女士，约五十出头，有着金色的短发，打理得很整齐，满怀笑容和兴奋之情来到桌前。她走过来的时候，阿比先生跳了起来（考虑到他现在的状态，至少他是试图想要跳起来）。两人明显认识，开过几句玩笑，阿比先生突然把手伸到她的脑后，手上还有刚刚抓过的水果残骸，直接给了她一个法式热吻，就连詹姆斯·邦德都会嫉妒的那种。

汤姆·克莱门斯，JSC预算专家，也是阿比先生的左右手，也在观察着这一对男女的行动，他以超越我的勇气喊道："上帝啊，乔治！我老婆都不会让我这么干！"

我不确定阿比先生有没有听到，甚至是不是介意，但是看到这场"感性交流"的人群中爆发出一阵笑声。真是一群真实又幽默的人。我真不知道这些人是怎么准备好发射任务的。

1998年6月3日早晨，派对和狂欢结束了。可能还有些宿醉，但是一定留下了终生难忘的记忆。数千人离开航天中心回到家中。发现号航天飞机完成了她的任务，安全漂亮地进入了轨道。不到两天的时间里，她将在200英里（321.8千米）高空和俄罗斯制造的蜻蜓模样的阳极化铝制模块——和平号对接。

我和苏珊都累坏了，也都为美国航天项目感到无比兴奋。在乘上返回得州的飞机前，我们还有几个小时的时间。尽管当时带着两岁的儿子科尔，爱冒险的一面还是占了上风。我们离开可可海岸，上了A1A高速公路，朝着陆军航空兵团在卡纳维拉尔水闸的站点开去。佛罗里达笔直的高速路和熙熙攘攘的奥兰多国际机场，你们只好再等等了。

之前一同参加活动的人告诉我们说卡纳维拉尔水闸是个好去处，有机会的话还能和大群的灰色野生海牛互动。正当我们在那里惬意地溜达，寻找这种长得像威尔福德·布雷姆利[1]的生物时，我的传呼机震动起来，我还记得时间大约是10点06分（会记得这个真奇怪，我都想不起来今天早饭吃的什么）。作为JSC应急部门的领导，这个现在看起来老掉牙的东西会时时把我拴在工作上。我看了看浅绿色屏幕上的电话号码。传呼机一直在响，提示我按下按钮，回复已接到消息。我在大脑里搜索着这个号码。一般我至少能通过区号确定号码所在的城市或者州：402是内布拉斯加，515是爱荷华，713是休斯敦。而显示在传呼机LED屏幕上的号码321看起来并不熟悉。

"应该是找你的，"我和苏珊说，"我根本不认识这个号码"。我把呼机递给苏珊，她交游更广，看了一眼，先也是疑惑，然后快速回复了我："这个区号我认得，是佛罗里达的。"

虽然还是无法确定谁发的信息，但是我感觉需要尽快回电话。直觉告诉我这个传呼更有可能是找苏珊的，但是，这个号码对她而言也没有什么特别的意思，这也提出了另一种更加严肃的可能——JSC出现了紧急状况。作为紧急事务管理人员，我必须找到一台电话。如果我不能完成现有工作职责范围内的工作，成为宇航员的希望也就落空了。要记住那是在90年代后期的黑暗日子里，那时候我们没有移动电话。

在卡纳维拉尔水闸找到一台电话可是不容易。这里不是普通佛罗里达游客会来的地方。除了我们俩之外，周围没有一个人影。目视所及只有一栋建筑，就是沿着混凝土人行道往回走，会看到一个离水闸有二三十码的小屋。

---

[1] 威尔福德·布利姆雷，美国演员，出演过《怪形》等影片。

我们小心地靠近，找寻着人类的迹象，感觉自己是电视剧集《特殊受害者》里的警察。小屋有一道坚固的铁门，上面有一块玻璃窗口，铁门就好像一个沉默的哨兵，准备随时抵御我们这些前来搜寻电话圣杯的人们。我们继续悄悄靠近，终于离窗户只有数英寸了。这座政府设施窗户感觉好久没有清洗过。我像个低成本电影里的间谍似的透过玻璃窗朝里看了一眼，小心地打开了门。苏珊柔软的手抓紧我右肩的斜方肌，我躲在门后伸着脖子往里看。房间里没有人。

我深深吸了一口气："有人在吗？"我说得毫无底气，这话丢到房间里就好像发了球没人接。

我扫视一下房间，搜寻生命的迹象。屋子中间有一张桌子，上面有台黑色拨盘电话（各位父母们，给你们的孩子们解释一下这是什么玩意儿）。这台老古董下方五个塑料按钮都是暗的，表明至少目前没有人用这条线路。

我左手拿着寻呼机，右手抓起话筒，也不知道如何拨出去，就随意按了下最左边的透明塑料按钮。按钮亮起来，我听到了拨号声。感觉就像一个大二学生第一次给女生打电话约她一样，连着拨错了三次。我的神经变得极度兴奋，呼吸比平时快一倍。最后电话终于接通了，一个平静安宁的女声传过来："宇航员中心。"

区号321——我终于明白了！那时我对肯尼迪航天中心还不熟悉，不知道3-2-1是为了纪念这个航天港进行的众多发射。

我说明身份，向她解释我接到了传呼，就是回个电话。那个声音又问我是否拨对了电话。打错了么？我不确定。我只好回答："应该是对的，我的妻子是苏珊·安德森，他们有可能是要联系她。"

对方又发话了："稍等，一会儿有人来和您通话。"

迷雾开始散去，碎片开始聚集。

我有一种强烈的预感，肾上腺素开始激增，身体和心灵都激动了起来。这是第一个孩子出生以来都不曾有过的感觉。"苏珊，我想我知道是什么事儿了。"我低声同妻子讲。

苏珊也知道，她哭了起来。第一块骨牌已经倒下，接下来的连锁反应将注定永远改变我们的人生。

大卫·利斯特马接了电话，和这位最高等级的宇航员说完折磨人的简单开场白之后，他紧接着就问了我自5岁起就一直想要听到的问题："你是否仍然有兴趣成为一名长期任务专家？"

我尽最大可能让自己听起来像一名宇航员，可还是结结巴巴的："是的，先生！当然了，先生！"

对海牛已经失去兴趣的两个人直接来到奥兰多国际机场。我们太激动了，难掩兴奋的表情，但是能分享这个消息的只有彼此，就好像你有一个大秘密却找不到可供倾诉的人。我们坐飞机回休斯敦，一来到机场，过完安检，我们马上冲到最近的电话亭。第一个电话打给我的妈妈，她不在家；第二个打给我姐姐，也不在；第三个：你当然猜到了，打给我弟弟，他也不在办公室。终于，打给密苏里岳父家的电话接通了。

我的岳父杰克接了电话，第一个知道了这个消息。他不怎么在电话上聊天，没说什么但却抱着话筒流下了眼泪。我也很感动。我的父亲已经在1984年离世，从那以后杰克就像我的父亲一样，完全无条件地为我骄傲，以我为荣，理解我。我很高兴他第一个知道这个消息。我们继续打电话通知家人，一直到不得不登机。其余的人不得不再等等了。

NASA发表正式的新闻稿宣布1998级宇航员的名单，之后一周我来到JSC吉尔鲁斯运动中心的垒球场。漫步在三号场地的草坪上，感觉自己25岁，这一刻是我人生步入中年时最爱的时刻之一。

　　听着球打在铝制球棒上的声音，看到白色皮革红色缝线的垒球朝我飞来，我本能地动了起来，多年在球场上的训练已经把这样的反应深深嵌在人的意识当中。我仿佛听到父亲的声音："儿子，向前跑永远比向后跑要容易。"我转向右侧，持续加速，一直跑到右外野的远端。我感觉这是一个好球，会打在外场边缘8英尺（2.4米）高的铁丝栅栏上然后弹回来。我开始减速，想等着球弹回来。

　　虽然大脑想要这么做，但是身体却跟不上。我感觉左膝盖响了一声，剧烈的疼痛虽然只是一瞬，但我已经动不了了。正当我想减速找到一个最佳外场位置，我感觉自己的膝盖要裂成两半了。

　　我脑中只能想到"糟糕！"。我小心地撑着，把球扔给二垒上大喊的内场球员。

　　我向大家示意之后从场上撤下来，慢跑至场地边缘，来到球员休息区。一直安慰自己膝盖其实没什么大事，很快就会恢复，休息一下，一会儿就能继续打比赛了。随着时间一分一秒过去，轮到我做击球手，我这才感觉到情况很严重，我可能要离开垒球场一段时间了。

　　之后的一周我约了世界知名的骨科医生丹尼尔·奥尼尔，他也是任务指挥官约翰·奥尼尔的儿子。他只拽了我小腿一下就得出我一直害怕听到的诊断。我拉伤了左侧前十字韧带。关节发生了错位，伤得还不轻，我现在需要医生的治疗和一堆康复训练。

　　奥尼尔医生知道我刚被选为新的后备宇航员，尽快为我安排了手术，1998年6月26日，手术非常成功。仅仅48小时前我才受伤，而我接到那个大卫·利斯特马打来的改变我一生的电话也才只是两周前的事情。我很担心这事会让我的宇航员生涯止步在这两周，我给宇航员选拔主任杜安·罗斯打了个电话，我非常紧张，绕了半天圈子才鼓起勇气问他我会不会因为这次垒球事件被踢出去。

他毫不掩饰地大笑起来，为了制造效果笑完还稍微顿了顿，他说："不会的，来这儿有点像进了监狱，只要进来了，你差不多就是这儿的人了。"

我松了口气，这第一道坎儿算是过去了。我转而投入到每天三小时以上的康复训练中去，希望在8月作为宇航员入职的时候能够完全恢复。在应急中心上班期间，我每天都会穿宽松的便装长裤，免得别人看到我膝盖上的矫正架。

成为宇航员的"名人效应"很快就来了。各种祝贺的邮件和电话络绎不绝，得州民主党议员尼克·兰普森也打来电话，当时他是NASA所在选区的代表，表达了祝贺之情。作为一个土生土长的内布拉斯加人，我总觉得这种祝贺应该来自你家乡所在的选区。我突然也意识到我住在得州的时间已经超过了内布拉斯加，而我现在住的地方也正是兰普森先生的选区。

作为一个新手宇航员，真正让我印象深刻的一个电话来自艾灵顿机场旁边的个人设备（PE）商店。我得知我将会得到一个"你好，乔"（NASA的黑话，意思是跨部门邮件的信封），里面有几张表需要我填。填完以后，我要去艾灵顿机场开一个会，会的内容目前还不清楚。

对我而言去艾灵顿机场可是个大事件。这是个特别的地方，甚至可以说是神圣的地方：美国宇航员们都是在这里乘坐T-38挑战天空。尽管已经是一名宇航员，我仍然把自己当成门外汉，走进276号机库的时候依然满怀敬畏。

白色的机库非常大，两端有高30英尺（9.1米）的滑动门，里面整齐停放着NASA的T-38喷气式飞机。我从没来过PE商店，停好车就直接朝276号机库走去。已经不早了，机库里只有一半的飞机，很多已经来到了停机线，等着飞行员和宇航员带它们上天兜个两圈。

进入机库前我深吸了一口气，不为别的，或许是出于尊重吧。我被彻底迷住了，眼睛离不开这些优美的超声速空军混血儿。正在恍惚，一名停机线的机械师注意到了我，问我是否需要任何帮助。

"我在找PE商店。"我忙说，他指了指机库西南角一扇海蓝色的门，上面写着"个人设备商店"。我开了门，沿着铺了橡胶的台阶一直来到这个宇航员个人设备之家。

这个大屋子里没有那么热闹。左边是一屋子的缝纫机。海蓝色的夹克和飞行服随意堆在桌子上。墙上挂着一堆廉价的黑色相框，里面的照片已经褪色了，仍能看出是那些著名的宇航员以及航天任务的纪念照，上面还有签名。右侧是一个长长的窄房间，有两张桌子头对头拼在一起。上面铺满了飞行员降落伞上各种杂七杂八的部件。米黄色的降落伞，装降落伞的军绿色背包，降落伞肩带上的块状浮水设备一个接一个，已经就绪，按照顺序摆放整齐，等待打包。

我站在降落伞准备室，记下了这里的情景、味道和秘密。一名穿着深蓝色裤子、运动鞋和灰色棉短袖的男士来到屋里："你好，克莱顿！"我正在疑惑他怎么知道我名字，他自我介绍说"我是中士"，还说会为我准备自己的设备，我的宇航员设备。

中士，真名欧文·肯豪斯，带我来到降落伞准备室的尽头，一个更小的空间，里面居然有一张木头野餐桌。这儿算是个休息室，但是休息室不会有一整面墙都是镜子。剩下的三面墙边立着政府部门用的那种褐色储物柜。中士闪进一个更小的屋子，应该说是衣柜更合适，出来时手里拎着一个巨大的军绿色露营包，丢在野餐桌上。他打开包，迅速把里面的东西递给我，简单到不能再简单地介绍着。

像嘉年华上招揽生意的杂耍人，老中士吆喝着："这是你的飞行靴，这是你的膝上图夹，这是你的手电筒，这是你的腕表，这是你的飞行夹克，这是你的太阳镜，这是你的文件包，这是你的飞行手套，这是你的衣物包，这是你的行李包，还有两套蓝飞行服，穿上试一试。"我有一点窘迫但又感觉好像一个来到糖果店的小孩子。我脱掉身上的外衣，第一次穿上这身蓝色的飞行服。衣服是42号的，就是我填在表格上的尺码，有点硬，有点痒，有着新衣服的味道。我静静地站在镜子前，盯着自己看，不敢相信自己的眼睛。

"合身吗？"中士问道。

"挺合身的，"我的回答显得挺无知。"你觉得怎么样？"我想听听对此没有那么无知的人怎么看。

"我觉得可以，"中士回答道，"再试试夹克。"

中士明显更有经验。试衣服的过程很顺利，试过了夹克、飞行服、标准尺寸的靴子和手套。中士一直在帮我试，确保每一件对我来说都很合适。我对他充满了敬意。

"现在你需要定制的飞行靴。"中士淡淡地说。

"是吗？"我都能想到面对这名犀利的老兵，自己脸上露出的蠢样子。毕竟，他才刚给我一双挺好的靴子。

"是啊，我们需要量量你的脚。坐下，把袜子脱了。"

他拿出一卷来自上古时期的旧卷尺，开始量我的脚，嘴里喃喃有词，在一张表上记下各种数字，那就是我定制靴子的蓝图。

"你想要什么样的靴子？"他充满期待地问。

"哦，你这儿有什么样的？"我回问，不太确定他问的是哪方面。

"我们有系带的，有用拉锁的，有带鞋扣的。"他一板一眼地回答。

"哦……大多数人都用什么样的？"

"大多数的宇航员喜欢用鞋扣。"

"好，那我也要那样的。"我兴奋地说。

"你想要什么颜色？"他问。

我实在觉得这有点可笑，但是又努力不让他看出来，迟疑了一下才回答："你们有什么颜色？"

"我们有意大利棕皮，马臀皮或者基本的黑色。"

"呃……大多数人用什么样的？"我又问了一遍。

"大多数宇航员，他们似乎倾向于意大利棕皮。"

"好吧，就它了。"我自信地回答，感觉自己变得更熟练了。

"你想要什么样的鞋跟呢？"他又问。

"什么样的鞋跟……你是认真的吗？"我开始觉得这是艾伯特和科斯特洛①喜剧里的套路。"呃，你们有什么样的鞋跟？"

"我们有橡胶鞋跟也有皮质鞋跟。"

"大多数人用哪种？"

这次他的回应开始脱离套路了："你可不想滑到屁股摔八瓣，是吧？"

"呃，不想，先生。"

"那就用橡胶鞋跟。"

"好，那我就用橡胶鞋跟。"

他收起了卷尺，整理好工具，示意我这场差不多没有尽头的靴子规格终于确定结束了。

我们的下一个项目是飞行头盔。他让我下楼穿过机库来到另一扇门

---

① 威廉·阿·艾伯特和卢·科斯特洛，美国20世纪40、50年代最受欢迎的喜剧组合。

前，同样也是海蓝色花纹，但是这扇门上有个标志：头盔／降落伞室。

这间屋子塞满了东西，里面有好几个架子，架子都隔出来单个的格子，每个格子里都放着一个军绿色的袋子。每个格子下方都有一个蓝色名牌，标着所有者的名字。朝屋子中间那一排一路走过去，我看到好几个名字，都是著名的宇航员，其中包括卡伯特森、卡马尔达和科尔曼。

四面墙上均匀地钉着木钉，上面挂着降落伞。所有的降落伞都朝着一个方向，仿佛是某种军事队形。

穿过一排排的架子和挂起的降落伞，我们又来到一个更小的房间。

"你需要一个飞行头盔。"这次是另一个人了，管头盔的克里斯·桑多瓦尔。

"好的！"新手宇航员这样回答。

"你想要什么颜色的头盔？"他问道。

哦不，我心里想。我有点恼火，我们又要再来一遍了。这一次，在再次陷入喜剧套路之前，我稍微留了个心眼。

我先发制人，向这位友好的敌人发问："我可以看一下其他宇航员的头盔吗？"

"当然可以，我们去看。"他很大度地答应了。

我们从小屋外的架子上随机拿下来一个头盔包，第一个是淡蓝色的（真的，就是那种淡淡的蓝色），它属于古怪又有才的斯多里·马斯格雷夫。不是我的型。我的个人设备专家又取出一包，里面的头盔有着明亮的黄色，两侧还画着闪电。这是弗兰克·卡伯特森的头盔。这颜色和我也不搭。第三个包和第四个包里的头盔是一样的，也是蓝色，不过深了些，有着金属的光泽，看起来就像一辆跑车，又或是得州红骑士橄榄球队的头盔。我觉得还不错：简单、优雅、有宇航员的样子。但是个人设备专家告诉我说1996级的宇航员里有好几个都选了这个颜色。我又不想要了。我想在同僚中能够显得亮眼。

我又翻了翻其他的包，试图找一个适合我的颜色，但是没有找到。我们回到了办公室，翻开一大本三孔档案夹，里面有各种各样的颜色和样式。这时我突然有了灵感。

"全红的头盔配白色面罩怎么样？"我问道。我想着红色和白色能够代表我爱的内布拉斯加州大红色。而且，这个颜色对我而言也意味着平等就学机会，它代表着我的母校，黑斯廷斯学院，也是爱荷华州立大学飓风队的颜色。最后一条虽然不是真的决定因素，这个巧合也有加分。

宇航员也可以在头盔面罩的侧面有一个定制的标志。我翻着庞大的档案夹，NASA的肉球标志以及被人称作是"NASA嗖一声"的标志抓住了我的眼球。那个"嗖一声"的标志基本上是肉球标志内部的一部分——一片星空上摆放着字母，有红色的V形臂带穿过。整体很简洁，白色的字母，红色的臂章和蓝色的星空。肉球标志认识的人更多，主要是一个圆圈，基本是蓝色，比"嗖一声"的标志要小一些。肉球放在面罩上会显得很小，于是我建议使用"嗖一声"。把这个建议记录在册以后，我们继续挑选我装备的旅程。

"你也能在头盔的后面弄个东西。"我的帮手向我透露。我问他此话怎讲。

"恩，你可以放上你自己的名字或者你妻子的名字，或者你女朋友的名字，又或者，"他稍顿了下，"你妻子以及你女朋友的名字。"这话听起来不像是在开玩笑。

我被他的直率以及不动声色惊到了，我沉默了一会儿，张口时有点结巴："那，那，那，克莱顿·C.安德森怎么样？"

"当然，没问题，你想要什么样的字体？"

"大多数人用什么样的字体？"又来了，我心中暗想。

"一般来说他们喜欢手写体，比如这种。"他抓过来一个头盔，指向了背后刻的字母。那是一句军队的呼号，但是我没认出来。我点了点头，接受了他的推荐，终于完成了所有的问题。

克里斯告诉我我们还需要确定哪种氧气面罩和我的脸型最契合。我们试了好几种（居然有这么多种？！），连在一个灰色的头盔上，头盔耳部有两个银色的卡槽，将两个卡口滑入银色的卡槽，氧气面罩就固定住了。

面罩的管子一端连着我的鼻子，另一端连在一个黑色军用氧气罐上，面罩里面没有氧气，我呼吸起来很困难。他把氧气罐开关拨到"开"的位置，呼吸才顺畅了些。克里斯觉得这个面罩应该合适，就把旋钮扭到了"测试"的位置。

我感受到的冲击非常强烈，大量氧气以均匀的速度通过面罩传过来。空气从面罩里面冲出来，打在我的眼眶上。我没有受过训练，连眨眼都很困难。克里斯注意到了，关掉了系统。他把面罩取下来，调整了连在橡胶容器金属三角形稳定器上的带子。

"再试试。"他指示说。我按照刚学会的流程，将卡扣卡进去。我们又试了一下，这次，面罩非常地紧，从鼻子上缘一直到下巴下面都是。

旋钮在"正常"位置，他又问道："感觉怎么样？"

"我不知道，感觉应该是什么样的？"我问道。带着厚重的军绿色面罩，我的声音听起来含混不清。

克里斯完全不理会我试作轻浮的话语，接着问："会不会不舒服？是不是太紧了？"

我松开了右侧的卡扣："是的！"

我们已经试过了这个面具所有的尺寸，然后又试了尺码第二大、略圆的一种。重复测试过程，发现这个太大了。我们又回到第一种面罩，重新调整了带子，最终找到了合适的位置，既不会太紧，又不会让氧气从面罩里跑出去，在我脸上乱窜。

克里斯问了那个无法回避的问题："感觉怎么样？"

我重复了之前的回复，为了显得配合一些，我又建议："我可以试一试这个，看能不能行。"

这就是我在T-38上积累650个飞行小时所带的面罩。

那天，在离开艾灵顿机场的时候，我的脚步带着一点蹦跳。虽然对这一趟不可思议之旅中将会发生什么所知甚少，甚至一无所知，我第一次觉得自己是一个真正的宇航员。

接下来的事情，正如他们说的，就是历史了。

06
婴儿宇航员

　　我的儿子科尔是一个特别棒的橄榄球运动员。据他的教练、队友以及美国大学生体育联合会橄榄球分部的说法，他有能力"参加更高等级的赛事"。2013年春天，在休斯敦大学的"青年日"上，好几个穿着耐克速干运动衫和Polo衫的教练迎接了我们。他们都想让科尔知道他们的球队有多棒，以及他能够为身着红白两色的美洲豹队带来多大的贡献。

　　对我而言印象最深刻的不是他们多努力对我的儿子示好，而是一名球队工作人员的讲话。这位绅士名叫米卡多·辛森。他是休斯敦大学基督徒运动员奖学金的在校主管。

　　他站在一小群被邀请来的运动员和他们的父母面前，开始讲述自己工作的方方面面。讲到同来自休斯敦校园乃至全国的年轻运动员一同工作时，很明显他很兴奋。结束演讲的时候，他总结了球队的理念，最后一句话击中了我。他说："如果你穿上（美洲豹队）球衣的话，你就有影响力。"

　　同样的，1998年8月，一场新闻发布会结束以后，31只企鹅（NASA术语里的17组）准备好要穿上他们的"球衣"了。

　　我们是有影响力的。

　　一旦被选中，我们就都成为了后备宇航员。头两年是基本训练，常常会有评估。这段时间内，脚步放轻些，"头低一些，尾巴夹紧"。

在这段时间，如果有判断失误或者身体问题，都有可能失去候选人的资格。尽管这种情况非常罕见，也不是没发生过，近几年尤其多。

我们就好像新生儿——婴儿宇航员，如同我们养育孩子一样，宇航员也需要这样的"养育"过程。

无论从技术数据、NASA的历史还是社会互动的层面来看，婴儿宇航员们最终要能够承担宇航员角色以及相关职责。

从选择我们这一级的昵称——企鹅（其他候选包括渡渡鸟、小飞象和鸸鹋，都是不会飞、不好看还有点蠢的动物），到选出班长，在我们"成长"的过程中，每一件事对我们而言都很重要。

8月的报到日没过去多久，我们的班长，格雷戈里·C."雷·约"·约翰逊，一名美国海军退役上校，1990年起就在NASA的老手，告诉我们这些企鹅："如果你想在太空中飞行，那么就别搞砸了T-38试飞或者模拟飞行。"

我们这三十个人都把雷的话当作忠告，尽管我总是会疑惑为什么我们不能在模拟器里犯错。模拟器不就是用来犯错然后从中学习经验的么？

我后来发现，有些错误可以犯，有些错误则不能容忍。

我们这些后备宇航员以小组形式出行，访问了每一个NASA中心，包括NASA在华盛顿的总部。我们到哪儿都是列队前进，把自己展示给所有的人。从加利福尼亚州爱德华空军基地荒原上的着陆带到马里兰州戈达德太空飞行中心，我们拜访每个中心，了解他们在美国太空项目中的贡献和故事。

由于有可能成为NASA代言人，我们都要进行（某种程度的）公共演讲以及采访训练。被精心打扮，被人拍照——因为我们会是大新闻。

我们是有影响力的。

但是我们有一整个班的人，并不是所有的判断都准确。就像小学生一样，一个班里总有捣蛋鬼——他们以享受美好时光为由，冒险挑战现状，不顾后果。

我们也有那样的企鹅。

那句"发生在拉斯维加斯的留在拉斯维加斯"，我们有我们的版本。"两个TACAN法则"（指的是飞机上用来测量距离和方位的战术导航系统中，200英里的距离）在宇航员的世界中指的是"如果发生在两个TACAN之外，别管它。"

有的同学在华盛顿附近的公寓里，从阳台跳到楼下的泳池，很有可能还是醉着的；有的企鹅曾在生存训练的时候跳到小河里裸泳。有一次我们都去参加在加利福尼亚赛尔莫的一个晚宴，喝到很晚，第二天因为都没怎么睡觉一个个醉醺醺的。在帕萨迪纳的喷气推进实验室听一名博导为我们讲课，孩子般的举止让我们自己很丢人，也让主人很尴尬。

但是，或许，我们真的不应该去参加星期二狂欢节。

我们来到新奥尔良州，在圣查尔斯大街东南侧的露台上观看狂欢节游行。我们那时去拜访斯坦尼斯空间中心以及附近的米丘德装配厂，恰好赶上了南方最大的派对。斯坦尼斯是NASA发动机测试的大本营，而米丘德则是橙色泡沫的制造商，那东西就用在外部燃料箱表面。

新奥尔良市的客人们享受着完美的天气，而我们看着游行队伍缓缓经过。一切都是金色、绿色和紫色的，极为壮观。

没过多久我们这一群里的男人们就注意到了游行队伍里的年轻女性。这些狂欢节公主大概有三十多位，坐在特制的宝座上。

突然我的一名同伴起身喊了一句："看！街对面，福尔曼跟弗格森和公主们在一块呢。"

我朝那个方向一看就看到了他们。两个宇航员骄傲地坐在年轻的公主们中间，好像他们就该在那儿一样。

他们也向我们挥手，笑得像柴郡猫①一样。他们也是有影响力的。

我们早早从游行里撤出来去四处转悠。我犯了一个新手宇航员才会犯的错误，答应和一帮人同去位于著名法语区的波旁街。

步行不到三十分钟，我们一行五人遇上一大群人，街上真的可以立起来一个"仅有立足空间"的牌子，节奏强烈的柴迪科舞曲震耳欲聋。空气中混合了啤酒和尿液的味道，看来狂欢的人群中有人在大街上掏出了家伙"标记自己的领地"。

街上挤得像沙丁鱼罐头一样，寸步难行。我一直抓着一名同伴的皮带，完全不知道要往哪走，只是跟着，牢牢抓着那一小片皮革。

穿过这条街是一个艰难的任务。人们基本上都无法行动，就好像紧紧打包的一盒吸管。

一名骑警缓缓穿过人群，如同一条缓缓开往北极的破冰船。马儿所到之处，人潮自动散开，然后又飞快合并在一起。我们跳进人群的潮水，来到街对面一家成人酒吧。门口迎接我们的是个年轻人，不知道是保安还是店主人。

"每人25美元。"他小心地看着我们说。

25美元——他一定是在开玩笑，我想。这钱能吃五顿汉堡王了。不论里面有什么也不值这个价。

---

① 柴郡猫是英国作家路易斯·卡罗尔创作的《爱丽丝漫游奇境记》中的角色，一只总是咧嘴笑的猫。

我的一名同伴，身上全都是NASA的各种纪念品，凑了上去："我有NASA的任务臂章，我们给你一个约翰·格伦的臂章怎么样？他刚从太空回来。"他说的是最近大家都知道的一次发射，约翰·格伦是来自俄亥俄州的墨丘利计划宇航员和老参议员。

"不要臂章，每个人25美元。"他又强势地重复了一遍。现在看起来感觉更像保安了。

"噢，得了吧，兄弟。"新手宇航员又说"放我们一马吧，我有NASA官方的任务臂章呢。"

"没用。"年轻人反复地说。

我们发现我们的出价并不能让他满意，年轻人又发话了。

"她让我们看看她的胸部，你们就都能进去。"他朝着我们仅有的一名女同伴点了下头。

那名女同胞二话不说，一把拉起外套和胸罩，露出B罩杯的乳房。

年轻人点了点头，狡猾地一笑，让开了。

免单。她也是有影响力的。

这并不是个普通酒吧。里面和外面一样拥挤。头顶天花板上每隔15英尺（4.5米左右）就有一个架子，上面的彩色电视机里播放着无声色情电影。

我盯着那电视看，感觉并不舒服，差点撞到一位吧台旁边靠在高凳上的女士，她穿了一身猫女的衣服。

我再仔细看看才发现其实她没有穿衣服。实际上，她什么都没有穿——除非你把身体彩绘也算成一件衣服。对内布拉斯加的新手来说，又是一次新的体验。

我跟着同伴们来到二楼，想着我还能在这个地方坚持多久。我们在靠近屋子中间的地方找到了一张桌子。

　　大家都点了啤酒，这才放松一点（在这种地方，只能尽我们最大的可能放松），讨论着旅行见闻和在疯狂又特别的新奥尔良看到的东西。

　　正聊着天，我发觉那位浑身都是NASA纪念品的伙计挪到临街的窗户边上，窗户开着，可以感受到外面的喧嚣和空气。我和他一起来到铁栏杆阳台。下面的人群尽收眼底，我的同胞还是只对女性的上半身感兴趣，喝着他的啤酒，用最大肺活量朝下面大喊："露出你们的奶子，我有臂章！我有约翰·格伦NASA臂章，给我们看看你们的奶子！"

　　看起来，约翰·格伦的臂章在新奥尔良并不是什么抢手货。下面穿戴整齐的女士们的回复基本一致："我们不要臂章，我们要项链！"

　　我的这名同伴，只有一堆没用的臂章——至少如果想看女人胸部的话，不管用。他仍不死心，还在继续尝试。

　　我们的左侧有两位亚裔男士，用一种听起来像日语的语言大声交谈。他们不时指着腕表，然后看向街对面的另一个阳台。我仔细观察他们的动作，试图解读出其中的意义。

　　他们每看一次手表激动之情就更甚，我猜，那让他们激动的东西马上就要出现了。

　　终于到了揭晓的时刻，对面阳台坐着的一位年轻漂亮的金发女子跳起来转向我们，脱去上衣，将两粒美丽浑圆的桃色乳房露了出来。

　　我的亚洲朋友赞许地大叫，用力地鼓掌，好像在看滑稽戏一般。

　　脱掉上衣后，那两个人又重新设定了时间，我看着，很好奇接下来还会发生什么。他们的努力得到嘉奖只是时间的问题——接连好几次。多棒的城市啊！

　　初到酒吧的新奇感退去以后，我的耐心渐渐不够用了。我恳求一位同伴，问他要不要和我一起回酒店。但他还没准备走，就安抚我说："再喝一杯我们就走。"

我想等着他把那杯啤酒喝完，但是慢慢发现我只能一个人回去了。考虑到目前为止看到的情形，我有点担心，和大家打了招呼说我玩够了，和大伙明天再见。

我安全地回到了酒店大堂，又遇到两名同学正要去法语区，当时已经是两点了。"我们去世界咖啡馆吃个面包圈喝个咖啡，要不要一起？"他们问道。

我也不是全然没兴趣，但还是礼貌地拒绝了。

我回到了房间，发现我的室友，巴西航天局的马库斯·庞特斯还没有回来，他的床还很整齐。我想都没想就直接钻进渴望已久的被窝。他回来的时候一定会搞出很大的声音把已经睡着的我吵醒，可我已经顾不得了。

第二天早上醒来以后，我过了一阵子才醒过味儿来。然后发现马库斯的床还是整整齐齐的。我的天哪！他去哪儿了？我该怎么办？

我飞快洗了澡换好衣服，准备去解决这个问题。

我在屋里走来走去，希望能找到个解决的法子，没想到一脚踩在马库斯身上，他以婴儿的姿势睡在床另一边的地上，全裸。

他睡得像一个婴儿。一个婴儿宇航员！

07
哥伦比亚永存

    企鹅们迅速投入训练和初步分派的任务中去，为了将来成为真正的宇航员执行全部任务打基础。大家很快形成了良好的关系，一起经历这两年并认识彼此，至少在工作表现方面相互都有了解。

    时间一周一周过去，我们和办公室里的人也都熟起来。我们开始对日常的工作有了更全面的认识。在航天飞机以及空间站模拟器中练习，在老宇航员以及飞行教官的带领下飞T-38教练机，更加了解将来可能成为同行乘员的同事，包括那些可能成为我们指挥官的人。

    我不能替我的企鹅同学们发言，但是在头几年的训练中，我一直在大脑深处（我像小孩一样喜欢暗处）里列着各种名单，两份最重要名单的标题是：

    1. 最不愿意作为同伴在太空飞行的人；

    2. 最不愿意让他成为指挥官的人。

    我的大脑里有一本存储了大量信息的账簿，但是列表这件事，尤其是这两份名单，为我自己提供了一个私人的非官方宇航员选拔验证。令人惊讶的是，这两张单子都很短。

    令人难过的是，有七个人的名字永远都不会出现在我的任何名单上了，尽管我没有机会和他们中的任何一人一起飞入太空，但是我们的人生因为哥伦比亚号的悲惨结局产生了一种独特的关联。

我之前并不认识哥伦比亚号机组的成员，后来我们在一次远征训练的崎岖山路上慢慢认识了，那是在怀俄明州中北部的风河山。和他们在山里相遇纯属偶然，但是他们的才能和个性给人留下了持续一生的记忆。他们是指挥官里克·赫斯本德、飞行员威利·麦库尔，任务专家麦克·安德森、劳雷尔·克拉克，K.C.乔拉，戴夫·布朗和伊兰·拉蒙（第10章会详细介绍）。

发射计划定在2003年1月16日，而在几个月前的一天，我接到了STS-107指挥官里克·赫斯本德的电话。我想到之前远征训练的经历就高兴得很，完全没有意识到我和他的队员的关系将会就此改变。

我们的聊天很亲切，他以他那典型的温暖关照开头："你好，过得怎么样？"我坐在桌前，想为什么他会给我——一个没飞过的新手打电话。

我们叙了叙旧，他开始说正事，问我是否愿意成为他们这次任务的家庭陪同。

我完全不知道什么是家庭陪同，我也完全不知道为什么选中了我，更是一点不知道一个家庭陪同应该做什么，但是这一切都没关系，我很开心也很荣幸，他居然考虑了我。（我也没问他之前到底有多少人拒绝了他的邀请。）

为了保持宇航员的形象，我给了他一个显露不出激动之情的回复，接受并感谢他向我提出邀请。我回复的时候太结巴了，我想他听到以后会后悔向我提出请求了吧。

人生头一遭，我正式成为了家庭陪同，我现在需要搞清楚这个陪同到底要做什么。

幸运的是，我的大多数担心都毫无理由，陪同小队由两名老宇航员史蒂夫·林赛和斯科特·帕拉辛斯基、我以及一名还没飞过的宇航员（2000级）特里·维尔茨组成。

这次飞行唯一一名预料之外的成员是以色列空军上校、宇航员伊兰·拉蒙。他是第一个以色列宇航员，考虑到正好是在后911时期，这也为这次的机组带来了多变的环境。安保问题成为很重要的考量。

我们的陪同从起飞前几天开始。我们来到佛罗里达，将T-38停放在肯尼迪航天中心的航天飞机降落场，马上就去参加了一次强制性的启动会。会上将涉及所有安保问题，甚至还有FBI参与。每一名宇航员陪同都指派了一名FBI探员，两人共同负责。

这次活动经费充足，每一名探员以及宇航员陪同都配有一辆车。宇航员陪同主要负责为机组成员的家人开车，所有人开的都是SUV，每一次"行动"都感觉好像总统的车队出行。

发射当天的条件近乎完美，哥伦比亚号的乘员们穿航天服的同时，我们将载上一车的家人代表驶向发射控制中心（LCC）。然后来到LCC的楼顶，在一个专有区域自由等待，一起观看起飞。

那天早上，我是拉尼·麦库尔（威利的妻子）、道格布朗（戴夫的哥哥）以及J. P. 哈里森（乔拉的丈夫）的司机。

我们这趟旅程的起点是A1A高速公路东侧可可海滩上一栋迎海公寓的停车场。作为主要道路，与海岸线平行的A1A从南到北横穿可可海滩，成为所有目的地的参照点。

出发地点离观看发射的地方有40分钟车程，计划上来看，我们离开公寓的时间差不多就是宇航员们登上航天飞机的时间。由于安保程序要求，我们必须走一条指定的路线，那里将有交通管制，以保证我们的通勤时间最短。

为了实现这一目标，我们在到达肯尼迪航天中心之前会穿过旁边的政府设施：卡纳维拉尔角的空军站。这里本身也是有安防的。我们来到南门，慢慢接近安保厅和岗哨，我被眼前的景象迷住了：超过50名警察及州警察摩托车手等着将我们的SUV车队护送到肯尼迪航天中心。

空军的保安按照军队的程序，指引我们停在入口外面。带着敬畏，我们耳闻目睹一辆辆摩托车发动引擎，打开闪光灯，一群在前一群在后组成一列，一前一后簇拥车队沿着高速公路开往发射地。这时候路上就没有什么其他车了。

作为家庭陪同部门的新手，陪伴机组成员的家人对我而言也是很有益的。我尽可能多地从中学习，晚些时候可以和我的家人一起分享。

乘员家庭陪同在短暂（但很有压力）的两个礼拜中会扮演多个角色。我是宇航员同事、业余保姆、司机、服务员、理所当然的顾问、玩具、演艺人员。所有的一切都要用笑脸相迎。

发射的那个早晨也是一样。我们来到发射前的目的地，机组的孩子们，年纪有大有小，抓起速干记号笔就开始涂写，这是航天飞机项目的一个老传统了，孩子们的任务是在一块巨大的白板上写下自己对机组成员的任务祝愿。

家庭成员们像宇航员机组一样共同学做，每个人专注在自己负责的那一片区域。最终的画作将被裱上相框，记录下每个家庭的这场经历，永远地展示在墙上。

就在这些新晋艺术家创作他们大作的同时，我们为他们提供很多食物，心怀祝愿的人们聚集在办公室里远眺着发射台。大家都很激动，也都用平静的言语和眼神互相安慰，手搭在肩上表示支持。

焦虑一点一点累积，折磨着大家敏感的神经，都也顾不得吃什么东西了，只是偶尔拿起颗草莓或一片甜瓜。

发射团队召集完毕，发射主任打开了他的麦克风，开始9分钟的倒数计时，声音通过扬声器回荡在屋里。

我们沿着小小的台阶来到LCC的屋顶。气氛紧张。机组成员的家庭成员坐上大巴，被送到了一个私人观赏区，被称作"香蕉湾"。（NASA目前规定，家庭成员可以选择观看发射的地点。除了LCC的屋顶之外，还可以选择土星5号楼的一处私人阳台。那里离香蕉湾很近，家庭成员们在发射之前还可以和他们所爱的人短暂接触一会儿。）

离发射台只有3英里（4.8千米），宇航员的家人独自站在屋顶，与内心最深处的恐惧交战，仅有其他宇航员的家人和家庭陪同留在左右。我们的任务就是陪伴他们，让他们放心。发生在挑战者号上的悲剧无疑牵动着每一个观看远方这架小小航天飞机的观众的心。

陪同训练里可没有这一条。

倒计时来到发射前10秒，指针依然安静又坚定地朝着00：00的方向走去，屋顶上的人们眼中已经积满了泪水，静静地向全能的上帝祈祷。

离发射还有6秒，航天飞机的主发动机启动了，一股热烈的气流伴随着数千加仑的水从声音抑制系统喷了出来，形成可以与维苏威火山相比的一阵云雾。人类制造的最复杂的机器，将要开始它响彻云霄的飞行之旅。

所有的眼睛都盯着闪闪发光的地平线，怪异的是，眼前是爆炸一般的发射，耳边却一片寂静。3英里的距离，声音传过来还是需要一点时间的。

仅仅数秒间，人们从"哦！""啊！"的惊讶转变为笑脸、欢呼和鼓掌。

紧接着，一种无与伦比的力量，一阵无形的波浪以声速冲了过来，撼动着我们每一个人。

我们心砰砰地跳着，眼泪不由自主地流下，看着哥伦比亚号越飞越高。碧绿的大西洋之上，她的轨迹在明亮的蓝色天空划出一道金色的弧线。

哥伦比亚号到达5万英尺（1.5千米）高空时，人们又紧张起来。我们一起屏住呼吸，听到指令舱通讯员发出指令："哥伦比亚号，这里是休斯敦，打开节流阀。"我们都太清楚这个指令之后发生在挑战者号上的一切。然后我们听到了指挥官里克·赫斯本德干脆的回复："收到，休斯敦，打开节流阀。"

他们已经抵达第一个重要的里程碑。点火后2分5秒，固体火箭推进器猛地脱开，安全分离。引爆装置将推进器炸开，最终落入寒冷的大西洋中，之后会被拖回到卡纳维拉尔角重复利用。

今天我们不会步挑战者号的后尘。哥伦比亚号成员将安全进入轨道，来到约80英里（128千米）高的近地点。

经过八分半的抵达轨道之旅后，指令舱通信员宣布关闭主发动机。家属（还有我们这些陪同）松了一口气，脸上又有了笑容，现在我们的宇航员正在体验零重力的欢乐。

我以为我们已经大获全胜了。

时间过得飞快，NASA电视节目会截取机组日常生活的片段播放，我的陪同工作也维持着一种名义上的存在，大多数时间都平静甚至无聊。直到我接到伊芙琳·赫斯本德，STS-107指挥官妻子的电话。她问我能否带领他们的朋友，福音歌手史蒂夫·格林，参观约翰逊航天中心。史蒂夫·格林在休斯敦拿骚湾主之荣耀路德教堂举行音乐会，想借此机会去航天中心参观。和他一同前往的还有他的得力助手、录音师卡里·萨默斯以及吉他手查尔斯·加勒特。

我们整个下午都在任务控制中心，在空间载具模拟器大楼里实际大小的航天飞机和空间站模型里爬上爬下。之后我们又绕道去了下赫斯本德的家，伊芙琳为史蒂夫播放了一段特别的视频。视频是NASA制作的，讲述了里克从一名阿马里洛①笑嘻嘻的年轻人成长为赢得众多荣誉的飞行员，最终成为NASA宇航员的故事。里面的背景音乐很瞩目，来自史蒂夫的专辑《上帝的奇迹》，这也是里克和伊芙琳在任务期间的起床音乐之一。

降落的日子一天天临近。我们又回到佛罗里达州肯尼迪航天中心，准备迎接宇航员们回归。我们在住处附近的甜甜圈店碰巧遇到乔恩·克拉克，一名医生，NASA飞行医师，也是宇航员劳雷尔·克拉克的丈夫。一切看起来都很正常。

我们的聊天简短却愉快。我们聊着日常琐事，一般人有点紧张时都会那样做。我还是很乐观的，可我总是不由自主地想起发射当晚晚饭时听到的两名NASA工程师的对话。录像显示一小块泡沫从外部燃料箱脱落下来，可能击中了哥伦比亚号左侧的机翼。

没有人认为这是什么严重的事情，大多数人都觉得这算不得什么危险的情况。我和周边的人都忽略了这一状况，甚至都没有和乔恩讨论。我们只关心他们的任务即将完成，一切将会是巨大的胜利。

那天天气不错，应该是适合降落的天气，宇航员的家人坐上我们的SUV。和发射日一样，我载着拉尼、道格和J. P. 哈里森来到家人观看点，就在15/33跑道旁边。

我们又回到了这里，没有发射时那么激动了。这次我们的目的地是飞机降落的地方而不是发射控制中心，差不多二十来分钟就能到达。

———————

① 得克萨斯州北部城市。

聊天都是有一句没一句的，车里的气氛有些紧张。拉尼在担心天气，她嫁给了一名海军战斗机飞行员，对航空气象问题很熟悉，提醒我们说早上可能会有低空云层和雾，对降落产生影响。

我觉察到她越来越紧张，我试图用最官方的声音向她解释，在肯尼迪航天中心，她看到的这种天气是1月和2月的典型天气。

我继续试图安抚她，说尽管早上会有雾，但着陆是在一个小时之后，到那时，升起的太阳和大西洋的海风会合力驱散云雾。

她还是显得很紧张，我感觉到她还在想着其他什么东西。我的思绪又一次转到关于泡沫的对话上。但我还没有收到任何更新或听到在执行任务的两周里发生过任何值得担心的问题。对我来说，这些问题看来是不重要的。

很明显她需要更多的信息，因此我又一次试图向她解释一遍这一天控制中心团队的流程。我告诉她在我们准备去发射场的时候，控制中心那帮人对于降落时间的天气预测一定是有信心的，因为他们早已给机组成员们下达了行动的指令，让他们点燃发动机，脱离轨道。

控制团队向宇航员下达点火、开始脱离轨道的命令后，祈祷着飞机上的5台计算机能够完成哥伦比亚号自发射以来最大的一次机动。

随着每一步指令的完成，一旦实现点火，降落将在一小时之内完成。这一过程无法逆转，也就意味着对于地面团队而言，一切状况都必须足够好，他们相信天气会好的。

拉尼还是没有被我说服。

我们继续往前开，我想着我的话也许帮到了她。她现在看起来平静了些——至少在我们经过KSC著名地标之前。

低矮的灌木丛中有一棵又高又直的诺福克松，松树上有个白头海雕的巢。巢是巨大的圆锥状，很容易看到，也是KSC旅行巴士会介绍的一个亮点。导游会引导参观者们去看窗外的海雕"妈妈"，人们看到她雄踞在自己的巢穴之上时都会引起一阵骚动。（KSC是美国国家鸟类保护区，生活着众多野生动物，没有什么比我们国家的象征海雕更壮丽。）

和大家一样，拉尼很熟悉这个故事。她第一个意识到巢是空的。另一个她知道的传统是：如果在发射日或者降落日，看到海雕妈妈骄傲地坐在巢上是一个好兆头。没有看到海雕，拉尼越加不安，心上的压力又加了一层。

不管怎样，我们到达降落场时还是有欢乐的感觉。天气非常好（拉尼终于满意了），观察区为家人们提供了很大的空间，大家可以随意走动。

和香蕉湾的发射观测区类似，降落观测区域也是一片开放的草地。看台建在15000英尺（4.5千米）长的跑道中段附近。

孩子们在草地上玩儿，欢快地跑着，扔着飞盘，和无聊的大人们在会议室和车上闷了一天，终于有机会释放一下他们的精力了。

一排木制防雪栅栏隔出一个家庭专用区，VIP们都在这里。有KSC保安和栅栏的保护，宇航员的家人们可以免于那些不必要的关注，放松一下。一个巨大的数字倒计时显示器正对着露天看台。

他们在看台上的私人区域视野最好，当航天飞机在T-38的陪同下降落在轨道上时，整个过程尽收眼底。我站在露台旁边，和劳雷尔·克拉克的姐姐以及史蒂夫·林赛聊天，林赛是家庭陪同的头儿，总是在伊芙琳·赫斯本德的身边。我们讨论这一天多么让人激动，大家终于能够团聚，欢庆任务圆满完成。

时钟上的红色数字最前面有一个减号，显示着降落的时间逐渐临近，给人一种一切顺利的错觉。大家看起来都很开心，仿佛一家人外出野餐。

我的注意力转到电视的声音上。

在大多数早上，这声音不过是白噪声——都是任务控制的废话，单调乏味，声音来自地面人员和机组。

我和史蒂夫都经过训练，能听出机组和地面的交流有一些不符合标准程序的内容。这时已经是东部时间8时59分，而降落时间预计在9时17分。我们听到任务控制指令舱通信员查理·"斯考奇"·霍勃从休斯敦用无线电向机组喊话。

查理："哥伦比亚号，这里是休斯敦，我们收到了胎压信息，后一句没有收到。"

里克："收到，哦，但……"

查理再一次试图联络机组。

查理："哥伦比亚号，这里是休斯敦，检查通信信号。"

没有回应……一片死寂。他又试了一遍。

查理："哥伦比亚号，这里是休斯敦。检查超高频通信信号。"（超高频，是机组和地面通信的频率之一，仅在主系统失效的情况下使用。）

我和史蒂夫对看一眼，纳闷为什么休斯敦会想要检查超高频通信信号。"也许他们的通信质量不佳。"史蒂夫猜道。当轨道器天线被遮挡，无法和通信卫星联络时才会发生这种情况，一般都是航天飞机机头和尾翼的障碍区造成的，很快就会消失。

查理的话现在抓住了我们所有的注意力。他又重复呼叫了两遍，我看看我的左边，那里站着KSC的安全官员，穿着白衬衫和蓝色外套，看起来非常职业。她把无线电向自己的方向拉了一下，应该是刚刚收到讯息。她脸上表情的变化我一辈子都无法忘记。脸色瞬间变得灰白，满眼都是悲伤。这时，史蒂夫·林赛抓住我的胳膊，迅速说了一句："做好准备。"

我知道他是什么意思。没有时间思考了，我马上行动起来。机组成员的家人们还在看倒计时钟，询问声爆什么时候发生（航天飞机在接近地面的时候会产生两次声爆，一次是来自机头，一次来自机尾）。我开始轻轻地催促司机们："跟我来，我们得到车那边去。"

我看见有些人已经意识到情况不对，他们不住地左顾右盼，然后又看向倒计时钟，那只钟依然在倒数，不过早已过了00：00，现在又开始正数。人们聚集在一起，招呼着自己的家庭成员，每个人都满怀不安，一脸的疑问。

一些人站起来，想要再好好看看钟上的时间。整个场地一片安静，欢乐的氛围一扫而光。尽管这一天佛罗里达万里无云，但还是有一片充满着恐惧和怀疑的乌云从天而降。

走向我们的SUV时，大家都阴沉无语。没有人知道发生了什么。机组成员家人只有只言片语，想要问问到底发生了什么。他们努力不去想象最坏的可能性，爬进了车里。

坐进驾驶座位后我的第一反应就是检查收音机，确保它是关着的。这很有必要，在没有发布官方信息之前，我不能让我的乘客听到任何不实的消息。

我的大脑在高速运转。我非常熟悉标准的飞机返回时间点，但也搞不明白到底发生了什么。他们已经来到南加州上空的轨道位置，也许他们在墨西哥湾上空跳伞了，这是我的猜测。跳伞意味着发生了严重的故障，但至少宇航员们还有一线生机。

车里安静得让人以为自己聋了。直到我挂上挡，准备进入车队离开停车场时，道格·布朗，大卫的哥哥，以一种不带感情的口吻开口了。

他说他和大卫谈过这个，他们讨论过在太空飞行的任何时刻都可能发生灾难性事件，虽然机组接受过训练，知道出事以后要如何反应，但整个系统本身就是有局限性的，可能会导致他们的死亡。

虽然大家都在认真听，但谁都不喜欢听到这样的话。

我鼓励他朝积极的方向想。"我们只是不知道发生了什么，"我说，"大家需要关注在我们知道的东西上，而不是我们不知道的东西。"在返回KSC的宇航员中心时，我告诉他可以保留自己的意见。我拼命想把所有消极的想法从脑中驱赶出去，默默地向上帝祈祷，希望一切将会转好。

来到宇航员中心以后，一切只能说是混乱。和任何紧急预案一样，写在纸上的都十分正确和合适，囊括了所有的细节，但是在遭遇到紧急状况时，如何执行则完全是另一回事了。

所有中心的员工都在那里，希望能够提供帮助，但是他们脸上坚忍的表情已经透露出内心真正的感受。我们无法取得进一步的信息，什么都不知道，那些知道发生了什么的人也没有时间通知我们究竟怎么回事。我们完全是在本能和肾上腺素的驱动下行动，做着我们认为应该做的、正确的事情。唯一的安慰就是大家都在忙碌，做得越多，就越没有时间担心到底发生了什么。

进到大楼后，宇航员的家人们都去了各个宇航员自己的房间。他们明显还处在震惊的状态中。我们这些陪同人员如同电影院的领位员一样，试图尽全力为他们提供帮助。我们把小孩子赶到电视房去，转移一下他们的注意力，也让大人们有独处的时间。

不幸的是我们只能给孩子们提供一台电视机和老旧的电子游戏。这也算是应急预案的一个缺陷，未来需要改正。

孩子们的年龄有大有小，大的已经成年（麦库尔家的孩子），小的有马修·赫斯本德和伊恩·克拉克（6岁，和科尔差不多大），很难放在一个屋子里。

　　大人们最终都回到了主会议室，就在这里，仅仅15天前，他们所爱之人坐在这张桌前准备飞向太空之旅，阅读天气简报，最后检查了一遍程序和设备，在STS-107纪念板上签了字。现在他们的家人聚集在这里，抱着一线希望，希望能够再次看到他们。

　　我陷入了两难。内心深处，我知道发生了可怕的事情。但是我接受的训练和航天飞机超过百次的成功经验让我以为降落日应该是一个欢乐的时刻。

　　但今天不是。

　　NASA对自己的精确度引以为傲：精确的发射时间，精准的轨道机动，精确的对接和脱离时间。航天飞机上所有的事情，从最困难的任务到我们什么时候吃早饭都精确安排到每一分钟。但现在，我们已经远远脱离了正常的时间线，这可不是什么好事。我想从各位陪同同伴的脸上找到些许安慰，史蒂夫·林赛和特里·维尔茨，还有机组的首席飞行医生史密斯·约翰逊，但是我什么都没看到，他们的脸是一片空白。既令人抓狂又令人沮丧。我需要也想要得到帮助，但是完全不知道该做什么。

　　我沿着走廊迅速走到KSC载具整合和测试小组（VITT）经理的办公室，VITT的领导是一名老宇航员杰瑞·罗斯。这个小组是宇航员训练和生活经验必不可少的一部分（有人说是关键部分）。他们为机组成员提供各方面的私人支援服务，从学习航天飞机和空间站上的硬件设施到宇航员在中心的饮食起居。

　　罗斯正在他的办公室和鲍勃·卡巴纳上校讨论现在的状况，卡巴纳也曾是宇航员，还是前航天飞机指挥官，目前是JSC飞行机组运营指挥部的头儿，负责所有宇航员使用的物品。我听着他们的对话，用力咬住嘴唇才没有因为冲动而爆发。

"我们知道的就这些了，"卡巴纳上校说，"飞机在得州上空20万英尺（60千米）的地方解体了，我们得告诉他们的家人。"我强忍着，没有吐出来。"我们不能给他们任何幸存的虚假希望，没有希望。我们不知道具体发生了什么，但是没有希望了。我们必须告诉他们。"

卡巴纳上校知道，他的职位让他成为关键角色，当时大家知道的一切都会上报给他。他们来到会议室，向我下令，让我确保所有的家属都在那里。

家属们坐在一起，在巨大的会议桌一端成一个半圆，桌上堆满了T恤、照片、奖章以及其他等待宇航员们签名的纪念品。

卡巴纳上校进来的时候他们都被震慑住了，可能是由于他在海军养成的军人姿态，双腿并拢，背部挺直，双手安静地放在两侧。他脸上的表情让人不抱任何希望。这种姿态需要投入他所有的坚忍才得以保持。

他理了理思绪，开始向大家讲述。家属们低下头，开始哭泣。

最可怕的噩梦变成了现实。

我尽最大可能支撑自己站在那里，听着这一切。当麦克·安德森的两个女儿开始尖叫时，我拼尽全力才没让自己也崩溃。我来到走廊，在靠近门的一个角落跪下，开始祈祷，我从未这样祈祷过。

我擦擦眼泪，拿出手机拨了苏珊的电话，她一接起来我就明白她也知道了这场悲剧。我告诉她我没事但是机组成员都死了，我的声音因为恐惧和悲伤不住地颤抖，说话间眼泪忍不住地流。我强迫自己忍住，告诉她我晚上会回去，让她给家里人打个电话。虽然知道这话没有必要，我还是告诉她说要照顾好孩子。最终我没有话说了，对她说了句："我爱你。"

之后我给母亲打了个电话，很简短。我告诉她我没事，晚点再给她打。她轻轻地说，她在为所有的人祈祷。

站起来后，我又一次坚定起来。现在我需要坚强起来，比以往任何时候都要坚强，我需要勇气和力量，这时的我比以往更加认同家庭陪同的角色，也更加努力去工作。

家属们四散开来，他们需要消化这个可怕的新闻。父母们紧紧抱着孩子，在他们耳边低语。哭声仍在继续，偶尔会有几声尖叫在屋里回荡。劳拉·赫斯本德被她的母亲伊芙琳抱在怀里，轻声问道："妈妈，我结婚的时候谁将陪我走向圣坛？"

她的弟弟马修，只是拉拉母亲的衣服，一直在问："我们什么时候能回酒店游泳啊，我想去游泳。"

听到这些绝望的请求，我感到自己的心被撕成了碎片。我继续全心全意地祈祷，祈求上帝让这些人不要感受到那么多的痛苦。

在会议室入口对面是一个小走廊，沿着墙有几把椅子和几只柜子，走廊最引人注目的是柜子上方机组的签名照片。这已经是延续数年的传统了，机组成员们提供照片，以及感谢的话语，感谢能够让这次任务成行的所有人。

我在走廊里遇到了伊恩·克拉克。他站在一个柜子的旁边，靠着柜子，盯着墙上他母亲的照片，照片钉在高处，比他那一头乱糟糟的金发还要高。我停了下来，蹲在他的旁边，他需要有人倾听。

"妈妈，你为什么走了？"他问道。"我说过你别走，妈妈。我不想让你走。"

我安静地跪在那里，听着他无人回应的发问，感到前所未有的无助。我疯狂地在心里、在灵魂里、在大脑里搜刮着话语，希望能够抚慰这个刚刚失去母亲的少年。

我小心地把左手放在他小小的肩膀上，告诉他，有时候有些事情我们并不理解或者无法理解。这些事可能非常好，也可能非常坏。我告诉他我小时候无法理解为什么圣诞老人能在平安夜通过烟囱来到所有人的房间。

"伊恩，"我继续说道，"我一直不知道他是怎么做到的，怎么从烟囱里爬下来的。"

伊恩没有回话。他只是盯着墙看，无声地同母亲的照片交流，和带他来到人世间的那个人进行着自己的私人对话。

我认真看着这一切，努力不让眼泪流出来，我知道不能让这个备受打击的男孩看到眼泪。我告诉他有一天他会理解发生了什么。等他再大一点的时候，他就可以去寻找答案，那些生活过早摆在他面前的问题的答案。

我可能永远都无法知道那些话对伊恩有什么影响，但我知道我说给他的其实是我自己想要听到的。

乔治·W. 布什总统当天发表了全国演说，但在那之前他给所有的家属打了电话。在两个场合他都谈到决心。他提醒我们这一切是多么的重要："我们的太空之旅将继续，今天我们在空中看到的是毁灭和悲剧，但是在我们看不到的远处，有着抚慰和希望。"

近黄昏时我们和家属们回到艾灵顿机场。大家缓缓地从NASA的公务机上走下来，已经有一大群人在等着我们，大多是NASA的管理层和维持秩序的警官。这一场悲剧关系重大，人们满脸疲惫，表情肃穆。我还穿着我的飞行服，往前走的时候我看到了兰迪·斯通。

他现在是JSC的副主任，是我的老友、导师和前领导。我们眼神交汇但没有说话，我伸出了手，他握住。我努力忍住泪水，他也是，但我们都没成功。他的眼里满是疲惫与哀伤，我也是，我们拥抱在一起。

我还有任务去完成，回到飞机的货仓，取回行李，放到车上。对于那一天的家属们而言，那一趟旅程很短，但悲伤和孤独很长。

宇航员办公室马上召集了"全体船员"大会。我们要向空间中心汇报，集结在四号楼南侧的6600号会议室。

气氛紧张而安静，我期望管理层能够就目前的形势提供一个状况报告，或许还得有一个处理哥伦比亚号灾难后事的初步指导性的"灭火计划"。

对于飞行任务以及未来在轨行动的期待被深深地藏在了内心深处。我们不知道这样的悲剧在多大程度上会影响载人航天，但我确信要让美国人再次进入太空需要等很长一段时间了。

会议很短，这么短的会仅有过这么一次。会上通知了我们已知的信息，对于在卡纳维拉尔角亲眼目睹现场的我并没有什么更进一步的消息。技术细节仍然未知，但是所有机组人员都已离世。

我们被要求不要同媒体说话，这件事交给了几位管理层官员。我们也被提醒在NASA内部分享信息要慎重，不要猜测或提出任何没有数据支持的结论。谣言已经满天飞了，还有什么恐怖分子击毁了哥伦比亚号这种根本就不可能的言论。

在指导我们不该说什么这件事上，宇航员管理者和NASA公共关系部门又回到了标准的操作程序上。他们担心如果未经证实的消息泄露，被媒体抓到的话，就会削弱他们对我们能力的信任。明天一早，所有报纸的头条都会报道这件事，而就在我回到家之前，电视上应该就已经开始播送新闻了。

这原本是普通的一天，但是马上会变成对NASA进行大审查的一天。阿波罗1号和13号，挑战者号和哥伦比亚号，所有的一切都会变成一件事。

被下了一道封口令让我生气。可能是由于无助而挫败，也可能是由于朋友被夺去了生命，但我知道，对于我和其他人而言，应对这件事情需要时间，还需要人们去讨论。

我在悲伤时会想要直接去处理这个状况，我需要和人说话，分享我和机组的关系以及这种无助感。我需要成为那个发现哥伦比亚号坠落原因的团队的一员。我需要我的妻子、孩子、牧师、朋友甚至是媒体的人。

我家住利格城，在我驱车经过东边的清湖海岸时，我遇到了第一个和今天的悲剧没有关联的人。一名警官认为我超速了，让我停在路边。我都能想象在经历了太多情感冲击和太少食物以及睡眠之后，自己看起来是多么疲惫。

他要求我出示驾驶证，并对着照片看了看我的脸。问我为什么开这么快。我试图向他解释，我是一名宇航员，这一整天都在应对哥伦比亚号事件，刚要回家。显然他知道发生了什么，于是问我有什么东西能够证明我是宇航员。

我已经到了爆发的边缘，差点就要说出会让人后悔的话。我努力忍住了，慢慢地向他解释，另一个ID卡片是我的NASA证件，但上面没有说我是宇航员。他接受了我的说法，告诉我他感到非常遗憾，问我是否可以开慢一点。我勉强挤出一丝笑容，又上路了，开向我的家、我的家人。

我停在自家的车道上，等着车库门升起来，试图猜测到家以后可能会面对什么。我拖着手提行李和背包回到屋里。很明显，苏珊和科尔都已经知道了这件事，我抓住苏珊，用尽全力紧紧抱着她。科尔，那时才6岁，也伸展双手抱着我俩。

我把脸埋在苏珊的肩头，哭了起来，我知道她也在经历痛苦，她还是尽职又和蔼地抱紧我，她也知道我需要她的爱和支持。

科尔，并不理解发生了什么，用他悲伤的眼睛看着我，传达着他的爱，告诉我他爱我，并想要驱散我的悲伤，我划拉了下他的头发，向他笑了笑，告诉他我有多爱他。他的回复就是6岁小孩会有的那种总是需要答案的问题。

"爸爸，他们死了么？"他问。

"是的，他们死了。"我回答。

他表现出与年龄不相称的成熟，继续问道："他们有孩子吗爸爸？"

"是的，他们有。"

"有我认识的吗？"这是最后一个也是最真心的问题。

我蹲下来，对他说："有，科尔，有一些你认识。"

他听了以后，与我对视一下，然后安静地走开了。

我们的生活仿佛回到了正常的轨道，我们不会谈论哥伦比亚号发生的灾难。在我加入空气动力学团队，使用仅有的数据重建哥伦比亚号的轨道时没有谈论；在我最后飞入太空时也没有谈论。

科尔再也没向我们提起过任何关于那天的事情，无论我还是苏珊，直到2007年我从太空回来以后，那时我在国际空间站上短暂停留了五个月。

我们在我女儿萨顿的房间——我、科尔、萨顿——玩着我们最喜欢的游戏之一（至少是萨顿最喜欢的游戏之一），摔跤。通常我不会放弃和孩子们在地上滚的机会。我们在地毯上翻来滚去，嬉笑打闹，玩得不亦乐乎。我刚刚回到地面没几天，萨顿每次都想和我多玩一会儿，我则连连求饶：等爸爸的力量恢复一点再说。

我们在休息的时候（当然是我要求的），我试图和他们聊一聊，想知道他们对于发射、降落以及我在太空中的五个月有什么感觉和想法，他们一直都是那么勇敢。

科尔和萨顿当时一个10岁一个6岁，自从我回到家还没有和我分享过他们的感觉。萨顿只有6岁大，反应出乎意料也非常有趣：她觉得自己出了名，坐飞机特别好玩，还有机会在大西洋游泳。没有什么实质性内容，不过能看出来她是一个纯真又精力旺盛的孩子。

科尔则不一样。他已经不小了，从来都对那些游戏王卡片、小联盟棒球以及大象笑话之外的事情没多少讨论的兴趣。但是我感觉到他在压抑着什么。

就像登山者会给下一个人留下更多的绳子一样，我只是问他策略性的问题。我希望如果我能够把他拉上来，帮他分享内心的感受，我们就能克服任何恐惧或压抑，我也就能够让他理解发生了什么。

20分钟以后，他终于开口了，和我分享了他的体验。他大部分时间低着头静静地讲述着，在2007年6月8日，他的父亲进入太空的那一天，在肯尼迪发射控制中心的屋顶发生了什么。

科尔谈到其他宇航员的家人，他并不认识他们，无论大人还是孩子。"因为爸爸是最后一刻才加入这个机组的。"他还谈到了其他在屋顶的宇航员，他也不认识他们。

他讲到在火箭终于升空的时候流下了眼泪。火箭点燃，主发动机开始轰鸣，其他的孩子开始大喊："别炸……别炸……别杀死他们！"科尔边哭边给我讲。

这些话对他来说难以承受，他局促地站在妹妹身边，一直哭，两个人都被妈妈搂在怀里，不知道能否再见到爸爸。

苏珊后来讲了她的版本："人们在屋顶上蹦下跳，有些人开始害怕了。我听到抽泣声，萨顿转过头来对我说，'妈咪，你不用哭。'看到我以后才意识到哭的不是我，而是科尔——那是一段艰难的时光。"

苏珊强忍住眼泪和萨顿说："爸爸现在一定非常激动——他特别开心！

他终于实现了从9岁起就有的梦想，我们应该为他高兴。"

我在第一次做家庭陪同的时候，也是这样的想法，当时我站在哥伦比亚号宇航员家属身边，

宇航员以及家属们的勇气就像火箭一样极具威力。2007年，在那个屋顶上，科尔，一个年轻骄傲坚强的孩子，有着金子般的心，同他自己的太空恶魔斗争着，那个恶魔是在2003年2月1日，哥伦比亚号坠毁的那天，种在了他的心里。

哥伦比亚号事件之后，黑斯廷斯学院，我的母校，问我是否愿意分享我的想法以及我是怎么应对这件事的。2007年2月3日，我用纸笔写下了如下这些话：

> 2003年2月1日，我经历了人生中最困难的一天。这天早上，东部时间9时16分，航天飞机哥伦比亚号原本计划降落在佛罗里达州肯尼迪航天中心的33号跑道上。但是她没能成行。
>
> 那天我在现场，作为宇航员家属的陪同人员。我和另外两名宇航员的职责就是支持哥伦比亚号机组成员的家属们。"支持"是一个含义很广的词语……我们要给他们提供他们需要的一切：交通、食物、微笑和保证。我们（至少是我）都以为这件事很简单。只要把他们及时送到跑道旁边的指定地点，欢乐地等着他们的家人回归。然后带他们同他们的英雄见面，拥抱，亲吻，欢呼。我当时的眼光多么短浅啊。
>
> 随着肯尼迪航天中心的安全官员投来阴沉但迫切的眼神，我们的角色随即转变了，我以我的信仰向上帝祈求，以我从未想象过的方式。我们的家属陪同工作变得"真实"起来……这种状况

我之前一直都知道但是从没有真正地理解，现在，我理解了。

我想让每一个读到这里的人都知道STS-107的成员以及他们的家人有多么的勇敢。七位先驱知道会有风险，依然全力以赴，心怀喜悦，期待着在那个很少有人涉足的地方，他们将会遭遇的奇观和发现，带着所爱之人的勇敢支持，他们冒险踏入了一生的梦想，来到了太空。

我自己的梦想和热情并没有改变，我依然期待能够去探索太空，我依然深信我们（NASA）确实为人类做出了贡献。我们的太空计划将继续。我们将一直坚持。一切都会更好，必须更好，不然我朋友的生命就白白逝去了。

我请求大家继续为哥伦比亚号宇航员的家人以及朋友们，还有整个NASA大家庭祈祷。请记得，里克·赫斯本德，威利·麦库尔，K. C. 乔拉，戴夫·布朗，麦克·安德森，劳雷尔·克拉克和伊兰·拉蒙是我的朋友，我的同事，我的英雄。

克莱顿·C. 安德森
美国宇航员

我们在约翰逊航天中心的土地上重新审视哥伦比亚号的悲剧。

乔治·W. 布什总统在休斯敦举行的仪式上讲了话。我作为家属陪同，有机会和苏珊一起，近距离接触总统和第一夫人，当时他们正在仪式前同家属们会面。

苏珊回忆道："总统看向我们，我们也看到了他眼中的伤痛。"

他的措辞谨慎、悲悯、令人欣慰且真诚：

　　他们的任务几乎完成——而我们还是失去了他们，在他们离家如此近的地方。哥伦比亚号上的人们完成了超过600万英里的旅程，再有几分钟就能回到地球与家人团聚。这次失去既突然又可怕，对他们的家人而言，承受了巨大的悲伤。

　　这次探索和发现任务并不是我们可以做的选择，而是写在人类心里的渴望。我们是造物的一部分，但我们渴求了解所有的造物。我们挑选出精英，把他们送到未经探索的黑暗当中，祈祷他们会回来。他们平静地走了，为了全人类，全人类都对他们有所亏欠。

他说得对，他们确是我们中的精英。

哥伦比亚永垂不朽。

08
水瓶座生活

还是孩子的时候，我特别期待周六。对我和其他同龄的孩子而言，不用上课，终于可以玩儿了。关于周末我最喜欢的就是周六早上醒来，吃一碗无糖混合麦片（妈妈不愿意让我们吃含糖的食物），打开电视和弟弟一起看卡通片。在这些日子里，卡通片的时间表总是固定的，我记得大多数的好卡通都在同一个频道（但其实也只有3个频道）。最开始是8点左右的《兔八哥和哔哔鸟》。然后就是我们自己的《电视指南》节目表了，首先是30分钟的《乔尼大冒险》，最后是我最喜欢的《超人/水行侠的一小时冒险》（我不记得确切的名字了，维基百科上是这么写的）。

我迷恋超级英雄，喜欢所有人：超人、蝙蝠侠、罗宾、闪电侠。而且哪个青春期前的孩子会不喜欢神奇女侠？水行侠也是我的最爱之一，他能够在水下生活，还有可以和动物交流的能力，这对我来说一直都很神奇。他是水下的超人，在海里遨游而不是在天上。

还是孩子的时候，水行侠就发现自己有异乎寻常的能力，再加上他超凡的游泳技术，他最后成为了保护地球海洋的使者。

正是因为NASA，我拥有了超人和水行侠的某些能力，但不是同时。作为宇航员总会有些不寻常的机会，包括在四艘不同的太空船里上大号！

我"走出这个世界"的旅程让我能睡在离地面225英里（362千米）高的地方，也能在水下65英尺（19.8米）的地方入眠。后者是一个叫作水瓶座水下居住区的地方，在那14天里我成了水行侠。

宇航员的训练是一门科学。需要的技巧独特又多种多样，和其他任何职业都不同。正是因为这样，也带来了很大的问题。我们如何确定在没有重力的环境下某些活动和技巧能够成功？

在NASA，我们通过模拟和极端环境来寻找对比。在国家海洋和大气管理局（NOAA）以及北卡罗来纳大学威明顿分校的帮助下，我们终于找到了尼莫。

我们的尼莫不是迪士尼卡通里的小丑鱼，而是NASA极端环境任务行动（NEEMO），由NASA工程师比尔·托德领导。他是一名狂热的潜水爱好者，也是任务控制指挥部培训小组的前成员，比尔和他的团队想到一个非常奇妙的主意。我们将在海里体验太空中的感受，这个模拟环境表面长满了珊瑚和藤壶，在佛罗里达州基拉戈岛深处的珊瑚附近。

我们被命名为NEEMO5，也就是这一全新体验的第五组乘员，每个人——机组、任务支持团队、引导我们训练的NOAA潜水员以及科学家——都在边做边学。这个概念非常简单：将机组成员们聚集在一起，放在对人类有威胁的环境中，然后让他们执行一个和太空任务尽可能相似的模拟任务。

我们需要按时间表完成一系列任务，以及一些需要离开"家里"安全环境的舱外维修和维护。同时会收集科学信息，测试新想法和设备是否适用于水下环境。我们会和一个任务控制小组串行工作，在水下时保持通讯。我们中一部分人甚至需要体会与家人分开的感觉，这也是长期在轨飞行时机组人员需要应对的一个重要状况。

我们首先在南佛罗里达进行为期一周的潜水训练，帮助大家熟悉设备，了解在海中可能遭遇的威胁。在经验丰富的潜水员马克·哈斯贝克的帮助下，他的昵称是"水獭"，我们努力提高自己的潜水技巧，通过简报学习将要应用的科学技术，确保个人物品在水下之旅中秩序井然。

在水瓶座水下居住区的生活不错，我们位于佛罗里达州国家海洋保护区，"水下2万毫米"的地方，离基拉戈岛的海岸有4千米远。

在这种近乎完美的模拟环境里，我喜欢在自己的床铺上放松，听着恩雅的《加勒比蓝》。从我铺位左侧的后窗可以往外看，长着斑点的鹞鲼、加勒比蝠鲼和铰口鲨在海底安静舒适地潜游。

我很享受恩雅声音里的纯净和澄明，凯尔特式的新世纪音乐，流畅又神秘，是NEEMO水下体验的绝佳背景音乐。2003年的夏天，作为还没上过太空的宇航员，我们在水下连线，我期待着有一天能够以她的歌作为背景，看着我们美丽的蓝绿色星球。

我们在水瓶座水下居住区住了两周，和航天飞机的飞行时长接近（通常是11天到14天）。我们六个人——三个宇航员、一个科学家、两个生态环境技术人员——组成了我们NEEMO任务的机组成员，成员的人数和组成也和空间站任务相似，我们吃着在国际空间站上会吃的食物，测试用于空间站的设备，部分设备最终会安装在太空中。

在水下的工作安排十分繁忙，尤其是开始的几天。我常常有一种紧迫感，好像我没有时间完成需要做的每一件事。然而，到了太空，我有着一样的感觉。通常需要几天来建立每个人的个人日常流程以及集体流程。

我们的机组大多是新手，除了宇航员兼土生土长的佩吉·惠特森。佩吉曾经是第五次空间站任务的首席科学家及飞行工程师，很适合当我们的老师，将来我们就能够快速适应零重力环境，完成空间站任务。

　　我和另一个宇航员，1998级17组的加勒特·瑞思曼，是完全的任务新手，将会由艾玛·黄博士（NASA人类生理学科学家），两名生态环境技术人员詹姆斯·特拉克和赖恩·斯诺陪同。佩吉当然是我们的任务指挥官，冷静的举止乃至镇定的性格是她最大的财富，尤其是在遇到加勒特和我诡异的幽默感时。

　　任务刚开始的时候，有一次佩吉和加勒特坐在生活区小小的餐桌前，通过电话会议和爱荷华一家报纸讨论我们的小型超音速实验以及效益。加勒特是加州理工学院的博士，在新泽西帕西帕尼做机械工程师。他很想插嘴，但是发现很难，指挥官主导了这一场技术主题的对话。

　　到了节目尾声，佩吉向听众们总结我们目前已经知道的内容，加勒特的手慢慢移向麦克风。佩吉评价完对超音速试验，按下静音键。加勒特瞬间又按下"说话"键，并大声宣布："我们发现克莱怀孕了！"

　　我也不甘落后，迅速加上一句："还是双胞胎！"

　　佩吉无奈地低下了头。

　　将来有一天我会和佩吉一同飞上太空。从我们在水下的经验判断，我们在太空中的飞行一定也会很令人享受。有趣的是，事情并不一定按照你的预想发展。

　　艾玛·黄博士是约翰逊航天中心的生物医学工程师，是我们这次NEEMO任务的科学官，也是我们的"手稳的艾迪"①。她负责设置计算机仪器并排查问题。她有非常奇妙的能力，能够在协调所有实验的同时，收集生命科学数据并解决设备问题——比如，我们的电脑总需要她关照，因

———————
① 美国职业棒球大联盟球员，以表现稳定著称。

为在水下压强是地面上的2.5倍。

我们的生态环境技术人员，詹姆斯和赖恩，工作简单但却重要——保住宇航员的命。詹姆斯总是说，"听起来很容易，不是吗？"他们是这个水下驻地的国王，对于这个系统的命门都一清二楚，堪比将来我对空间站的了解程度。詹姆斯和赖恩是我见过的最好相处、最能干的人。知道我们的性命交付在他们手中，我很是开心。

水瓶座水下居住区是一个82吨双层门的增压舰船，只有46英尺（14米）长，直径13英尺（3.96米）。我们的临时家园非常紧凑，里面有六个人，补给和实验设备，还有各种各样的水下生命。尽管我从未经历过幽闭恐惧，但这样的生活环境还是让我回想起妈妈明智的建议。

我第一年离家去上大学的时候，妈妈和我讨论了如何和还未谋面的室友相处。她以父母的体贴眼神看着我，对我说："你可以和任何人一起生活六个月。"在大学的课程安排下，这段时间差不多就是到期末考试之前的时间。

她的话简直太有先见之明了，在地面上，在海洋里，在太空中，都适用。

我们六个假装在太空里做宇航员的工作，实际上是在大西洋的海底，大家都应该和睦相处。我们只有一个浴室，热水也有限。于是就使用"海军淋浴法"：打开水龙头，淋湿，关掉水龙头，打上肥皂，打开水龙头冲干净，关水，擦干。我们睡在上下铺上，间隔仅有24英寸（60厘米）。如果需要排出肠道里的废物，上厕所的程序包括穿上泳衣和潜水镜，屏住呼吸，来到居住区的"湿门廊"，在那里你可以抓着预先放在那里的粗绳把你自己拽到（或者游到）一个不到10英尺（3米）远的水下露台。

一旦来到了"屋外"（想象一下在放满水的浴缸里倒扣着一只杯子）——上半身在空气里，下半身在有鱼的水里——裤子褪到脚踝位置，在露台下缘摆动你的屁股然后"发射"，同时还得用两只手在屁股附近用力划水。这是为了预防有攻击性、饿着肚子、也不怎么挑食的神仙鱼，它们会来吃你肠道中排出的柔软排泄物，也有可能会咬到你的屁股。迅速游回去，再来一次海军式淋浴，你就成功完成了一次"露台任务"。

想象一下你的生活区包括厨房、起居室、早餐桌、办公室以及车间，所有的一切都挤在一个地方。而且你还得在一个极端环境中生存。听起来有点难懂，不是吗？

用水瓶座水下居住区来类比太空船和空间站几乎完全正确。在进行NEEMO任务的时候，我还没有进入过太空，所以没有在航天飞机上飞行的相关真实生理数据，所以我从我们的NEEMO指挥官身上认真学习，试图迅速吸收大量的信息，更好地理解我和我的组员们在遇到外星人时会被要求做什么（或者我们应该做什么决定）。就像所有在这种极端环境下生活的宇航员一样，我们学会了作为团队成员如何共事，彼此成为非常有力的支持，互相依靠。很有可能，这种羁绊会持续一生。

我的母亲是对的，我可以和任何人一起生活六个月。令我高兴的是，别人能够忍受我六个月。那么一趟两年的火星之旅怎么样？我依然期待有一天可以有机会实现。

作为NEEMO的海底工作人员，我们每天都要进行"太空行走"（潜水），这些实验用于帮助海洋学家和科学家们研究水瓶座水下居住区附近礁石上的珊瑚。在我们这支不谙水性的科学团队看来，我们是在寻找具有代表性的珊瑚，然后测量、摄像并估计有多少已经死亡或者即将死亡。听起来很简单，但是你知道在佛罗里达群岛有多少珊瑚吗？比内布拉斯加可是多多了。

潮汐每天都会更迭，这也是需要考量的因素，就像地面上需要考虑风一样。如果力量足够大，水流会将四个小时的潜水变成一场艰苦的锻炼。

成功完成一场潜水后，不仅会感到巨大的满足感，胃口也会变得很大，想要尽快休息（如果能有一杯红酒就更好了）。

不幸的是，在我们的钢铁之茧里还有更多的工作要做。我们只能强打起精神，集中注意力，进行更多的实验。比如，对抗减压病（运用多普勒效应和声学测量）。进行任何必需的医学检查，还要锻炼，以保证我们的生理和心理健康。

在宇航员的世界，学习永远都不会结束。有的时候会非常特别，我们，或者至少我，都不曾预料到。在NEEMO期间，通过观察机组成员们的"呼号"，也就是他们的昵称，让我上了最为古怪的一堂课。

在宇航员群体里，就像军队一样，呼号是必需的。通常一个人会通过做什么特别的事情（不一定是什么好事）获得一个呼号。然后那个人就永远摆脱不了那个呼号了。这里有几条固定的规则：

1. 你不能给自己起呼号。

2. 如果你恨你的呼号，大家也知道这件事，那它一直就会是你的呼号了。

3. 根据你同伴的状态或者接下来的表现，呼号可能会变更。

4. 最后一点，超过两个音节的呼号通常会被嫌弃，也不会持久。

为了展示如何正确地应用这些规则，以下是几个实例。

"不小心被加勒比刺龙虾夹住"是一个非常糟糕的呼号（看第四条），但是"夹子"或者"刺头"可以考虑。经由老手们选择优化一下的话，"夹"或者"刺"会是很好的选项，好用且符合第四条规则。

所以，假设你不小心伤到了自己，在任务中切到了大拇指（后面还有相关内容），很有可能跃入你脑海的呼号会是"拇指"或者"切"。

我们的NEEMO机组也没能跳出这个延续数十年的取名传统。佩吉·惠特森，我们的指挥官，她的呼号最简单也最直接："老板"。

艾玛·黄，我们的科学官，是第三条规则的绝佳例子，她有两个不同的呼号。接到任务时她是我们的抽血医生，负责抽大家的血用于营养研究实验，于是马上获得了"吸血鬼"的呼号。尽管这个呼号有趣也合适，但是流传不广，人尽皆知才是一个好呼号。因此在我们的飞行前训练中，她又有了一个新的呼号"羊毛"，那是因为有一天她自告奋勇去拿我们的任务夹克，那件夹克是用羊毛做的。直到现在，黄博士对我而言都是"羊毛"女士。

加勒特·瑞思曼被称作是"草娃"，如果你觉得这指的是80年代长草娃娃的电视广告，你猜对了。一个经典的呼号，他痛恨这个呼号（经常就此抗议，也使得这个呼号在整个任务期间得以延续），这个呼号是在一次任务前的训练中取的。

在学习研究多普勒效应使用的设备时，我们得知在实验过程中需要在胸前贴上几组探头。探头背面自带黏性，但是效果很差，必须再用胶带固定在我们潮湿黏腻的皮肤上。而固定用的胶带黏性很强，将这种胶带从加勒特多毛的胸前撕下来简直是一场视觉和听觉的痛苦洗礼，而"草娃"这个称号也从此就黏上了加勒特。

而我的NEEMO呼号是什么呢？因为我在起前面三个昵称的时候是主要推手，被人起呼号也是不无公平的。佩吉和艾玛也想在同一次多普勒实验的训练过程中把我一举拿下。实验中需要测量肺动脉的血流和血压，设备必须准确地贴在胸肌中线附近。因为饮食规律、经常运动和举重，所以我有大块的胸肌（不是他们说的，我说的），常常无法测到肺动脉信号，可能是我"健壮的身体"导致的问题。无论是什么原因，它确实阻挡了信号。一开始，话题转移到了卡通人物"森林泰山"时，我并不知道是否应该感到高兴，于是就想当然地以为他们指的是我俩拥有同样轮廓分明的体型，而不是慌里慌张的举止或者有限的词汇量。终于轮到我了，我的NEEMO呼号变成了"泰山"。

还没完呢。我们的技术人员也有呼号。我们在任务之前的训练中就已经认识了我们的水瓶座水下居住区"保姆"，因此这件事也就没那么难了。詹姆斯·"定点"·特拉克的呼号来自他最爱的休闲运动，高空定点跳伞。瑞恩·"糖人"·斯诺的呼号有点不符合第四条规则，他是第一个去打开糖果储备的人，因此获得了这个呼号。

这样就都齐了：老板，羊毛，草娃，糖人，定点和泰山。六个人，六个朋友在水下的居住区一起工作生活14天，我们的任务被称为NASA NEEMO 5。我觉得我最喜欢这个呼号。

在被选为宇航员之前，我在JSC紧急运营中心工作，帮助JSC应对紧急情况既是我的工作也是我的愿望，包括飓风、火灾、恐怖袭击、有毒物质泄漏、医疗危机等。这份工作也让我认识到美国航天项目中我一直不知道的一面：对任务控制中心以及机组人员的人身和财产安全至关重要的各个方面。

而紧急事务相关的经验在水瓶座训练期间体现出它的价值。

我们早上6点起床，这是典型的一天：吃完早饭，梳洗完毕，我们准备开始计划全天行动的会议，任务控制站的人员也一起参加，他们在基拉戈岛上一栋公寓里。这个会议每天都要召开，和空间站里的每日准备会一样。

我们正在评估当天的时间和任务安排。老板和草娃将先进行当天的第一次"太空行走"，继续评估NEEMO的面罩，这种面罩可以让潜水人员和居住区以及任务控制中心的人通话。在他们为出行做准备的时候，我和羊毛待在居住区忙着做其他事。

午饭过后，轮到我和艾玛进行"太空行走"，继续推进我们的水下建设项目，项目被称作水下实验室。这是一个使用PVC管制造的格子状建筑，建设任务使用的工具、身体姿势以及控制方式都和国际空间站上进行的真实太空行走相似。

我们的建设工作简单直接。在上一次潜水时，已经将几个在地面上就预先打包好的包裹放在了居住区外面。包里有各种长度的PVC管、接头和用来把PVC管架成水下实验室的螺栓、螺母和垫圈。安装螺栓的洞都已经提前打好了，我们只需要把东西组装起来，建一个简单的框架。

在第一次"太空行走"时，我很快就发现你以为简单的任务会变得特别令人挫败。很多提前钻好的洞半径都不够，螺栓无法轻松穿过。我一开始还试图把螺栓拧进去，但是最后只能把虎钳（内布拉斯加制造）当作锤子用，直接敲进去。这种做法很难掌握而且效率很低。

作为一个具有前瞻意识的思考者和工程师，发现地面团队送来PVC切割工具时，我非常兴奋。本来这种工具只是在PVC管过长时才会使用，不过我决定用它来解决我们目前的问题。我将工具的切割端放入PVC的预钻孔中，转动工具，将多余的PVC材料切去，把孔扩大。我感觉自己真是个天才，效果不错，任务也终于可以顺利进行了。

还没高兴多久，就因为太过自信，我在向前推切割工具时用力过猛，没能瞄准PVC管上的孔，而是打在右手的大拇指上。工具特别锋利，马上穿透了双层潜水手套，不幸也穿透了我的大拇指。伤口处像火山喷发一般冒出了诡异的绿色液体。

意识到大事不妙（想起来鲨鱼闻到血一定会循迹而来），我迅速用没有受伤的那只手向艾玛比了一个剪刀动作，示意我们应该尽快回到居住地。

回到水瓶座以后，我把大拇指举起来，让定点和糖人评估伤势。他们马上行动起来。

詹姆斯处理我伤口的同时，赖恩变身"制片人"，正要开始录制一个公共视频栏目。佩吉和加勒特坐在餐桌前，正要和全美国的学生们互动。

我们并不知道的是，在地面上，工作人员也行动起来。詹姆斯认为我的手指需要缝针（詹姆斯有急救医务人员资格），地上的团队告诉我们，我们的任务医师杰伊·苏比尔正在居住区附近潜水，而和他同行的人恰好也是一名医生，手部外科医生兼作家肯·卡姆勒。卡姆勒原计划第二天来采访我们，所以这一天到地面办公室时顺便来潜个水。

为了能够让我完成任务，并且一直保持在水下，对拇指的治疗需要在居住区内进行。

地面团队派出他们的应急船曼塔号（曾经特别凑巧地在一次毒品突袭行动中被佛罗里达警方扣住过），带着卡姆勒医生以及用来缝合的医疗设备。仅仅17分钟后，我们就有了上门服务，船带着医生和供给从海面出发来到住地。

居住区内的活动正在热火朝天地进行，水瓶座断电了。佩吉和加勒特的视频直播以及其他系统全都停了下来。

尽管迅速切换到备用电源系统，我们还是只能使用部分功能。主电源失效紧急程序运行的同时，卡姆勒医生用他那双技艺精湛的手为我动手术。缝了三针，喝了一杯热可可，之后便回到了地面（用他的话来说，这是"最好的上门服务"——在他2004年的著作《挑战极限》其中一个章节提到）。哦，还有，我有了一个新的呼号："切片"。

虽说是模拟，但那些日子非常真实。宇航员大多数时间都在模拟中训练，教官会制造各种紧急状况，而我们也需要在压力之下有良好的表现。那天是实时响应的最佳例证。我在佛罗里达南海岸几英里外，见证一支顶尖专业团队完美地执行了一次应急响应。

由于我大拇指受了伤，上面包了一大块创可贴保护缝合伤口的缝线。我被暂时"雪藏"了，短暂休息几天。用体育术语来说，我目前"坐在冷板凳"上。

我在高中和大学都是运动员，冷板凳可不是什么让人喜欢的东西。尽管坐在板凳上，可我热爱竞争，从小时候内布拉斯加的沙地上开始，我就是通过各种体育项目成长的：橄榄球，棒球，篮球，垒球，高尔夫球，应有尽有。

和所有的运动员一样，一直都有人在告诫我团队行动的重要性。"团队（Team）里没有'我'（I）。"这是教练鲍勃·辛普森经常在阿斯兰格林伍德高中球场上说的话，

"橄榄球就在于牺牲，它是你的人生课！"我们为关键比赛拉练时，黑斯廷斯学院橄榄球队教练温德尔·莫平会这样大吼。

我的队员们一次次进入蓝色的深海中工作，而我待在居住区，试图不辜负上面的两句话。因为不耐烦，我的小聪明发展成一个完全的错误，我也付出了昂贵的代价。几年后，在国际空间站里，我还会为这样的性格付出昂贵的代价。

我极度渴望和我的同伴们在一起，想要为每一天的任务做点什么。多年参加体育活动，我知道无论是运动还是人生，你必须学着应对逆境。如果一切不顺利……嗨，你知道的。

就像先发投手会先待在候补区等待状态回升，我也得想办法回到比赛

中去。我在团队里的角色有一点点不同了，团队里的其他人在外面干活，我得想办法在屋里干活。在他们潜水的间隙我给他们送去能量棒和零食，清理水槽里堆积的盘子，收拾居住区，把暂时不用的设备收起来，为实验腾开更充分的空间。

这样我就能在他们回来之前把东西准备妥当，为他们节省了宝贵的几分钟休息时间。这被专家称为"合理出动"。这一定奏效了，因为在这一段挣扎的时期，我的同伴们都十分支持我。他们用话语、眼神和动作安慰我，让我一直留在团队里，向大家证明团队需要我，我是重要的一分子。

两周的水下冒险既令人激动又精彩纷呈，当然也有困难和逆境，终于走到了终点，我们在水瓶座的最后一次潜水极为盛大，天还没亮，我们就来到附近的海螺礁观赏，同时等待日出。那些水下的邻居们也都在：巨大的蝠鲼在水下列队游行；常常出没在我们周围的铰口鲨，虽然长相凶恶但不会主动攻击；超大尺寸的鲈科鱼，起码有650磅（295千克），和它的朋友们一起在居住区之下闲逛；还有就是丽龟，我也是第一次见。我们就在上帝这不可思议的独特造物中，在新一天伊始为生命而激动。

三个小时的潜水时限就快到了，我们在居住区外最后绕了一圈，再看一眼。然后跳上湿门廊旁边的甲板格栅，表演了好几个"愚蠢水下技巧"，包括同步潜水、蛙跳以及其他无聊的恶作剧。我们玩得很开心，而且这些都拍成了视频，感谢我们敬业的技术人员赖恩。

最后一次潜水是如此美妙，我们甚至在结束时感到高兴："终于不用再穿这件味道恶心的潜水服了。"

任务进行到第13天，这也是我们在水下的最后一天，被我们称作"降压日"。我们在居住区里待上数个小时，慢慢降压，然后才能安全回到地面。我们在水中潜了整整14天，这也就意味着我们血液里的氮气已达极限水平，和任何深水潜水员一样，我们需要将这些氮气排出去，不然有可能得严重的降压病。

在降压日，佛罗里达当地时间下午4点，水下居住区开始经历环境变化，我们的技术人员，詹姆斯和赖恩，将居住区变成一个海底降压舱。他们关上并封住所有的舱门，缓慢地降低舱内的压强，此时压强是大气压的2.5倍（这也是为什么我们吹不出口哨），直到气压降到大气压水平，这种简单持续的降压让整个居住区看起来就好像一个缓慢浮上海面的潜水员，尽管它其实还是在海底。

减压会持续16到17个小时，全体船员会在期间吸几次纯氧。这样有助于排出氮气。此时这种伪上升会以最快的速度进行，然后再慢一些。

接下来14个小时的逐渐减压过程漫长又无聊。我们只能待在自己的床铺上，"封装"实验设备和个人物品以便送到海面，以此消磨时间（装备密封在气密罐中，由潜水员拖到水面）。我们还看了加勒特选的电影，没有一部是我喜欢的（尽管《深渊》很应景），我们睡觉（我最喜欢的休闲），回顾在海下的日子。

我们的水下任务和太空任务最像的部分之一是进行的科学实验。我在完成无数的流程和计划时，总是忍不住想起七年级和八年级的时候，那时在亚什兰，科学老师第一次让我知道了科学方法。爱丽丝·雷克斯是我认识的最专注的人之一。在她的指导下我对科学是什么、能做什么有了清晰的认识。

生活在水下居住区时，人生中第一次，我参加的实验和收集的数据不仅仅对其他的宇航员有用，而且可能对全世界的每一人都有用。这也真正让我开始思考宇航员对整个世界的影响力。

我们在NEEMO 5 实验中的一个任务涉及使用多普勒效应。这个效应用火车来比喻最恰当不过了。想象一下，你站在铁路交叉道口，火车正在接近，你听到汽笛声响。随着火车离你和你身边的空气越来越近，声音的音调也将会和静止状态不同。火车靠近，汽笛的声波压缩，火车走远，汽笛的声波扩张。随着距离增加，汽笛声变小，音调也会下降。

同行的宇航员、物理学家、生物工程师麦克·格恩哈特，作为主要调查员，试图使用多普勒效应测量、甚至期望阻止减压病，这种病对潜水者和宇航员来说都有致命的危险。

每次潜水完成后我们都会安装一个装置，用于测量我们血液中的氮气气泡。气泡数量越少，说明我们血液中氮气含量越少，得减压病的概率也越低。最终太空行走的时间很可能取决于之前吸纯氧的时间能压缩多少，这个过程是用来从血液中驱除氮气的。提前吸氧的时间如果能缩短，就可以节省在轨时间和纯氧的消耗。

还有一个有趣的实验，可能对地球上的众生有着重要的功用，其中会用到一台便携式超声仪器。我们通过遥控在一名生病的成员身上使用了这台超声仪器。基本上我们做的就是医院超声操作人员的活儿，但是没有他们的专业知识。

在这个实验里，艾玛假装表现出肾结石的症状。如果是候选宇航员得了肾结石，他就一定没有上天的资格了。如果在太空或者深海发生这种症状，能采取的措施很少。因此诊断的准确性与我们每个人息息相关。

我们通过一台便携式超声仪器和居住区里的电话会议设备，联系到休斯敦的一名医生。加勒特和我轮流操作系统探针，医生则在他的办公室通过电话会议线路，经由一个小小的显示器观察超声仪器屏幕。他指导着我们设定好机器，然后告诉我们如何使用探针找到他想看的东西。当观察足以让他做出诊断之后，医生指导着我们一步一步处理这个状况，或者用药，或者尽快返回地球（在水下的话就是返回水面）。

　　幸运的是，对操纵着高技术医疗设备的两位新手而言，教授诊断艾玛没事。"肾结石"不会要了她的命。

　　宇航员经常被问到为什么我们在NASA做的事情很重要。我在经历了NEEMO任务后，可以用超声的故事来回答这个问题。真是因为太空项目，我们——NASA——通过NEEMO任务为超声的远程使用提供了重要的评估数据。无论在南美丛林还是北非沙漠，超声能够发现母亲肚子里的孩子是否健康，或者某个人肾脏的健康状况，即使身边没有医院、医生和护士。不管是在水下还是在太空操作，科学原理是相同的。而在十年前我们认为这种东西是天方夜谭，只存在于好莱坞电影里。

　　我时常代表NASA，试图向公众指出纳税人在太空项目上的投入得到何等回报。

　　在我初中时，雷克斯太太经常让我们给小孩读科学杂志。杂志每周都出版，里面有各种很酷的技术故事，在当时看来就是梦，但是今天有很多已经成为了现实。我希望也许有一天我的孙辈有机会了解我曾经参与的科学。

　　NEEMO 5任务是一次精彩的体验。首先我对于未来第一次进入太空将要遭遇的一切有了更清晰的了解。对于准时和不拖后腿的重要性，则有了全新的认识。这种意识在休斯敦的早期模拟中是体会不到的。14天的水下生活和下水前持续一周的适应性训练让我更加意识到，在执行任务时，为了完成所有的目标，我们需要大量的团队协作。我开始敏锐地感觉到，为了能够在一段时期内同处一个有限的空间，我们需要有团队精神、宽容以及耐心。

　　我从基拉戈学到的重要一课就是在舒缓紧张或失望的情绪时，幽默和欢笑能够起到重要的作用。最重要的是，我进一步看清了克莱·安德森是谁，他会如何完成航天飞机或者空间站中苛刻而危险的任务。实话实说，我喜欢这种状态。

09
来自俄罗斯的爱意

国际空间站的成员并不会马上分配到任务，相反，他们首先会完成国际空间站训练流程，每一个成员或者递补成员都要获得国际合作伙伴的认可。2003年12月，据肯特·罗明格尔，当时宇航员办公室的主任称，他们在考虑让我参加训练。我和苏珊觉得时间也合适就同意了。训练将在2004年1月开始。

为了训练我去了俄罗斯好几次，造访在冷战时期是顶级机密的军事机构，虽然现在数十年过去，这里已经褪去了令人畏惧的荣耀，但仍然被骄傲地称为星城。星城位于俄罗斯东北方向45英里（72千米）处，是加加林宇航员训练中心的大本营，这一训练中心的命名正是为了纪念俄罗斯英雄尤里·加加林。他是第一个进入太空的人类。

我已经记不清去过几次俄罗斯了，次数很多。我甚至已经想不起来早期训练的课程了。但是我清晰记得去那里的次数多到已经不太想去了。尽管我愿意几年中偶尔在星城住一下，但休斯敦是我过去三十年的家，那里才是我的大本营。

去星城就好像被妈妈第一次带去医生的办公室。你发现那是一个有趣又有点可怕的地方，你也不太确定为什么会来到这里。一切都是陌生的，但你觉得你最终一定会搞明白。如果你的医生说的是俄语，这个类比就完美了。

我头两次来到星城是作为第四远征队的支援宇航员，队里成员有来自俄罗斯的尤里·奥努夫连科、美国人卡尔·瓦尔茨以及丹·布尔施。如果说是为了熟悉一下这个地方，发现哪儿能买到TWIX巧克力和激浪汽水的话，头几次旅行还是不错的，和我后来的旅行经验完全不同。我在那里一次只待两个星期，没有进行任何训练。上了一些课程，做了一些模拟，除此之外我就是去处理发射准备的各种技术问题的。（而且也没有多少问题，这些家伙都是老手，厉害着呢。）

对于当时的我而言，还需要等将近七年多，才会越过大洋去参加持续三到四周的训练，甚至有时会延长到难忍的五周。按照训练日程要求，在NASA指定的空间站备选人员训练中，需要在两年半里出行四到六次。尽管经过那么多的训练，仍然无法说明你准备好飞了，还需要更多的训练。

一旦完成备选人员训练，就可以进入主训练流程，主训练需要整整一年，通常会分三年到三年半完成。关于训练最棒的一点是我可以在训练期间积累航空公司飞行常客小时数。

最终开始为正式进入空间站训练意味着更频繁地访问星城。至少在训练的最后一年我可以作为主宇航员穿着官方的指定服装。成为主宇航员的一个好处就是宇航员办公室会找别人把你的降落伞送到T-38上！

对我和我的家人而言，训练是艰难的。倒不是因为需要掌握的技术知识（虽然很多），而是因为各方面的困难：疲劳、语言障碍、离家太久以及要持续高水平表现的压力。我需要一直保持兴奋。

在星城里，每周有5天课程，早上9点开始，晚上6点结束。每天有4堂课，每一堂时长约两小时，午餐是从12点50到14点。

　　大多数的训练都在一个非常阴郁的地方进行，星城里的这块地方被称作"领地"。"领地"被风光不再的10英尺（3米）高防护墙围着，是一个神圣的地方，相当于休斯敦的约翰逊航天中心。这里是诸多俄罗斯航天项目以及著名宇航员的大本营。

　　从领地出发，走大约10分钟就到了我们住的宿舍。这10分钟通常令人愉悦，甚至是在最糟糕的冬天里。我们靠近最常用的入口，旁边棚屋里有部队的安保人员，我们同俄罗斯航天项目的工作人员一起，跨着大步（俄罗斯人去哪儿都走）走进这堵摇摇欲坠的墙里面。

　　每次接近安保检查点都是一次历险。一些也就18到20岁的孩子穿着俄罗斯军队制服，要求我们出示通行证验明正身。他们知道我们是美国宇航员以后，出示通行证这件事就仅仅变成了礼节性的行为，他们真正想要的是一个任务臂章，这些小孩还真是主动。

　　备选人员的训练课按照系统分开，大多是理论学习，偶尔在他们的国际空间站模块模拟器里有一些上手的训练。在理论课上，老师讲课，你听课然后记笔记——就好像在大学一样。实际操作需要亲自动手，因此也更有趣。在这些班上你可以看到并摸到模拟器的硬件：扳钮开关，指针仪表，刻度盘，也可以通过空间站控制计算机输入指令。

　　模拟器里有着当时太空中模块的复制品，包括服务模块和功能货仓（Functional Cargo Block，FGB，缩写里是G而不是C，因为俄文里货仓这个词是以G开头的，你就知道语言上是什么状况了）。

　　最后，讲师会在某种中期考试给我们出题，我们要向他们展示是否记得所有的东西都在哪些位置，还要清楚描述如何使用舱内的每个系统。

　　作为国际空间站备选人员，我的早期训练中还有好几周一对一俄语课，每周有两次四小时的课程，分别在周一和周三。所幸我成为宇航员之前几年就自学过一些俄语，当时苏珊在为NASA航天飞机—空间站第一阶段项目工作。我想，在语言上下的工夫也对被选为候选宇航员有帮助，但是天啊，俄罗斯人说话真快。

训练可能是我做过的最难的事情，我非常想家人，但我也在自我评估里尽可能诚实，我知道焦虑（是的，某些宇航员确实也有担心的情绪）主要是因为环境太陌生。当我最终习以为常之后，这种感觉大大缓解了。

作为一家人，我们关注着令人激动的机会出现。孩子们一直期待着被电视或者报纸采访。对苏珊而言，无论如何有些困难，但是我并不会太担心。我的妻子聪明、坚强、果敢。在她的耐心指导下，全家人已经准备好分享这一趟奇妙的旅程了。

在星城正式训练的第一周周末，我感到很沮丧。地面上雪有6英尺（1.8米）深，1月的俄罗斯白天非常短。我还不知道来这里是否是个正确的决定，无比思念家人，我甚至开始怀疑自己是否能表现出色，最终登上那座发射台。

为了让我尽快适应这里的环境，我的室友，杰夫·威廉姆斯（当时也是第十四远征队的指挥官），邀请我和他同去莫斯科参观国家美术馆。我去了，想要多学一些莫斯科和俄罗斯的文化。

在画廊里漫步，欣赏着画作，我信步走进一个房间，马上被一副绝美的画吸引住了，它足有10英尺长，占满了一面墙，画框是金色的，有着繁复的细节。

这幅画叫做《旷野基督》是伊万·尼古拉耶维奇·克拉姆斯柯依（1837–1887）画的，被摧残的耶稣基督坐在一块阴冷的石头上。他独自坐在石堆中，用细长、骨节突出的手撑着下巴，面部表情疲倦、憔悴、绝望。

　　我无法把眼睛从他的脸上挪开。我站在那里，第一次和击中我的抑郁作战，而在接下来三年半的训练中，这种抑郁都会折磨着我。我脑子里只有他在野外的四十天、他生命中的艰难以及折磨着人心的选择。我自己的旅程看起来就没有那么困难了。

　　作为一个国际空间站训练新人，我花大量时间往返于大西洋两岸，我的眼睛盯着下方延伸的蓝色海水。在这种时刻我总会在想，到底我是让自己卷入了什么样的状况。

　　由于美国政府对他的宇航员没有特殊照顾，导致我需要坐二等舱，享受更加舒适的座位（"这是讽刺，谢尔顿·库珀"，《生活大爆炸》的粉丝应该懂的）。莫斯科之旅更常见的情况是我旁边会坐着一个抽烟酗酒的俄罗斯胖子。

　　我知道一种减少压力、缓解孤独感的方法，那就是提高俄语水平。刚开始在俄罗斯训练时，我的孩子一个3岁一个8岁。一个已经可以识字了，而另一个正在学习英语字母表。但这和他们必须能说会读一门外语的中年父亲有什么关系呢？我在想，能否把我儿子在得克萨斯利格城弗格森小学学到的原则和技巧用到自己身上。

　　从成年人的角度而言（我知道有些人肯定会联想到我），我以为学习字母表会是一个简单的任务。你只要记住一些符号以及它们代表的声音就好了。一旦掌握这个，你再学习识别每个符号的小写以及大写，手写体以及印刷体。

　　下一步就需要将这些字母粘在一起形成词语，把词堆在一起形成句子，直到你能够表达想法和讲故事。只要几个星期就能搞定，不是么？

　　没那么快。当你意识到俄语的字母表和我们的不一样时，整件事就变得更复杂了。俄罗斯人使用的是斯拉夫字母。想想你在高中和大学的数学课，那时候你需要学一些希腊字母，比如德尔塔、佛爱、伽玛，等等。

让一切变得更加复杂的是，如果你要完全掌握俄语，你需要忘掉你在童年学到的那些帮助你学英语的技巧。例如，你知道英语字母C、K、B、E、H、P和Y以及这些字母的读法。C可以发"seh"的音，也可以像在克莱（Clay）里一样发"kah"的音。但是在斯拉夫字母中，这些字母的发音和英语是不一样的。C是"ess"，而K是"kah"，B是"veh"，P是"err"，E是"yeh"，H是"en"，Y是"oo"。简直让人bleecccchhh（这不是俄语词，尽管里面有必要的辅音和少量的元音）。还需要注意的是，在写俄语字母时，大写和小写的差别也很大，差别大到m是T的小写，而g是D的小写。对我而言抛弃旧习惯最为关键，我至今都不认为我已经完全掌握了。

拼写几乎相同的俄罗斯词语可以有非常不同的意思，这取决于发音以及重音的位置。例如，пи-сáть，重音在第二个音节，意思是"写"；而пи´-сет，重音在第一个音节，意思就是"尿尿"。讲话者发音准确与否会对沟通产生巨大的影响。

我的俄语老师喜欢讲一位空间站早期宇航员的故事，主人公是邦妮·邓巴博士。她第一次口语考试就遭到了羞辱。据星城流传的传说，邓巴女士在回答一个有关空间站系统的问题时非常煎熬。

她在大脑里搜寻答案的时候，不停地用手拍着桌子，用俄语一直说"Я пи´сапа, я пи´сапа"，听起来像是"雅皮萨拉，雅皮萨拉"，重音在第二个音节。旁边的俄罗斯人都在笑，邦妮则摸不着头脑。苏联宇航员告诉她，她在学习的时候一定尿了很多。邦妮一下就脸红了，苏联宇航员好不得意。

我也免不了这样的发音错误，想象一下我试图在派对上活跃气氛或者扮演有着诡异幽默感的男人时产生的懊恼，我发现美国俚语"hooey"[①]（我像扔飞盘一样到处用这个词儿）和俄罗斯用来表示男人某个身体部位的俚语相同，也就这句能缓和下气氛。

即使非常成功地完成了为期五个月的空间站任务，对我而言俄语依然很困难。但至少我会用俄语说一句"我叫克莱顿·安德森，我是一名宇航员"。

那是我第一次参加正宗的俄罗斯桑拿。我听说过这种经典的俄罗斯传统，一小群男人们——通常是裸体——坐在温暖的蒸汽桑拿房里放松，讲故事，建立男性友谊。这不是正式训练课程的一部分（我非常确定裸体更不是），但最后确实成为我文化训练的一部分。

我们一群人是在一个寒冷冬日的午后到达的。有人来自莫斯科以北的地区，我们几个（萨沙·拉祖特金，杰夫·威廉姆斯和我）由我们的俄罗斯主人伊戈尔接待，他是俄罗斯大众技术期刊《空间新闻》的主编。

长长的窄桥下是被雪覆盖的水道，从桥的那一头，伊戈尔脖颈上挂着相机，咧嘴笑着朝我们走来。我们都叫他汤姆（他的姓是托曼诺夫），大家很快就会成为朋友。伊戈尔带着我们过了桥，朝着一个小小的木头建筑走去，在这个乡村小屋里共有三个房间，用单薄的木门隔开，每个都能装下四个成年男子。

第一个房间里有一个小窗，四把椅子，以及一张摆满了食物的桌子。我们按指示进了中间的屋子，地板上有一根电镀水管，水管上有一个水龙头，还连着橡胶软管，我们在这里换上泳衣。伊戈尔简短地讲了几句，欢

---

① 意为"笨蛋"。

迎我们（完全用俄语）。然后带我们来到最后一个房间，也是这座建筑发挥作用的地方，俄罗斯人叫它桑拿房。

我和杰夫穿着宽大的百慕大泳裤，和萨沙形成鲜明的对比，他穿的是红白蓝三色紧身泳衣，典型的欧洲泳衣，又短又紧。我们把下体遮住是件好事，后来透过伊戈尔的相册，我发现许多俄罗斯同僚们都是全裸的。

那本相册对我的自信心没有任何好处，但是确实为计算天资过人的同僚们身体上那个生理圆柱体的长度、宽度、直径、围度提供了大量数据。计算过后，从个人的角度而言，"不足"这个词儿从我的脑海蹦了出来。

我曾经做过桑拿，但是从没有做过这样的。我们进到木头房间，里面有配套的台阶和木凳，被要求带上一顶帽子，这顶帽子好像埃罗尔·弗林的罗宾汉电影里会有的道具（为了防止天花板反弹的热气直接打在我们的光头上）。伊戈尔还给我们提供了拖鞋和坐垫，在高温中保护我们身体的脆弱部位。

最后需要用到的道具是一个木柄刷子，很像内布拉斯加人用来给马刷毛的刷子。经过指导以后我们用它来擦够得着的皮肤。我们一个挨一个坐在滚烫的凳子上，戴着愚蠢的帽子，泡在热气中拿马用刷子擦身体。伊戈尔用长勺将水扑在已经滚烫的石堆上。墙上有一个简单的塑料温度计。读数已经接近90摄氏度了。他泼完水后，气温迅速超过100摄氏度。天啊，好热。

温度已经高到让人受不了了，伊戈尔从滚烫的石头旁边拿出一把捆成一束的树枝，上面的树叶沾满了水。

他叫我们站起来，把帽子蒙在脸上，然后，像骑师鞭打赛马一般，他开始抽我们的前胸和后背。据说能够将皮肤细胞里的毒液排出去。他停了一会儿，用那些该死的树枝扇了扇热源，又继续开始抽我们，好像一个10

岁的小男孩在狂欢节上玩游戏。这时，热度已经难以忍受了。我的身体红得就好像在海滩过完春假的北达科他州立大学学生。我已经在认真考虑最近的消防队在哪里。

突然，伊戈尔喊道："还有三分钟。"我咬着牙，希望能够挺过去。被抽打完以后，门终于开了。我们迅速穿上拖鞋，跟着伊戈尔沿一条踩出来的小路穿过雪丘，来到一个6英尺（1.8米）见方的冰窟旁边（你没看错，就是一个大洞，在冰里）。

伊戈尔明显超重，而且还引以为傲，他安静地站在水边，肚子和下体被紧身泳衣凸显了出来，等着我们鼓足勇气跳进冰冷的水中。汤姆早就进出了一趟，伊戈尔准备好相机，鼓励我们也跟着他下水。

我做好最坏的打算，跳了进去。我从未经历过如此冷的状况，心跳加速，感觉特别明显，我迅速爬到洞冰冷的边缘。连滚带爬赶紧出来。站在雪中，气温接近零下8摄氏度，但是诡异的是我感觉还挺好，冷，但还不错。整个人精力充沛。

在那个下午和傍晚，我们边吃边喝边聊天，还做着桑拿，在冰洞跑了几个来回。除跳冰洞之外，还跳进雪堤滚过几下。我不知道我喜欢哪个，也许都不喜欢，但是雪堤好歹离温暖的小屋近些。

天色转暗，下起了雪，我们便离开了，回星城，如伊戈尔所说，"睡得像个孩子。"

这一晚美好又平静。

我一直努力找时间锻炼，保持体形。这并不是工作上的需要，而是因为家族史（我的父亲身体并不是很健康），也为了内心的平静。我在休斯敦和星城的时候研究过许多保持锻炼的方法。

四号屋在美式二层公寓的中间，这里是宇航员居住和训练的地方，在拥挤肮脏的地下室有一个小小的健身中心，这个健身房是第一远征队宇航员和指挥官比尔·谢泼德的奇思妙想，里面有一些自主调节重量的器械，几台塞百斯锻炼器械，一台跑步机，一辆自行车和一台踏步机。此外还有几台宇航员特供的手臂机（想象一下用胳膊来骑自行车的样子），以及其他专门用来加强宇航员肩部和小臂力量的器械，这些对于执行太空行走都非常重要。

作为经常举重的人，我花了很多业余时间在举铁上。通常我会先在跑步机上跑个几公里或者蹬半个小时的自行车，同时在过时的电视DVD系统上看个电影。但是在星城训练期间，几个宇航员朋友还怂恿我去森林里跑。

完成必要的拉伸动作之后，我们一行五人慢慢开始行动，甩着胳膊跨着腿。我们在管辖区里跑了大约半英里，然后朝东南方向跑去，那边有条小路可以直通森林。

通过狭窄的入口后，我们离开了管辖区，在漂亮的桦木和南洋杉间穿梭，这一路很美，天气也不错。我相信一年中最美好的季节就是俄罗斯的小阳春。

轮到我带路了，我习惯步子慢一些、稳一些，确保我真的能回到出发点。我选择西南方向，那是星城边缘和莫斯科电车轨道的方向。

经过短暂的修整，一个陌生人完全改变了我们原计划的6公里轻松跑。他是最近加入的俄罗斯朋友瓦洛佳，我们后来亲切地叫他"杰克·拉兰斯基"，他是一名联盟号工程师，也是宇航员教练。

瓦洛佳每周在林子里跑三四次，拿一根旧钓鱼竿清理路上的杂草、树枝，驱赶路上遇到的野狗。58岁这个年龄，他是我见过的身材最好的人。

他大喊："我们走"。然后大家都出发了。为了不被落在后面，我加快了脚步。这个男人差不多比我大14岁，愉快地一路小跑还聊着天，仿佛我们是坐在懒人椅上喝着茶看他最爱的电视节目。我们跑啊跑啊跑，而他一边闲聊一边检查大家是否还能跑得动。

瓦洛佳和蔼得像个老爷爷，把我们带到离住所50码（45米）的位置。我们站在原地喘气，他向我们道别，然后挥挥手里的钓鱼竿跑进林子里……接着跑！

我从来都不认为自己极度聪明，但是至少不蠢。成为宇航员后，我被同事们的才智惊呆了。格雷格·查米特福、斯坦·乐福和尼古拉斯·帕特里克都极具天赋，对我而言他们就是所谓的天才，在理解、记忆、复述技术信息方面有着惊人的能力。

他们对细节的关注无与伦比。我们这些宇航员候选人去参观肯尼迪航天中心的发射台，大家停下来看一个牌子，上面记录着阿兰·谢泼德在1961年的第一次发射，有一段是技术信息，记录了他降落时的速度。我的博士同事们马上发现这个数据不对。

他们冲回大巴拿纸和笔，开始草草算了起来，10分钟的条件设定和初始条件推测之后，他们又说这个数据实际是正确的。像我这样的人，不会质疑这个数据会出错——我甚至都不知道从哪儿开始，如何去证明。

考虑到我并不是天才（作为宇航员，我只是想要做得比平均水平好一点），在星城花数个星期训练就是一种心理负担。每阶段的训练都要上数节理论课，教授国际空间站俄罗斯部分的系统相关知识。我们还需要精通国际空间站联盟号的技术数据和操作流程，如果出现了在轨紧急状况，它可作为"救生船"使用。在"哥伦比亚号"的悲剧之后，航天飞机项目被撤销，联盟号成为了唯一能够接送国际空间站机组人员的运载工具。

在每个训练阶段都需要进行测验，测验内容涉及三到四个不同的系统。我一开始以为在四周里只是学习三到四个系统而已，没问题。

但是有一次特别困难。

我们学习联盟号和国际空间站的热控制系统、电子动力系统以及动力系统，最具挑战的是热控制系统。我被现实击倒了：我要同时学习三个系统，而且还要考试——都要在头三个星期完成。三个星期，只够我把训练材料看完。

晚上我在自己的屋里学习资料（也就是教材），巩固白天的成果。这个过程漫长又让人疲惫。让我想起在黑斯廷斯学院和爱荷华州立大学的日子，但是强度更大。在这里，熟悉资料、能够执行操作程序是事关生死的大事。

考试是训练中最紧张的环节。通常会有一个复习课程，那是考前咨询的另一种形式。你可以问问题，梳理你对系统和功能的理解，第二天去面对俄罗斯人的"审讯"。

对于能源号运载火箭的设计师而言，花一小时从莫斯科到星城并不是什么稀罕事。他们自称前来帮你更好地理解他们的系统。有的时候我觉得他们就是想让我出丑（或者让我的导师出丑，我一直都不确定是哪个）。他们似乎总会出现在我的考试上。

考试包括口头回答和实操。加勒特·瑞思曼，我的NEEMO5 同伴，同时也是国际空间站飞行员，很喜欢吹嘘他能用俄语回答考试问题。并不是说他想通过秀语言来让他们吃惊，而是因为他的俄语实在是太糟糕了，所以用俄语回答耗时加倍，这样也就把他们能提的问题减少了一半。

来自能源号的专家掌控整个局面，会问你他们能想到的任何问题，你必须让他们相信你确实明白自己在谈什么。他们会不停地质问，强迫你保持警觉，确保你真的学通了也学透了。据说在长达一个小时的热控制系统考试中，我回答的问题数以及答对的问题数都是历史上最高的。

你经常会被要求在模拟器上或者手提电脑上执行特定的功能。如果情形变得太紧张，你的导师，因为专家总是想让学生出丑而一直在生气，就会插嘴用俄罗斯的方式骂那些专家们，说他们对美国宇航员态度恶劣。

一个小时之后，考试结束了。你会在等结果的时候遭遇到很多笑脸、握手和拍拍后背以示支持。非官方的打分标准里，1是不及格，5是非常好。在好胜心强的宇航员间，这种分数也被拿来相互比较，有时候会导致晚饭时激烈的争论。我从没有得到过5以下的分数，不是因为我极为聪明（尽管我也愿意这样想），而是因为，除非你真的彻底搞砸了，5分对于宇航员是一个很标准的分数。

回顾热控制系统准备之旅，我很惊讶我们居然要学这么多。我们讨论了系统里有源以及无源的部分；还讨论了内部及外部子系统的各个方面，包括空气调节、通风以及控制系统。我们讨论了俄罗斯的氟利昂、风扇、过滤器和燃料。我们聊了一切，还有时间和导师萨沙聊墨西哥的历史、伟大的俄罗斯艺术以及他自己的摇滚乐收藏。

能顺利完成课程感觉很好，同时我的成绩还略高于平均水平。

读高中的时候，我的音乐老师贝蒂·斯塔恩斯让我在社区年度音乐比赛上为女合唱队以及混合合唱队做钢琴伴奏。混合合唱队在表演完以后（获得了代表最高成绩的"1"分），我们的高中乐队指挥吉恩·瓦尔登把我拉到一边，告诉我说他不知道我居然弹得这么娴熟，他真的对我的演奏印象深刻。我将这当作最高的赞美，任何听过瓦尔登先生弹钢琴的人都会知道他的赞美有多少分量。那一天我觉得我成就了一件很棒的事，而且因此获得了认同。

我在星城的训练中经历过好多这样特别的日子。这样的日子提升了我的士气，让我真的相信有一天我能飞到太空。这样的日子让所有在美国和俄罗斯之间往返的旅途、与家人分离的时刻以及所有的艰难，都值得了。

坐上俄罗斯联盟号TMA-10那一天就是这样的日子。

早上9点，破旧的俄罗斯小巴停在四号屋前，要把我们送到莫斯科东南方向的星辰空间中心，距离星城大约60公里。单车道的路面状况不是很好，这趟旅程特别长，各种坑坑洼洼，各种车来车往。

这座目前衰败的工厂是苏联时期成立的，数十年来，像鹰、隼以及企鹅这些太空服都是在这里制造的。（用鸟类为太空服命名是俄罗斯的传统。）星辰工厂的工匠、工程师和工人为军用飞机制造弹射座椅、高空抗荷服、空间站气闸部件等等。他们甚至还为脑瘫的孩子制造了一套服装，能为他们的肌肉提供足够的硬度，支撑他们行走。

我们一踏入这里就有人递来一包这一天活动中最为关键的服装。三件经典的欧式棉质短裤（还有着斑马条纹，赞！），白袜子还有及膝秋裤。我被要求去卫生间换上这些衣服。我从没穿过欧式内裤，在如此正式的情况下第一次穿"香蕉吊床"，对我的腰部而言确实是前所未有的清凉。

我还以为我的形象会高大又利落，直到看见更衣室门上落地镜中自己的样子。秋裤太薄，没法遮住斑马条纹的三角裤，而那条三角裤倒是包住了后面，但并不能为前面提供多少遮挡。我看起来一点都不利落，倒像是垃圾小报的封面。

调整一下新衣服，我不得不从更衣室里出来。一组工程师在耐心地等着我，等着测量我的身体尺寸，各种你想得到的尺寸。

这个过程最糟糕的部分是有个年轻漂亮的俄罗斯女人，手里拿着测量软尺，朝着身穿斑马条纹白色秋裤的我发笑。她黑发，高挑，美极了。她的腿尤其美，踩着一双高跟鞋，穿着欧式皮革迷你短裙。没留下什么想象的空间。她穿上高跟鞋几乎和我一般高，直面我这个近乎裸体的新手宇航员。

她开始测量的位置我之前都没想到，她牢牢抓着皮尺，第一个目标是裆到裤脚的长度。她一点都不害羞。她平静甚至温柔地把一截尺子按在我身上，紧紧贴着我右腿大腿内侧，笑得更欢了。我微微抖了抖，试图转移注意力，不去想任何会让我的"吊床"改变状态的事情。

最后，她量到我的上身。我试图用俄语和她聊天，减缓紧张感，她又笑了笑。她的脸离我特别近，简短地用俄语回复了两句。

那一刻，我终于没有丢脸。

在俄罗斯，口腔清洁问题不算是人们最关心的事儿，她的口气传到我鼻孔的同时，小胡子也进入了我的视线。腐烂的食物味道以及香烟味道驱走了她身上的光环。这一场小插曲也变成了驾轻就熟的例行工作，我只想快点结束。

下一组是座椅衬垫的工程师，我们被带到旁边的房间，里面有一个用夹板和树脂玻璃做的联盟号座椅简易模型。

想象一下你在棒球队里仰面躺着，摆出接球手的姿态，那就是你在联盟号里的坐姿。我用婴儿的姿势蜷缩起来，他们又做了更多的测量，显然都很重要。

结束之后，我被带到第三个房间，里面有一个更先进的座椅模型，看起来像一个小小的浴缸。我再次以接球手的姿势躺下，穿着白大褂和橡胶手套的工程师举着一桶什么东西向我跑过来。

石膏。那一桶都是速干石膏。他们把石膏倒进我的"浴缸"里，想要做一个我背部的完整模型（快，再来些石膏！），这个模型可以帮助他们制造符合我身体轮廓的座椅衬垫，最终会被放在我的隼式发射及返回太空服中。紧密的贴合有助于抵消降落时的巨大冲击力。

他们先做身体上半部分。过一会儿差不多都干了以后，他们让我抓住一根大皮带，皮带连着固定在我胸部上方的铁链，铁链则连着天花板上的一个滑轮——很像修车行的发动机起重器，向下拉铁链，这些装置就会把我从石膏蚕茧里拔出来。我站起来，干起来很慢的熟石膏一滴滴落下，他们拿出工具，很像我爷爷农场上会用到的那种，开始修整已经硬化的石膏表面。

他们对上半身满意以后，又让我去更衣室换上新的秋裤，之后我们又浇筑了我的下半身（这一半看起来容易一些），这个过程会持续几次，直到他们完成最后一个模子。每次我都会换上新的男式内衣，每次都要用铁链把自己从石膏堆里拽出来。

做最终是否合体检查的时候，我将穿上自己的隼式太空服，这也是最后一次换内衣，一套完整的长袖长裤。你可能在电视上看过隼式太空服，它的设计更适合婴儿躺下的姿势，你走路或者站立的时候就得弯腰弓背。它是整体式的，白色带蓝边，连着头盔以及可以拆除的手套。这可是真家伙！我爬到完成的模子里，蜷缩成发射姿势。旁边的技师帮我接上了气冷软管，放下了我头盔上的面罩。我躺下来试图放松，想象自己坐在发射台上，还有几分钟就要发射了。我集中注意力感受着，寻找太空服里有没有让我不舒服的地方。我左摇右摆，改变重心的位置，谁都不想在真正倒数的时候发现鞋子里有颗石子。过了几分钟，我知道这个老旧工厂里的人真的明白自己在干什么，他们是工匠，不仅仅是技术人员。

和数年前高中音乐比赛上的感受一样，我感觉到今天也是那样的日子。我的梦想正在一步一步变成现实。

持续的旅行和压力开始产生影响。几个月过后，对于国际训练保持乐观几乎成为一场永不停息的战斗。

我是上帝虔诚的信徒，如果不是那些特别的体验，让我知道他依然掌控着我的人生，我正在完成他赋予我的使命，我可能就要放弃了。

我是宇航员兼海军上校苏尼塔·威廉姆斯的忠实粉丝。过去几年里我们都在一起做任务准备训练，她成为了我的"太空姐妹"。

现在已经闻名全球的苏尼是一名冒险家，有着一颗自由的灵魂，太空之旅让她声名大噪。她在马萨诸塞州的尼达姆长大，懂得享受生活。她非常聪明，心地善良，热爱动物，特别是她那只粗毛小梗犬戈尔比（名字源自米哈伊尔·戈尔巴乔夫）。

那些和我相熟的人都知道我是一个缺乏自由精神的人。当然我也喜欢享受生活，也相信人心向善，但是在冒险这方面，我要保守得多。

我和苏尼唯一的问题，如果称得上问题的话，始于我被指派为她的空间站增量后备人员。她的冒险精神以及我对她在宏观计划上的认同把我放在一个我宁愿避免的位置。话又说回来了，她也把我放在一个很酷的位置。

为了给单调的星城训练之旅增加点新鲜元素，苏尼说服我和她一起去圣彼得堡过周末。她认为我们会玩得很开心，可以学习俄罗斯文化，还可以练习我们的俄语。她只用几分钟就说服了我，我们跳上火车，经过一晚的路程，火车把我们带到我此生见过的最美的地方之一。

这次旅程最惊艳的还不是城市之美、它的建筑或者夏天会有的白夜（圣彼得堡非常靠北，所以太阳在晚上几乎是不落的）。我和苏尼准备买船票游涅瓦河时，发生了一件令人惊讶的事情。

我们排在一对夫妻后面，看起来像是美国人，他们和工作人员交流有些困难。我和苏尼上前帮忙，做了一回低端口译。尽管我们刚刚认识，还是发现这对夫妻和家乡千丝万缕的联系。那位年轻的女士来自爱荷华州韦弗利，是爱荷华东北部沃特堡学院的毕业生。我在爱荷华州立大学的研究生室友就是那里的心理学教授。年轻女士的男伴来自波士顿附近，正好是苏尼年轻时待过的地方。世界确实是很小。

另一个周末，我们困在星城穷极无聊，几个人决定去谢尔吉耶夫镇，距莫斯科约一小时的车程，有一座美丽的修道院。拉多聂兹的圣谢尔盖建造了圣三一修道院，从15世纪开始，村落在大修道院周围发展起来。

因为这里是极受欢迎的旅游目的地，我们到了以后需要排队买票。我凑巧看到一名导游手里拿着的牌子上面有"乔斯林艺术"的字样，其他内容被她的手盖住了。

我在想有没有可能牌子上指的是奥马哈的乔斯林艺术博物馆，我听听人群的闲聊，发现他们在讲英文时微微一震。离家这么远，只有和其他宇航员在一起的时候才能用到英文，能听到其他美国人的声音我很激动，我用内布拉斯加混合得克萨斯的腔调慢慢悠悠地说："你们都是哪儿的呀？"

"奥马哈，内布拉斯加。"有几个人答道。我差点晕过去。

"不是吧，我也是内布拉斯加人，来自亚什兰！"

兴奋地问了几句"你为啥来这儿？""你是干什么的？"之后我们就分开了，各自去游览修道院。不过分开之前我还是大喊了一声"加油，红队"①，这一句也换来好几个笑容。

我激动极了。关于工作以及在哪儿工作这件事，我的态度积极了很多。即使曾经郁闷，现在也没关系了。我又来到了世界之巅。远离家人、朋友以及熟悉的地方，我得到了启示，这世界并不是多么大的地方。心之安处即为家。

在内布拉斯加一个晴朗秋日的下午，我——八年级的橄榄球手，下

---

①　这是内布拉斯州剥玉米者队的加油口号

课以后去拿自己的球服和装备。升入八年级以后，我就可以用最新的设备了，不用再穿那些历经数年传下来的旧服装。白得发亮的球服是最新样式。装备包括最先进、最好的大腿和臀部护垫，挂在特制白色腰带上，腰带从裤子腰部的开口对称穿过。我把膝盖和大腿的衬垫塞到衣服里面，保护重要的位置免遭同为八年级的对手的突击。

我往家走，觉得自己就像一个准备作战的小角斗士。一路上我都穿着亚什兰绿木初中蓝松鸦橄榄球队队员闪亮的白色秋衣，把头盔挂在身体一侧，假装它是个公文箱。我是一名橄榄球运动员，我想让大家都知道。

就像八年级的运动员克莱一样，在俄罗斯的宇航员克莱也要检查他自己的装备，这个过程要消耗四个小时的时间才能完成。测试过程还包括了我这一生中遇到的对体力要求最高的一项运动。我需要穿着太空服躺在座椅衬垫上，我全身都要增压了。

一旦出现紧急状况，宇航员必须能够经由俄罗斯联盟号飞船返回地球，这艘飞船就是所谓的"救生船"。但是，这一切一点都不像你在公主邮轮公司梦幻之旅中套上救生衣、跳进救生船那么简单。

从太空回到地球和任何形式的太空旅行都不同。任何导致我们必须使用联盟号的事件一定是一连串事件的开始，但如果这个逃生舱本身出了问题怎么办？

如果联盟号有泄漏或者失压，导致舱内压力下降，我们就只能依靠我们的太空服了。俄罗斯人的隼式太空服可以增压，给每个人提供了一个独立的"太空船"，自带的氧气可以供我们呼吸两个小时，足够返回地球。然后我们必须能够离开逃生舱，面对地面可能会有的状况。

一般来说，降落地点是由计算机选定的，但是俄罗斯联邦的国土极为广袤，地形多变，有沙漠、湿地、山川、湖泊、草原、苔原，以及这些地形中会有的一切。如果偏离了降落线路，我们的装备必须能够帮助我们应对任何的地面状况。

在当时，俄罗斯的隼式太空服是全世界最重要的太空飞行服。这个工程奇迹是我们的第一道防线。在联盟号狭窄的空间里穿好隼式太空服以后，我们就准备好进入大气，迎接地面了。如果我们恰好掉到了水多的地方需要迅速离开，我们会打开联盟号的舱门，带上隼式太空服的浮袋。

如果降落到寒冷的苔原，逃生舱会保护我们安全着陆并保温，我们先要脱掉隼式太空服，然后在大众甲壳虫汽车一般大小的空间里，机组人员要换上冬天防护服装、长袖棉质内衣以及有些扎人的蓝灰色羊毛飞行服（包括工装裤、毛衣、夹克和帽子），还有隔热滑雪服以及相应的靴子、手套和兜帽，最后一件又被叫作"兔子装"。

如果那一天真的非常倒霉，我们落到冰冷的水里，服装的要求就又变了，我们需要在最外面穿上一套深橘色带橡胶内衬的服装，叫做"鳟鱼"。这是最顶级的装备。一体式的橡胶"鳟鱼"还有配套的手套和头套，理论上可以隔开冰冷的水，增加我们生存的可能性。

如果在降落点遇到其他的天气或地形，我们可以根据经验在服装里增加或者移除各种内层衣物，确保我们第一次出舱时不至于太冷或太热。对我们而言幸运的是，俄罗斯搜救队总能在落地48小时之内找到宇航员。

在联盟号适应检查中，工程师们又一次检查了我坐在座椅内衬上的位置，确保没有什么地方压到我或者让我不舒服。然后我蜷缩成婴儿状态，穿上完全增压的隼式太空服。之后整整两个小时，我都要保持这个不舒服的姿势，这也是联盟号再入大气和降落所需的时间。

我有6英尺（1.82米）高，200磅（90千克）重，几乎是联盟号尺寸限制标准的极限了。测试过去一个半小时后，膝盖后方的充气囊带直接戳到我腿上，已经疼得难以忍受了，就此投降的话，一会儿还得再做一遍，我在俄罗斯的简历也会被打上"软弱"的标签。到检验勇气的时候了。幸运的是，NASA的飞行医生罗伯特·哈顿在场，正在讲那些我从未听过的最愚蠢的笑话和轶事，帮助我稍稍转移了一下注意力。

这无疑是另一个非官方的俄罗斯生存测试，让俄罗斯的管理层看看我的本色。后来我知道有些我的美国宇航员同事会在测试之前吃安定以对抗疼痛，你可以想象我有多懊恼。

这段创伤都已经过去了，是时候穿上其他装备了。所有的一切都要按顺序来：首先是蓝灰羊毛飞行夹克里的毛衣，接着是连体服、夹克以及帽子。然后我们再套上兜帽。最后穿上深橘色橡胶"鳟鱼"服时，我觉得自己好像米其林的橡胶人，刚刚被一个超大的橘子吃掉。

在回到星城之前，我最后看了一眼自己的隼式太空服，上面用英文和俄文刻了我的名字。衣服立在那儿，仿佛在一个太空服博物馆里展示，旁边放着我的隼式手套，背面用蓝线缝了我的俄语名字首字母缩写"K. A."，证明它是为我特别定制的。多想带着它们回家啊。

NASA有一套用缩写组成的语言，太空行走是"EVA"，用于描述舱外行动。俄罗斯空间项目也爱用缩写，用ВКД代表"航天器外的行动"，太空行走的俄语翻译过来就是"进入太空"。

美国版本的太空服被叫作"EMU"，全称是舱外活动装置。俄罗斯太空服被称作Orlan-M（M代表新型号）。和所有的俄罗斯太空服一样，这个名字也是来自一种鸟。奥伦来自俄语词"Орел"，意为鹰。在国际空间站上和俄罗斯宇航员一起穿着俄罗斯鹰式太空服非常的"酷"（俄语字面意思其实是"陡峭"）。

我和苏尼·威廉姆斯完成了俄罗斯太空行走的理论训练，展示了我们对鹰式太空服设计和功能的熟悉程度，随后我们需要学习如何穿着这套衣服工作，在空间站外工作。

我们在休斯敦就已经完成了这一任务的美国版本。当时训练是在中性浮力实验室完成的，那是一个有着620万加仑（23000立方米）水的游泳池。我们穿上了EMU，在中性浮力条件下，可以模拟太空行走的微重力环境。俄罗斯的设施叫作水实验室。和美国的设施一样，在入水训练之前，需要进行基本的技巧训练。

用于技巧训练的模拟器是俄罗斯特有的，美国没有。俄罗斯人设计了一个很聪明的悬挂系统，可以接上每一件太空服，抵消它们的重力，使得宇航员可以初步体验零重力环境下的感受。模拟器里还有一个俄罗斯的气闸模型，还带有一个面板和功能舱（当时的气闸是对接舱的气闸，被称作DC-1，现在已经有了更新的型号）。这样宇航员们就可以练习穿着鹰式出舱时需要进行的每一个步骤：基本的太空行走技巧，减压（再加压）程序，打开并关闭气闸，使用系绳，以及最重要的——在设备故障时需要执行的工作流程。

鹰式太空服对我而言，是一个很大的挑战。因为它只有一个适合所有尺寸的型号。我这样体型的人塞进去会很紧。但是在某种程度上，太空服内部的各种调整皮带可以用来配合不同人的需求。胳膊和腿可以拉长或者缩短，我们也可以通过改变胯部的高度升高或者降低头部的位置。但是啊，手套的尺寸只有两种，对我而言就是小号和更小号。太空服增压以后会变得舒服一些，虽然还是有些紧。不过对于太空行走而言，紧算是一个好的特点。

我将是最后一名穿着俄罗斯太空服进行太空行走的美国宇航员。由于预算缩减，而且认为这种培训并不合理，美国停止了和俄罗斯在这方面的合作，这也清楚预示着曾经高度整合的项目将要逐渐分离了。

我的俄罗斯之旅接近尾声。我回到了星城，进行倒数第二次太空飞行训练。这是我在这里最后训练的一部分，也包括了最终的测验：在联盟号和空间站的俄罗斯舱段进行模拟操作。我们将按表现得到最终的评分，确定是否适合进行太空飞行。

四周的训练不完全在教室里进行。这个部分包括了专门针对俄罗斯系统的训练。我会在一个离心机里旋转。

使用离心机训练不是新鲜事。在航天飞机的年代，宇航员会飞到最近的离心机（对我而言就是圣安东尼奥的空军基地）体验在航天飞机里会经历的重力状况。通过改变离心机的速度，可以实现不同的重力状态，以模拟发射或者降落时的状况。航天飞机起飞和降落的过载一般在2到3个g之间，如果没有其他问题的话，我们正好可以坐T-38从休斯敦飞到圣安东尼奥。俄罗斯的版本也是一样的，几乎一样。

尽管我对自己听、说复杂俄语的能力有信心，我还是不想因为交流的效率导致在离心机中模拟时出现任何问题。本着安全至上的原则，我要求配一名俄语翻译。

她的名字叫安娜，曾经给我做过翻译。俄罗斯人，高挑，过肩长发，漂亮。大家都叫她高安娜，这样也能和另一个叫安娜的翻译区分开来。另一个安娜个子没有这么高，昵称是小安娜。我们自以为聪明，但是在这一天，聪明被不专心打败了，比小孩在圣诞节早上收到太多礼物而眼花缭乱更糟糕的那种不专心。

我们来到训练机构，陪我一起来的还有飞行医生和美国俄罗斯训练整合人。走进有两台离心机的房间门廊，安娜用她甜美的微笑迎接我们，她穿了浅粉色高跟鞋和同色系透视装！

那一刻我真的觉得自己需要一件大号的纸尿裤，因为看到她的第一眼我差点拉裤子里。我努力把下巴挺起来，把注意力放在她的脸上，稍稍往下一点就能看到我最喜欢的美国专利之一：低胸蕾丝钢圈胸罩。为了表示对国际组织的支持，她还穿了法式的丁字内裤。你说我怎么知道是丁字裤的？我天生目光敏锐，还有隐形眼镜加持，她转身带我们往屋里走的时候我一下就看见了。今天将会是美好的一天呢！

我们在离心测试前的简报真的很简短。可能是翻译人员衣服的关系，导致我们的年轻男性教官持续走神。我们可能永远都不会知道真相，但是我从他圆睁的双眼和傻笑可以看出，我的理论是正确的。简报结束后，我们来到医疗区，迎接我们的是两个衣着整齐、上了年纪的女人，她们穿着暗浊的白大褂，准备好看我的裸体，或者至少部分裸体。我脱掉蓝色的NASA飞行服和短袖。她们把电极贴在我身上（看起来特别老，感觉可能是尤里·加加林1961年第一次飞行时用过的），可以将心率、脉搏和呼吸频率信号传送到离心控制室的技术支持人员那里。准备工作结束后，该去洞穴一般的离心室了。那儿有一个超大的机械臂固定在地板上的旋转平台上，机械臂末端一个小小的可移动驾驶舱已经打开，等待着我的到来。

驾驶舱内部大小合适：没有小到像联盟号一样让人感到拘束，但也不像航天飞机居住舱那样空间充足。我的头顶上方装有一个基本的控制面板，我迅速检查了一下，需要的话可以够到所有的按钮、开关和旋钮（要是有人告诉我它们有什么用的话）。技术支持人员把我牢牢绑在椅子上，就像我之前做过的所有联盟号适应检查和模拟一样。我准备好了。

我倒不觉得恐惧，但最大的担心是这次旋转会让我体验一把俄罗斯式的"旋转木马"。我从未体验过这种模拟器，他们向我解释说我会飞两个不同的剖面：第一个相对轻松，模拟的是标准的正常降落剖面。我们经历的最大过载在3个g左右，和航天飞机相当。我只需要做联盟号的降落剖面，因为我会乘坐亚特兰蒂斯号升空，所以无需体验联盟号的起飞部分。于是我点了点头。

第二个剖面就同我和我的内脏更有关系了。这次模拟的是一个非正常状况，俄罗斯人将其称为弹道返回。如果联盟号返回舱的控制系统推进器失效，它会沿着自身"长轴"自转来保持控制的稳定性。就像一个快速旋转的陀螺可以尽可能久地保持平衡一样，返回舱进入大气层的时候也可以这样做。这种情况实际只发生过几次，但通常最坏的结果也就是返回舱落到了比预估地点远得多的位置。哦，我有说过么，这个过程的过载可能达到8至10个g。

过载虽然高但是不会持续很久。你的体重会变成现在体重的10倍，减肥中心或詹妮·克雷格①都无法帮你。你只能用力收紧腹部，使劲哼哼，强迫你的血液留在大脑里，而此时离心力则在做相反的事情。如果没有挺过去虽然也不会造成什么伤害，但是会很尴尬：你会晕倒，还会被座位上方古老的摄像机拍下来，并马上发送到控制室。你将永远有一个人生污点！

但是这场模拟很快就结束了，没有发生任何事。我故意慢慢地走出在旋转中一直保护着我的驾驶舱。我感觉不错，但还是不确定我的前庭系统会作何反应。我当时并不知道，我的脚踩到离心机巨臂下面的地板上会有何感觉，后来我知道了，这种感觉和我在2007年11月7日的感觉是一样的，那一天我乘坐发现号返回地球，当时我已经在太空待了152天了。

那件透明的衣服呢，哪儿去了？

---

① 美国一家减肥公司。

10
适者生存

压力可以变成动力。也可以将人推到崩溃边缘。执行长时间太空任务（三到六个月或更长时间）的宇航员，在训练期间会展现一连串同压力相关的问题，需要NASA去解决。这些问题有个人层面的，也有团队层面的。一个人能否在离地面225英里（362千米）远的铁罐子（实际是阳极铝的）里生存且充满活力，取决于他们是否能够在极为复杂的状况下照顾自己并和同伴和谐共存，无论他们有着什么样的文化背景和习惯。

NASA一直都很了解短期太空任务会有什么样的影响。在NASA五十多年的历程中，大多数的飞行都持续数天至数周。更长的任务周期则比较罕见：有三次载人太空实验室飞行，虽然持续时间递增，但最长的也不超过84天（太空实验室4）。

20世纪90年代起，自从NASA开始和俄罗斯在太空项目上合作（航天飞机—空间站第一阶段以及国际空间站项目），NASA宇航员部需要新的方式帮助宇航员准备长期任务。

为了给宇航员提供新的发展机会，需要更多"非同寻常"的思考去发现高效、有意义而且经济的路径。他们的关注点在于帮助机组人员实现团队合作、自我管理以及在高压力环境下进行协作。

作者正在国际空间站团结号节点舱（Node1）上中用储气罐采集空气样本。（NASA 图片
费奥多·尤奇金）

摄于作者9岁，那时的他第一次萌生成为宇航员的梦想。（他的母亲说早些年他们甚至"商量"过这事。）（安德森家庭相册）

安德森家的小孩们。从左到右：弟弟卡尔比（1岁）、作者（2岁）和姐姐洛里（4岁），这张家庭人像照片拍摄于1961年8月。（安德森家庭相册）

1981 年，作者在黑斯廷斯学院校队跳远的照片。我们穿的运动短裤从那时起就变得不一样了！（安德森家庭相册）

NASA 的书呆子工程师们，到约翰逊航天中心工作前，在樱桃红的科尔维特跑车前合影。（克莱顿·安德森）

窗外的风景，在佛罗里达基拉戈附近执行NASA极端环境任务行动（NEEMO）5，在"水瓶座"驻地。（NASA）

在休斯敦约翰逊航天中心附近，作者正在中性浮力实验室（NBL）进行水上生存训练实验。（NASA）

1998 级宇航员班的徽章，这也是历史上选拔的第 17 组宇航员。（NASA）

STS-117 官方臂章。安德森从 STS-118 转到 STS-117 时，他的名字加到了臂章上。（NASA）

国际空间站第十五远征队的正式臂章。（NASA）

STS-131 的官方臂章。（NASA）

国际空间站第十五远征队臂章的第一版设计，作者在给外甥女寄生日卡片时所画。（NASA）

作者贴出的自拍，摄于 2007 年使用加拿大机械臂进行首次太空行走时。（NASA）

作者第一次太空行走的自拍。（NASA）

在国际空间站命运号实验室中做商业通用生物处理组件（CGBA）实验时，作者为了缓解压力将拳击短裤戴在自己头上解闷。（NASA，奥列格·科托夫）

作者和国际空间站第二十三远征队的队友在命运号实验室中。后排开始从左至右：特雷西·卡德维尔·戴森，俄罗斯宇航员亚历山大·斯科沃佐夫和米哈伊尔·科尔尼延科。前排开始从左至右：蒂莫西·T.J. 克里莫，俄罗斯人奥列格·科托夫和野口聪一（JAXA）。（NASA）

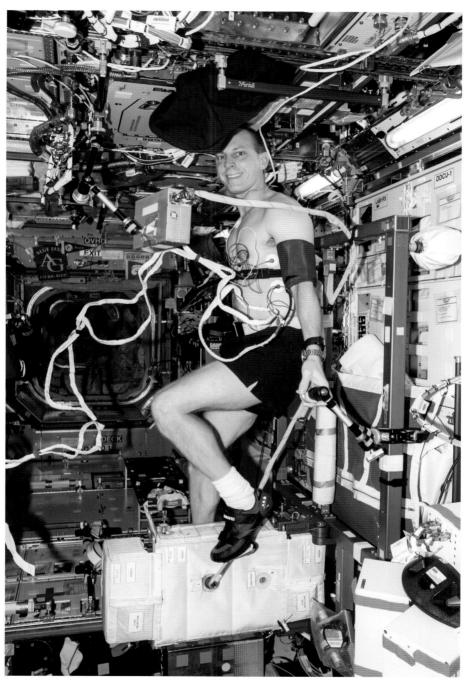

作者正在进行他的每月最大耗氧量测试，在 CEVIS 固定自行车上测试有氧能力。 （NASA）

作者穿着他的俄罗斯隼式宇航服，作者和第十五远征队的成员准备离开联盟号进入新的太空舱。（NASA，费奥多·尤奇金）

作者在美国和两套舱外机动套装合影，准备飞向太空或者为内布拉斯加剥玉米者队上阵比赛！（NASA）

航天飞机紧急疏散训练之前，STS-131机组人员在机身前合影。从左到右：作者，山崎直子（JAXA），桃乐茜·梅特卡夫-林登伯格，空军上校詹姆斯，"麦什"·达顿，海军上校艾伦·波因德克斯特，斯蒂芬特·威尔逊和瑞克·马斯特拉基奥。（NASA）

STS-131 和发现号航天飞机，连同固定在载重器上的一个多功能后勤舱（MPLM）和氨罐总成（ATA），正在靠近空间站和附带的联盟号运载舱，2010 年 4 月。（NASA）

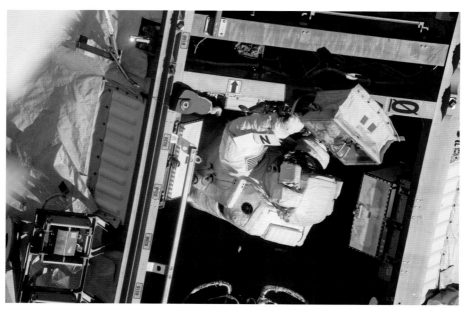

作者用袖标上的字母图案向自己的家乡——内布拉斯加州致敬，照片上此时的他正走出国际空间站固定结构支架，准备进行首次 STS-131 太空行走。（NASA，艾伦·波因德克斯特）

物理现象——液体表面张力清晰的呈现。摄于 STS-131 发现号的居住舱。（NASA）

在空军一号前，安德森一家同美国总统合影。（白宫官方照片）

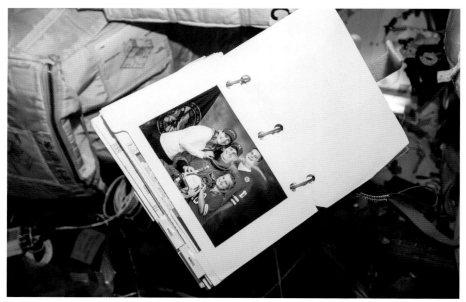

这是一张放在作者的机组人员笔记本内的安德森全家福，这本笔记本平时用来记录飞行数据，放在居住舱。（NASA）

作者和他的母亲爱丽丝合影。当时他们在 NASA 的肯尼迪航天中心会议中心附近的沙滩海景房内，作者正在准备他第一次的太空飞行。（卡尔比·安德森）

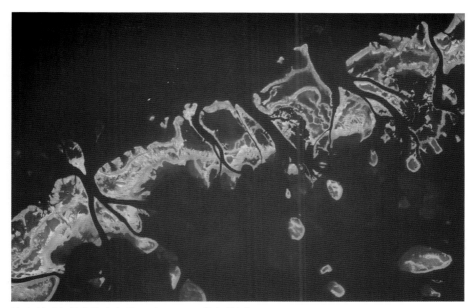

澳大利亚大堡礁惊人之美。（NASA，作者拍摄）

2007 年干旱期间拍摄的森林大火，发生于美国西北部的爱达荷州。（NASA，作者拍摄）

巴拉那河，一侧是巴西的瓜伊拉，另一侧是巴拉圭的萨尔托德尔瓜。（NASA，作者拍摄）

大力神之柱。俯瞰直布罗陀海峡，图中右侧是西班牙，左侧是摩洛哥。两国最近处仅有 7.7 海里。（NASA，作者拍摄）

在太空中成功的关键，就是在保证你自己任务的同时控制个人压力水平的能力。如果你对每天的生活控制很少甚至没有，这种情况下你必须迅速学会适应，化腐朽为神奇。

在地球上很难通过模拟来实现相应程度的压力水平。NASA领导层经过研究，在老宇航员们的帮助下，从各处获得了指导，比如俄罗斯太空同事、加拿大军方、国家户外领导学校（NOLS），北卡罗来纳大学威明顿分校以及国家海洋和大气管理局。

这样的协作最终形成了一个新的训练大纲。这个大纲的目的是将宇航员置身于罕见的压力环境下，发掘出有能力进行长期飞行的宇航员。而这一系列的训练和体验被称为远征训练。

在军队——我不是说我有实际的经验——生存训练的强度非常高。在自己所在部队允许范围内，很多我的宇航员同事都尽量坦诚地讲述了他们在SERE（生存、躲避、抵抗、逃脱）训练中的经历。这一特种训练可以帮助他们应对高仿真的极端心理和生理挑战，即使被俘虏和拷问、挨饿，被剥夺睡眠。这并不适合软弱之人。

幸运的是，对我和其他没有服过役的宇航员而言，NASA采取了循序渐进的方式，将一整个班的人送到野外待两天半，和美国陆军的专家学习基本的野外生存技巧。

在一年里叶子最黄的季节，1998级的宇航员们来到缅因州的布伦瑞克，那里有布伦瑞克海军航空站。大家都希望能够在这次训练中幸存下来。

往东北的旅程是整个班级第一次作为集体出行。我们对彼此更加了解，也开始学着成为朋友和同事，尽管大多数还存在竞争心态。这么多的A型人格聚在一起，我们形成了有趣的关联和冲突（尽管从不承认），但是我们都知道这是我们人生中最重要的一场竞争。

大家都不愿意提到的共同目标就是成为这一群人中第一批上天的人，这样也能抢先夺得吹牛的资本。

对于1998级的军方宇航员，两天半的生存训练就好像在公园里散步。他们每个人都经历过这种训练，但是强度更大。而对于剩下的人，在训练中幸存下来更像是参加一场电视真人秀。

我们精神抖擞、满腔热情地来到了布伦瑞克，准备向世界展示我们确实有资格成为一名美国宇航员。

我们这一级的领导（在休斯敦的第一周就选了出来），海军战斗机飞行员格雷格·"雷·约"·约翰逊和直升机飞行员蒂莫西·"T. J."·克里莫选出一个人作为这次短暂远征的领导者，这在后来也成了一个标准的程序。

扛过领导责任的是海军陆战队战斗机飞行员乔治·"赞博"·赞姆卡，他是海军F/A-18大黄蜂的飞行员，正式成为了我们的"训导员"，来领导和凝聚我们这群"测不准"的新手宇航员们。

赞博是一个很棒的人，一名敬业又有天分的飞行员。他完全没有幽默感（我作为STS-120团队一员和他一起飞过），但是领导才能极为出众。他用典型的海军式方法，把我们这31个新人分成5至6人的小组，这样每个人的职责能更明确。在每一个小组里，赞博都指派了一名小组长。（后来加拿大航天局的宇航员兼医生罗伯特·崔斯克也加入了训练，人数扩充为32人。）

我被赞博划入的队伍里，人员包括斯坦·乐福博士（行星科学家），帕蒂·希拉德·罗宾逊博士（医生），尼尔·莱克特·伍德沃德（美国海军指挥官，已退休），我，还有比雅尼·特里格瓦森博士（加拿大航天局天体物理学家）。在这次短暂的缅因蛮荒地旅程之后，我们彼此都熟悉起来。

不谈别的，赞博是海军陆战队中的海军陆战队，头发高高竖起，准时，遵守纪律。在军事基地的第一天，早上大家领装备前，他就开始催促，想保证准时到达。我们确实早早就到了——早到大家在停车场等了两个小时才见到军方来发装备的人。我们的小组长因为这件事心绪难平了好一阵子。

我们在缅因参加的行动都是最基本的类型。因为大家只待几天，课程节奏快，信息量很大。我们学习了如何读地图并跟着地图走，建造单人和多人用的临时住所，使用简单的陷阱和钓鱼线抓捕猎物，以及生火。

更困难一些的技巧（大纲里并没有提到）包括在大石头上睡觉，听比雅尼打呼噜——他是一躺下就睡着然后持续几小时都在制造噪音的那种人——以及连续24小时或者48小时保持清醒。

海军航空站提供的设备从季节的角度来讲是适用的也是必需的。尽管天气不错，第二天强劲的暴风雨还是使得生火和建造临时住所更为困难。

欧洲航天局的宇航员利奥·艾哈慈是一名法国人，他曾经去过俄罗斯和平号空间站，也是我们的新同学之一，以前和俄罗斯人一起接受过生存训练。他站在缅因州森林里被雨浇了个透，狼狈地想阻止火被熄灭，嘴里的经典台词带着法国口音："这也太扯了！"

我们的食物都是即食食品，多年来一直供应军队。它们能够提供必要的营养，我们也只需要吃两天而已。我们的配给是每天一份，我需要极大的意志力才能保证不一顿就吃完。

有一节课讲的是寻找食物。教练给我们列举了好几种可以直接吃的浆果，还有用水煮过以后可以吃的当地植物。我们每样都试了一下，我高度推荐浆果。

一只关在笼里的兔子极其生动地为我们展示了最大限度地利用猎物对生存有多么重要，"兔子彼得"是我们的教练抓回来的，就是为了给我们做展示用。

那天，那支木棍敲在兔子的脑袋上，在很多人眼里它不过是只宠物，结果了它的性命，此时此刻我们对某些同事有了更多的认识。很多人赶紧扭头，暗暗地惊呼"我的天……"然后便是长久的沉默。

我们还看了剥皮和清理内脏的过程，课程中还强调我们必须用到兔子的每一个部分：肉可以吃，毛皮可以放在脚上取暖，血中可以摄取蛋白质，骨头也可以当工具使用。教官把眼球从那只小小的脑袋上揪下来，称可以补充盐分和蛋白质，问我们谁要试一下。我好胜心作祟，举起了手。

为了让大家都记住我的勇气之举，我翻来覆去地在肮脏、沾满黏液的双手间倒腾着眼球，研究了半天。我能感觉到教官的不耐烦，最终把它丢到嘴里，疯一般地咬起来。

那玩意儿口感好像一块橡皮，我的下巴无论怎么用力也没有任何进展。我的牙齿咬得越紧，眼球越容易在嘴里像弹珠一样乱蹦。

我试了所有办法，还是没法把它咬开，最后，我只好绝望地把它整个吞下去。我不再想展示个人勇气，只想尽快摆脱嘴里的糟糕味道和恶心的感觉。

幸运的是，两天很快就过去了，经历了糟糕的临时住所和两天的大雨，我在生存技巧方面的信心完全没有提升。如果将来作为宇航员我确实活着着陆，我希望那是一个温暖干燥的地方，离快捷假日酒店不远。

新设计的长程远征训练关注点在于，相似但不同的"压力因素"以及"极端环境"下的训练机会。一般NASA会以一天或两天的室内课程开始，让大家了解到国际空间站严苛的生活环境。

经典的室内课程包括在太空生活时你可能无法预料的一些问题，比如个人护理用品。以及大家都知道（而且经常滥用）的经典内容，比如团队协作、领导力以及追随能力。室内课程最后会变成实地训练，我们会去风河山脉，坐落于美丽的怀俄明州。

　　在我的宇航员生涯中，我曾两次拜访怀俄明州的兰德。一次是在夏天，一次是在冬天。那里是国家海洋学实验室区域办公室所在地，一个安静的山间小镇，当地人都穿着登山靴、羊毛套头衫和褪色的牛仔裤。你会发现很多人对理发和修理胡子这件事不以为意。

　　第一次拜访这里是2002年的8月，准备再次接受生存训练。我们住在一个淳朴的酒店，仿佛是用超大的林肯积木堆出来的，里面摆满了狩猎的战利品。参加训练的宇航员有两组：STS-107的哥伦比亚号机组，由指挥官里克·赫斯本德带领，另一组则是我所在的混合小组。

　　像亨式57调味酱一样多元化的小组里有两名老宇航员，日本宇宙航空研究开发机构（JAXA）的若田光一和前美国军官兼化学家凯瑟琳·"便帽"·科尔曼，还有四名没有飞过的1998级新手企鹅——肯·"浩克"·哈姆、格雷格·"博克斯"·约翰逊、特雷西·"T. C."·卡德维尔和我。

　　两组人在山中虽然会分开，但大家的目标是一样的。在怀俄明州的偏僻山区生活10天，同时尽可能多地了解你的同伴，向他们学习。

　　哥伦比亚号机组开始的地方和我们遥遥相对，这个设计就是为了让我们在这10天里朝对方走，在中间的风河山汇合，在这个比海平面高3英里（4.8千米）的地方短暂修整，然后两队再次沿着对方的路线下山，来到对方出发的地方。

　　8月的两周，我的小组在美丽的风河山和峡谷里幸存下来，明信片般的天气使得这趟旅程不再艰难，变成了一场昂贵的野营。

　　气温适宜，天空碧蓝如洗，夜晚也是万里无云，银河系向各位新老宇航员一闪一闪发射着信号。除了在山间解决个人问题时需要偶尔喊"铲子行动！"借用园艺工具之外，十天的野外活动安静无虞。

除了若田。

从海拔同海平面平齐的休斯敦来到海拔近6000英尺（1800米）的兰德，只需要不到8个小时。在爬山过程中，我们的高度在第二天（也是登山的第一天）就上升到近1万英尺（3000米）。那天晚上野营时，看到有人高山症发作也就不足为奇了。

若田就是那个幸运儿。

一开始是头痛和疲倦，然后是越来越重的症状：胃痛、头晕、失眠。体力的消耗只会加重症状，我们需要不时休息来适应他的状况。时间一个小时一个小时过去，他的症状完全没有减轻的迹象。

为了保证他能跟上我们，我们将每天的行程缩短，下午就开始搭帐篷，希望在接下来两到三天里，他可以好好休息，恢复体力。若田注定将成为在国际空间站的第一名日本指挥官，但直到我们计划登顶12192英尺（3716米）的风河峰那天，他也没有完全恢复。

考虑到这是一个领导力训练任务，我们会轮流来到食物链的顶端。在这个美丽的8月早晨，我们慢慢从温暖舒适的睡袋里爬出来，我和T. C.共同负责登顶活动。我们的向导一直在，这些沉默的伙伴一直观察着我们如何在充满压力的环境下应对领导团队这一挑战。

登顶的那个早晨，我在早餐以及早上的第一段徒步期间观察了大家，越发对若田担心起来。他并没有任何好转，情况反而在恶化。高山病最有效的疗法是尽快返回低纬度地区。作为领导者之一，我在认真地考虑是否需要一架直升机把他送到更低、更安全的地方。

这种状况是对领导力的重大挑战。当然我期待在山顶相会的时刻，但是我也担心生病的队员。我很清楚该做什么：把若田送出去。但是在他情况逐渐恶化时，我在同他的对话中也知道了他多么地渴望成功。我知道若田会怎么选，他想要保住"面子"，和大家一起登顶。

在这种事关性命的时刻，我不得不承认我还是信心不够，于是转向指导员求助。

我们的教官威利和斯科特镇静、知识渊博、自信。他们认定若田会没事，安慰我说这种状况他们之前见过很多次了。若田可以用他自己的节奏慢慢登顶，他们会在旁边照看。

我们会拿出尽可能多的时间帮助他。

尽管若田还在吃镇痛和消炎药，但是好像并没有对他的情况有所帮助，行进速度减慢可能让我们和哥伦比亚号机组相遇的计划流产。

若田呼吸急促，身上发热，肌肉酸痛，嘴唇刺痛发蓝，时常想躺下休息。他的情况糟透了。看起来我们集体登顶的计划也有可能要夭折了。

我们离最高处的目的地还有2000英尺（600米）的距离（以现在行进速度计算还得两个小时），和煦的风将戴夫·布朗和威利·麦库尔的声音带了下来。他们坐在高处一块石头上，挥着手，在世界的顶端高声大喊。他们用信号镜将明亮的阳光反射到我们所在的位置，宣称他们赢得了这场通往天堂阶梯的非正式比赛。

我们只是没能成功和STS-107那一组在山顶汇合，但是我们的目标还在那里。最后我们还是登上了山顶，迎接我们的是劳雷尔·克拉克，前任医生现任宇航员给我们留下的一包巧克力饼干，还装在蓝色的碗里。大家在山顶集体举行了太空兄弟会成员的特别纪念仪式。

不想落后于人的我们祭出了"便帽"的艺术家丈夫乔什·辛普森设计并吹制的玻璃装饰，放在登顶人员专门放纪念品的位置。

我们短暂地享受着成功，在微风和温暖的阳光下放松，欣赏绝妙的美景。因为若田的状况，我们必须尽快回到前一晚的露营地。加速下撤的过程中我们也遇到了哥伦比亚号小组。两支小组一起离开山区，一个都没有掉队，最后终于看到载我们回兰德的巴士。

随着海拔慢慢降低，若田好转了一些，再次露出他活力四射的笑容。

在野外的最后一天，我们来到登山口，终于吃到新鲜的食物：三明治、水果、饮料和薯片。大家都很开心，再不用吃磨成粉末的高脂口粮了。

那一天简直完美。天空湛蓝，气候凉爽，阳光明媚，微风拂面舒服极了。我们一起在起点的停车场吃了饭，一起笑着分享这一路在野外的经历和艰辛。气氛其乐融融，每个人包括若田，都很开心我们完成了任务。

我们准备把装备都装上车回去，就在这时候也不知道为什么，我、里克·赫斯本德、博克斯·约翰逊唱起歌来，那是70年代电视剧《嘿哈》里的一首歌。我们三个人的和声几乎完美：

> 今夜，今夜你在那里？
>
> 为何留我独自守候？
>
> 我寻遍世界以为找到真爱。
>
> 你遇到新人就此消失。

最后，我们为我们的组员牺牲了"成功的瞬间"，我们最终登顶，作为一个集体共同完成了这项任务，无论花费多长时间。我们学会了关键的一课，书上没有的一课，我想也是某些人希望我们学到的……为任务的成功而做出的牺牲定义了你是谁。

完成任务的感觉真好！

2006年2月，我回到兰德，那时也还没有进入过太空，但是已经正式成为一名空间站备选人员。因为我严重缺乏相关常识，我同意参加苏尼·威廉姆斯紧急要求的冬季生存训练。作为她的第十四远征队的候选人员，我觉得在她为空间站任务做准备时我也有一定的义务。

我不情愿地打包，准备前往怀俄明的山区。这次将会是一个典型的冬天……寒冷，遍地都是雪。

简直等不及了。

就像尤吉·贝拉说的那样：昨日重现，我们在兰德的第一个早上收拾好设备，装起背包，这次打包的是滑雪板、双肩包和平底雪橇（不管去哪儿，我们每个人都得带一个）以及衣服、食物和做饭用的燃油，都是在野外用10天的量。

这趟旅程里不可预料的元素则是雪。

我们的情况介绍报告简短且明确：在大雪中，大多数的训练都将进行实际验证，包括识别和躲避雪崩以及在雪崩中生存。

这件事很严肃。生存游戏的风险级别增加了一级。

我不会选择"兴奋"这个词来描述这次冒险开始时自己的感觉，害怕、恐惧、极度寒冷才是正确的词语。我在休斯敦住了大半生，寒冷的天气确实会对我造成困扰。

这次还有上次的野外同伴若田光一，以及宇航员苏尼，前美国空军上校雷克斯·威尔海姆，太阳物理学家卢杰，以及加拿大医生鲍勃·崔斯克。在这个简单的小组里只有我和苏尼没有体验过太空的微重力环境。

第一天，当我们从大巴车踏足怀俄明州的冻原时，我并不开心。这次我们来到这个州西北部的阿布萨罗卡岭。从小我的母亲就教我要履行自己的职责，我一直告诉我自己要笑着忍受一切，因为就像哥伦比亚号宇航员K.C.常说的"我们接受训练是为了飞上太空。"

在冬天，对我们生存技能的要求就不一样了，需要学习如何控制越野滑雪板，同时还要带着75磅（34千克）重的背包和一副平底雪橇。如果没有背着背包套着一副150磅重的雪橇从4英尺（1.2米）深的雪堆中将自己拽出来，你就不算真的活过。令人高兴的是，天气冷到无法用录像机把这一切录下来。

技能练习中最关键、和我们生存关系最密切的，就是建设雪中临时住所。在雪中搭帐篷、挖雪洞、建造雪厨房是极为重要的技能。

尽管阳光很好，但是气温很低，我们全靠干活时的肢体活动来保持温度。这件事情同时也很严肃，因为我们正在学习保证生存的重要技能。大家的生命取决于我们能否在美国的极地建好这个临时营地，完成野外生存的相关步骤。

头几天的天气还不错，我们有机会练习并完善技巧。随着日子一天天过去，大家的能力有所提升，监护我们的NOLS长官伊恩和史蒂夫又在我们的冬天生存工具箱里增加了几样。

我们的技能中最重要的一项，就是找到合适的排便方式。这也是随后真正的空间站以及航天飞机训练中的重要内容。

在冰冷刺骨的野外，一把铲子是保持平衡的必备工具。清洁的话就得靠大自然母亲为我们提供的有机厕纸——一捧雪。在低于零度的环境中排便可比不上在家中"王座"上的休闲时光。我在雪中上大号的时间尽管短暂，还是会让我想到NOLS的口号："不留痕迹"。这么说吧，我很高兴融雪的时候我已经不在现场了。

能够穿过白雪皑皑的山峰，判断什么时候会发生致命的雪崩并没有提升我对户外行动的自信心，反而让我更想回到休斯敦温暖的家。

我们一整天都在爬山，进行雪崩训练，使用归航信标指示埋在雪里的假想尸体，我们的训练任务是搜救一名成员。当然这样的训练很有价值，但我希望永远都不会用到它。

到了怀俄明之旅的最后阶段，教官一直在观察我们作为队员、领导者以及追随者的能力水平和表现。这一周大家表现得都不错，蹲坐在我们称之为"多利·帕顿"①的双层雪洞营地。我们的领队宣布从此以后我们就能靠自己了，他们将不再对我们提供指导。

离结束还有两天，我们还是学到了最后的一课。

第二天一早我们关掉"多利"营地，向西走了两公里（朝向退出点），建立了一个新露营点。我们将在这里过夜，醒来以后完成到达退出点的最后一小段距离，任务就完成了。

听起来很简单，也仅仅两天而已，但之后我发现我们的教官消失了，接下来只能靠自己。

苏尼现在是我们的领队。依靠着她在NOLS的训练以及多年海军直升机飞行员的经验，她用无线电同消失的教官取得了联系，然后又调整暗橘色的LED指针，搜索到阿布萨罗卡岭的天气预报。

伴随着无线电的吱吱声，一整组人围着苏尼，为了取暖，也为了能听清楚。大家全神贯注地听着，都试图搞明白我们听到的内容。

苏尼确认天气不会是障碍，决定大家一早拔营去往新地点，这个决定也使得她正式成为我们的领队。她在起居室里和我一起背靠背休息，我相信她的判断，开始着手做准备，在多利·帕顿营地的右胸迎接舒适温暖的最后一夜。

---

① 美国著名乡村音乐女歌手，拥有丰满的胸部。

早晨很快降临，如猛兽般迅速。

我从雪洞的小小入口伸出头去，准备快速去一趟临时厕所，然后就看到了让人头疼的一幕。雪下得很大……还是斜着下的！

作为一个内布拉斯加男孩，我见过暴风雪，虽然已经过去了很久，但这场看起来大得多，我脑袋里警铃大作。

完成每日的洗礼后（这是我的朋友艾伯塔教我的说法），该回去帮着做饭以及收拾营地了。

天气的问题还是让我很担心，我建议今天也许不是拔营动身的最佳时机，我的意见遭遇了典型A型宇航员的回应，"情况没那么糟"或者"我们会没事的"。

我并不相信。

吃罢早饭，清理完营地，我们出发了。尽管雪几乎扑面而来，大家还是在努力收拾，确保背包里的所有东西以及雪橇都收拾好了。

我继续表达对计划的担心，声音和口气明显急了起来。"我们是宇航员，不是山地人，"我对大家说，"如果大家将来想要执行太空行走任务，手上有冻伤可不是什么好事儿。"

威尔海姆年轻时在科罗拉多的石头山上待过好一段时间，安慰我说他曾在更糟糕的天气下滑过雪。鲍勃·崔斯克，加拿大航天局的官员，也是一名医生，也试图提振信心，告诉我说他在加拿大时经常应对这种天气。

我还是不信。

每天出发前我们都会组成一个雪崩线，这次轮到我打头了，我先带着自己的设备，走大约50码（45米），然后其他人启动他们的雪崩信标，按顺序一个一个出发，我作为"归航信标"可以监视信标间的交流信号，判断信号是否可以收到。随着每一个信标离"归航信标"越来越近，信标的蜂鸣声就会越来越频繁，当最后一名成员越过监视者的固定位置后，带着归航信标的监视者也出发了，排在整支越野滑雪队伍的最后一名。

我独自站在凛冽的暴雪中，抵抗着北方的寒风，每一个组员经过时我都会试图说服他们我们的决定是错误的。我谨慎地选择着词语（这并不是我的专长），告诉每个人这么做有多傻。

苏尼仍然坚持她的决定，前往下一个站点。雷克斯则是典型的军人，他也提起了他在科罗拉多山中的经验来支持苏尼。鲍勃医生的声音令人安心，就好像在讲床边故事一样，他再次声明他相信一切都会顺利。卢杰在斯坦福上大学，也热爱温暖的气候，虽然不像其他人那么坚定，但也没准备站在内布拉斯加的哀号者这边。

我就像在国会上试图阻挠议程的参议员，一直陈述自己的想法："我们在这儿有完美的营地，在这种不确定的天气环境下离开，走一整天完全没有道理，无论我们到了哪儿，还是得再建一个营地。"

大家都假装听不见。当最后一个人若田经过我的时候，我对即将要去的方向感到越来越不舒服。

关于多利·帕顿营地，还有一点好处是，它位于莫卡辛盆地的一个小山谷中，有着天然遮挡，避开了寒风和暴雪。离开营地后我们就要离开这样的环境往高处去了。

我们沿着盆地里的雪地摩托踪迹一直前进（只要有我们就都跟着，比直接在空地里滑雪轻松一些），地形越来越高，我也越来越焦虑，请求的声音也越来越大，但是在呼号的寒风中也只有我自己能听到。我的话变得没那么婉转了。"这太愚蠢了，"我喊道，"我们有完美的营地，为什么非要这么做？我们是宇航员，又不是灰熊亚当斯。"然后又着重强调，"这有可能毁了我们的职业生涯。"

我们沿着每隔20到30英尺（6米到9米）就会出现的雪地摩托车踪迹继续艰难前行。离开小山谷的庇护，风雪愈发肆虐，大家都将围巾缠在脸上，减少皮肤暴露的面积。

我低着头专心跟着卢杰的雪橇在雪上留下的两道痕迹，这样就不用抬头，可以把脸深深埋在夹克和毛衣里暖和一下。我的腿已经没力气了，只能集中精神往前挪动僵硬的脚步，这样不至于落后太多。

苏尼在第一座山顶上停了下来，整个小组这才得以做短暂修整并开会。这是最后的机会了。我第一次冒着名誉扫地的风险（但不是最后一次），开始批评这个我一直都认为考虑不周的方案。

我再次向大家请求，再次重复了每一个称得上理性的理由。经验丰富的太空行走专家卢杰准备转变态度了。在今天早上的旅程中我终于有了一个可能的同盟，我们继续讨论着现在的情况，我的立场坚定，认为我们并没有做出明智的判断。

鲍勃医生是第二个意识到我的话有道理的人，他也加入了返回营地的联盟。我们站在刺骨的寒风中，雪花横着打在脸上，苏尼拿出无线电，我们和向导们评估了一下当下的形势，告诉他们我们决定保守（也更明智）一些，返回多利·帕顿营地躲避暴风雪。根据他们的建议，他们和我们在那里会合，一起在拥挤的"乳房"里过一夜。早上他们再带我们安全返回文明世界，虽然耗时会更久，但这才是明智的选择。

在那趟旅程里我进一步认识了自己，这对我的宇航员生涯有着很大的影响，我不再害怕表达自己的立场。

你可能不会相信，俄罗斯的冬季生存训练更容易些。首先，这个训练只有两天半的时间；其次，这一点可能更重要，在野外生火取暖并不是问题，事实上他们还鼓励你这么做。

俄罗斯宇航员上天之前一定会进行冬季生存训练。无论他们之前做过多少次。他们的训练也包括两天的训练前准备，一天在教室里，一天在户外。

这次的同伴则是指定的乘员，我的队友是美国上校及直升机飞行员杰夫·威廉姆斯，还有俄罗斯宇航员亚历山大·"萨沙"·拉祖特金。萨沙是联盟号飞船的指挥官，也是这次生存训练的指挥官。

第一天，我们在屋里待了漫长的8个小时学习联盟号基本应急设备、救生服装、如何建造临时居所，以及基本的冬天生存技巧。

然后我们来到星城加加林宇航员训练中心的一座车库似的建筑。在这里我们穿上隼式太空服，假装我们已经乘坐联盟号飞船返回地面。

大家穿着不怎么合身的训练版隼式太空服，爬进使用过的联盟号飞船里。它的外壳上还有灼烧的痕迹，防护罩已经黑色炭化，这都是它之前返回大气层时在致命高温中保护过机组人员的证据。

我们成功完成模拟降落以后，继续坐在小小的返回舱里。三个成年人肩并肩坐着，感觉好像坐在一辆甲壳虫的前排座位上，接下来就要换上冬天的救生服了。

屋里的热控制系统一直在持续供应热量，我穿着笨重的太空服，体温升上来，脑袋里想到一句得州谚语"三只猪在麻袋里摔跤"。在模拟期间，持续关注我们的体温非常重要。

脱掉隼式太空服，穿上救生服，我们终于从头顶的舱门一个接一个爬了出来（想象一下一辆有天窗的甲壳虫），实地训练中也会这么做。

模拟结束，该来真的了。

自从美国宇航员开始参加俄罗斯宇航员训练以来，"实地训练"的含义已经大不相同。后苏联时代的俄罗斯大幅缩减了太空经费预算，这也迫使他们重新思考太空项目的各项需求。曾经的冬天幸存训练去往更加荒凉（可能也更加危险）的地点，现在则是星城郊外森林短途游。不幸的是，我们和俄罗斯宇航员同事们的生存训练发生在气温和预算竞相下降的时期。

我们要在森林里待两天半。

训练区域有很多的树，在莫斯科度假胜地旁，离星城只有8英里（12.8千米）。我们傍晚到达，被安置在一片空地，地面上的雪大致有4英尺（1.2米）厚，已经被前一组生存训练的宇航员踩平了。天色已晚，我们必须马上开始工作。

萨沙·拉祖特金，和平号空间站的老宇航员开始组织我们需要的最基本装备，杰夫则开始建造单坡临时营地。我的职责是寻找建筑材料和柴火，我们将会需要很多柴火。

建造一个单坡临时营地比拱顶或者圆顶营地要简单得多，我早就从某些见过拱顶营地的宇航员同事那里听过这件事了。由于那种小屋通风不好，导致里面的宇航员一氧化碳中毒，不得不终止了训练。我很高兴我们建的是单坡式的。

营地只有两侧需要围住，有个斜坡式的屋顶连接着这两侧的墙壁，整个形状很像半拉童子军小帐篷。只要是能从俄罗斯4英尺厚雪堆里拽出来的完整棍子，全都被用来搭框架。联盟号降落伞被用来绑棍子。

更多松枝和降落伞伞面被拿来组成屋顶和墙，尽可能抵挡冷风。为了替全世界的环保人士着想，我们尽量少砍松枝以及树干，只取真正需要的部分。

我们在地面放上更多的松枝和伞面，希望躺下睡觉时能把自己和寒冷隔开。这么和你说吧，我们隔得还不够开。

生存任务的关键是火。根据我们的训练内容，搜救人员在接近我们时需要以烽火作为信号，也需要另一个长燃的火堆来取暖。烽火烧起来又快又热又亮，可以照亮整片区域帮助定位，只有搜救人员几乎就在我们头上时才能用。

而营地的火则更像是传统的篝火，用来取暖、烧水、加热食物。一堆喧闹的篝火让冰冷的野外生活容易了许多。

晚上需要人来照看火堆，第一班莫名其妙地落在我头上，从晚上10点到凌晨1点，我得保持警惕。太阳下山，夜晚降临，也意味着气温下降，我会变困。

第一晚夜空无云，气温降到零下26摄氏度。天气预报说气温会降到零下20度左右，俄罗斯天气预报员说得很对（对我们而言则是很不幸）。

我把联盟号座椅衬垫带来坐在上面，希望能隔离寒冷。我尽可能坐近篝火，享受着炙热的温暖，而我的同伴们则抓紧时间享受断断续续的睡眠。我试图保持警醒，但是冰冷的身体一再想要睡着。我担心火可能会灭掉，全副精神放在保住火焰上。

我收集到的大多数木头都冻得僵硬，在雪里埋了没有数周也有数天。用它来烧火需要三个步骤：首先得融化表面的雪和冰，其次需要把木头烤干，最后才能真正点着。这样就需要慢慢把它推到火中，保证这三步能够按顺序完成，就像在家里烧香。

我这一班岗风平浪静。火堆还在燃烧。下一班是杰夫，轮到我睡觉了。我得找到合适的距离，既不能离太近让我的衣服烧着，也不能离太远，在地上扭动几下，终于找到了舒服的位置。

但是在铺满松枝和伞面的地上躺30分钟，即使有火堆，身体还是暖不起来。冻到开始疼的时候，终于再也睡不着了。

无论是在地上辗转还是起身在森林里游荡，我一直在努力保持身体的温度。这一晚，大多数时间我都在火堆旁，终于挨到了清晨。

自前一天的午饭之后我就没吃过东西，我们的食物类似军队的C类口粮（杰夫说的，他应该知道），里面有冻干酸奶，冻干巧克力，加了类固醇的无花果能量棒，一小包甜饼干，两个加了糖和柠檬的茶包。我把所有东西都吞了下去，从没想过这玩意儿会这么好吃，不幸的是，我吃掉了一整天的量。

第二天则是第一天的重复。收集柴火，改善住处（我们又加了两堵墙和一扇门，但是没时间搭娱乐室了），尽可能保持温暖，睡觉的时候冻得屁股直往下掉。我觉得每件事都干得挺好的，尤其是冻掉屁股这件事，我非常擅长。

最后一天的早晨，我们离开之前，俄罗斯训练小组来视察我们的工作，顺便最后再玩一个花招。我们被告知要收拾好装备，到250米外的直升机处（营地周围树太多了，无法降落），但是萨沙和杰夫不知道的是，我将会在30米之后摔倒，假装腿受伤。

我可以很谦虚地说，这次表演可以拿一尊奥斯卡奖杯。唯一困难的部分是，他们给我的腿上夹板、做担架、给我披衣服、准备把我拽到直升机上，与此同时我得在冰冷的雪地上躺个45分钟。之后，训练就结束了，时间刚好。

在成为宇航员的初期，我的身体、精神和心理都受到了挑战。每一次都有各种需要克服的焦虑，而我也知道在长期太空飞行中，需要应对完全相同的问题。在每一阶段结束的时候，我都能够在回顾的时候感到释然和骄傲，就像那天我在雪地里感受到的一样。

我又一次幸存下来。

11
时代的标志

　　我们的世界上有很多种标志。而在历史上，我们使用可以识别的图案标记人、地方和物品。耐克的"回旋镖"标志已经是世界上最广为人知的标志了。据维基百科称，它是卡洛琳·戴维森在1971年设计的，她当时在俄勒冈波特兰州立大学学习平面设计，在会计班上认识了前来讲课的菲尔·奈特，开始为他的蓝丝带体育用品公司（BRS）做设计。

　　1964年，BRS成立并引进了鬼冢虎跑鞋，在7年后的1971年，BRS决定决定发布自己的品牌，于是耐克这个名字第一次出现在足球护具上，当时都是在墨西哥生产的。奈特希望戴维森能够提供设计方案，她同意了，仅仅收取2美元的时薪。

　　1971年春天，戴维森为BRS的管理层提供了多个设计方案，最终获得认可的是现在全球知名的回旋镖图案。在被问到这个标志设计时，戴维森回答道："我不喜欢它，但是它将跟随我一生。"

　　1972年的6月，在俄勒冈州尤金举行的奥运会选拔赛上，第一双带着回旋标的跑鞋出现在美国田径场上。之后的历史大家都知道。现在还能找到不认识这个标志的人吗？

　　还有一个标志很经典，笑脸标志。它首次出现在1963年。根据维基百科，它是美国商业广告艺术家哈维·巴尔设计的。故事里说他原本打算为一家广告公司设计一个用在纽扣上的笑脸。巴里设计的笑脸原本有讽刺的含义，明黄色的背景、黑色圆点的眼睛以及咧到两边的嘴巴。我们都见过这个标志，对于很多人而言，看到它就想要微笑。

NASA的标志有三个官方设计：NASA徽章（被称作大肉球）、NASA字体标志（蠕虫）以及NASA印章。（蠕虫，用独特的红色弯曲字体构成NASA字样，自1992年起就不再使用了。）据维基百科上写的，NASA印章在1959年由艾森豪威尔确定，1961年肯尼迪在其基础上微有调整。

根据NASA的官网，大肉球的设计可以追溯至1959年，来自格伦研究中心的员工詹姆斯·莫达雷利。当时国家航空咨询委员会（NACA）正要升级成为同时包括航空和航天的NASA。当时的行政部长要求莫达雷利设计一个在不那么正式的场合使用的标志，简化印章的设计，只要白色星星、轨道、蓝色背景和红色箭头。之后他在上面加上白色NASA的字样。

在这个容易辨识的肉球设计中，圆球代表着行星，星星代表太空，红色的V字箭头代表宇航员（其实是设计标志时最新型的超音速机翼），此外还有一个绕着V字飞行的航天飞机。

这个标志最早是NASA官方的标志，一直被叫作肉球，直到1975年，NASA决定需要一个更加现代的标志，于是启用了后来被称作蠕虫的标志，两个标志的支持者之间产生了激烈的对抗。

理查德·丹尼和布鲁斯·布莱克本负责设计这个新的现代NASA标志。据说在设计最终揭晓前，NASA的局长詹姆斯·弗莱彻和副局长乔治·洛讨论过设计方案：

弗莱彻："我就是不喜欢这些字母，少了点什么。"

洛："是啊，A中间的那一杠消失了。"

弗莱彻："是啊，让人心烦。"

洛："为什么？"

弗莱彻（等了好一会儿）："就是觉得钱花得不值。"

　　据NASA的网站称，肉球是NASA使用最广泛的标志，已经有16年的历史了。但是，1975年那个红色现代的标志出现以后，肉球就被抛弃了，直到1992年。当时NASA的局长丹·格尔丁重启了经典的肉球标志，希望唤起大家对于"人类一大步"的阿波罗辉煌，向大家宣告"NASA又恢复了魔力"。之后它就成为了最常见的标志。

　　除了这个标志之外，NASA还有一个官方标志。如果说肉球是NASA日常一面的话，NASA印章则是盛装的版本。NASA会在诸如颁奖礼和庆祝活动等正式场合使用印章。和肉球标志一样，印章也有行星、恒星、轨道、箭头等元素，还有"National Aeronautics and Space Administration，U.S.A."（美国国家航空航天局）的字样绕周围一圈。它会出现在正式文件上，也会出现在重要发布会的讲台前面。

　　宇航员们也喜欢各种标志。例如在阿波罗时代，宇航员们设计了一个极为特别的标志代表我们这些太空旅行者。这个标志上有三个纵向的柱子，外面的两个朝里倾斜靠向中间，三者在顶端汇合，形成一个三角形。汇合的顶点和一颗星星连在一起。每一根柱子代表一个NASA早期的项目：墨丘利，双子座和阿波罗。还有一个水平的圆环，代表飞行轨道，环绕在三根柱子的中部。这些元素加在一起，形成了一个简单但有力的设计。

　　每一个宇航员都有一个这样的领针。他们在完成最初的基本常规训练后就会得到第一枚银铸领针。在宇航员候选人的毕业典礼上，大家经常会

（也不是所有人）带着这个领针，曾经也算是一个传统，但这个典礼现在也是时有时无了。经过典礼之后，从未飞过的新手宇航员就要从菜鸟变成可以参与飞行的宇航员了。

虽说没那么绝对，但一名宇航员职业生涯起始点的标志性事件就是他的第二枚领针，这一枚是用金子铸造的。这枚贵重的金属片也象征着宇航员正式进入了太空，通常会在任务完成后的颁奖典礼上颁发给宇航员。宇航员办公室会确保在执行第一次任务时你的领针将和你一起上天，这样就能保证任务自始至终宇航员都有金领针陪伴，无论他们执行过多少次任务。有传言说有些宇航员甚至在太空中就拿到了他们的金领针，达到62英里（100千米）的"宇航员高度"以后，指挥官就会颁发给他们。但我不是这样。

宇航员办公室和NASA一样，有过很多标志。在早期飞行时，从双子座任务开始，每次任务都会设计一个任务臂章，用以代表了成功完成航天局的任务，每个个体联合起来所做的努力。

部分个人和机构会设计臂章来代表将要飞上太空的试验或者任务载荷，其他人则仅仅想要抓住他们所在组织的注意力或遗产。对宇航员任务机组来说就是官方任务臂章，一方简单而令人心生尊敬的刺绣品。它很值得收集，会让你感到骄傲，通常也是美国纳税人来买单。

现在制作官方任务臂章的过程既有趣又十分复杂。从大方面来看，一旦机组确定了他们的任务，指挥官会分到一大堆管理方面的工作。任务方面的工作必须分出去。谁会待在飞行舱？谁来负责主要的太空行走？谁是操纵机械臂的主操作员，谁是后备？谁来掌管装卸，负责保证太空船货物的进出过程精确执行？在这一大堆任务当中，指定设计这次任务臂章的宇航员也很重要。

我曾经被分配到至少六个不同的机组，最早在STS-118，作为远征轮转人员，又被叫作shREC，乘坐航天飞机飞到空间站，待四到六个月，然后再乘另一班航天飞机回来。（在国际空间站组装过程中，航天飞机经常会载着空间站机组人员上天，然后再带另一名宇航员回来，随着航天飞机项目被叫停，这种方式也随之终结，之后送宇航员上天就只能依靠俄罗斯的联盟号运载火箭了。）当我从STS-118转到STS-117后，我归家之旅的同伴还是STS-120的机组，这就是三个机组了。我在国际空间站上的五个月时间跨越了两次远征，所以我既是第十五远征队也是第十六远征队的成员，第四个和第五个机组。最后我很幸运地成为了STS-131的成员。这样，总共有六个不同却又相互关联的任务组，每组都有一个任务臂章。

在这六次任务中我并没有直接参与臂章的设计，也和STS-117、STS-118以及宇航员选拔17组的臂章设计没有密切的联系。我大多数的贡献都在第十五远征队和STS-131的臂章设计上。

通常被授予（"摊上"或者是一个更合适的词儿）设计臂章任务的宇航员非常受欢迎，但是如果你的设计被普遍排斥或者嘲笑，整个趋势也会反过来。在完善设计的过程中，机组人员往往表现出以往被忽视的个性。

臂章设计的负责人通常非常热情，经常是第一次上天的人员，他必须将热情带到这件事上，忽略过程中的麻烦。

我的经验是每一个机组都有一个"我无所谓"的人，通常（但也不总是）是男的。这个人在设计臂章的过程中反馈都是一致的："我无所谓，你们想做成什么样我都可以。"但是，通常也正是这个人，在大家意见一致之后，突然又有了想法。他的马后炮令人嫌弃，最后总会补一句："我不介意，但为什么我们不这样这样……"或者"为什么我们不那么搞？"

在这关键的时刻，新手领导必须谨慎措辞，发起讨论，统一意见，达成共识。如果机组成员吵得太厉害或者故作姿态，也许需要指挥官介入才能达成可接受的结果。经过如此一番，那个"我无所谓"的人在接下来的讨论里再也不发表意见了。

机组里也有可能有各种批评者，他们总能在当前的设计里找到问题，他们不同意设计的某些方案或者颜色，但是也不准备提出任何有效的改进建议。这样的成员也有可能很热衷参与机组服装的选择，训练服装以及任务服装，不过这个我们可以晚些再讨论。

当设计领队收集队里所有的初步意见，形成了大致的臂章方案，这的确是激动人心的时刻。这时队里会来一个NASA的平面设计师，他／她受过专业的训练，能用高科技设计工具在主要概念基础上"补充血肉"。

机组成员们带着四个基本原则开始设计过程。首先，很重要的假设是，那个指定的平面设计师真的专业，天生具有艺术细胞。其次，他们要扮演母鸡的角色，告诉设计师要画什么，画在哪儿。第三，也许也是最有效的策略，他们需要结合前两个原则。最后，一些机组成员会引入第三方，可能是他们的儿子、女儿、靠设计臂章为生的朋友或者仅仅是某个太空爱好者。

等大家都表达完意见，领队和平面设计师开始自由设计，研究形状、颜色和布置。每个成员的姓必须以某种方式放在里面，当"梅特卡夫-林登伯格"在你的臂章边缘占了非常显著的位置，形状就是一个需要考虑的大问题了。

臂章草图评估是一个备受期待的里程碑，我们提出了几个臂章设计方案，让机组成员选择讲述他们任务故事的视觉呈现方式。这些草稿也很有用，呈现了设计小组是如何从一个设计方案转向下一个的。

色彩的使用很重要，因为臂章只能使用制造商能够生产的颜色，负责人经过好几轮的咨询，大家会提出建议。不过设计的过程脱离既定方案的话，指挥官会担心。

所有一切都完成、大家也都满意了以后，就是机组决定性的骄傲时刻了。即将成为正式方案的设计必须最后经过正式批准，如果每个人都没有意见，设计方案本身也符合各种明的暗的规则，那么这个标志就将成为这个机组、这次任务以及NASA的代表。

第十五远征队的设计方案始于我，当时指挥官费奥多·尤奇金让我提我们任务的方案……或者至少我是这么以为的。

我的想法来自家里，那天我在给我弟弟最大的女儿泰勒写生日卡片。作为"疯狂的叔叔"，我总会在信封正面画一幅画。我的画就好像我小时候试图解答的电视游戏节目谜题。我决定在泰勒的信封上画一幅关于太空以及我为登上空间站所做准备的画，我先画了一条微微拱起的曲线代表地球水平面，右侧比左侧略高，在较低的左侧，画了半个升起的太阳，代表着新的一天已经来临。

还是轨道设计工程师的时候，我为航天飞机、空间站对接以及接近操作设计轨道，我们经常会在黑板上画太空船的相对位置和动作，以便更直观地呈现轨道力学。我想了想，又在泰勒的卡片上画了一道弧线，从下方开始，一直到第一条弧线的中点，垂直往上，一直穿过第一条线，代表着空间站绕地球飞行，然后我又在那条弧线上加了两个黑点和一条水平线，两端分别还画了八条短线，两条在上，两条在下，四条在黑点的旁边。我画的是一个风格化的空间站，但也可以辨认出来。

这幅画是我作为宇航员和家里疯狂叔叔的作品，我看得越多，越觉得这两条弧线变成了一个流畅且漂亮的X。嗯……我脑袋开始运转起来，我们这一支远征队的号码可以用罗马数字X和V表示。我开始有了想法。

　　我学着历史上伟大的艺术家们，停下手中的活，开始想如何能够再画出那第二个也是非常重要的V。没用多久我就想到了。我是通过航天飞机来到国际空间站的，而我的俄罗斯同事则是乘坐联盟号，沿着两条相交的轨道最终来到了共同的目的地。

　　我又轻轻画了两笔，勾勒出两道轨迹，都开始于空间站。在两条轨迹上加上卡通风格的联盟号和航天飞机后，我完成了自己的设想。通过颜色的使用，我们可以突出X和V，再加上技术和艺术方面的加工，我们就得到了历史上最特别的一枚任务臂章。

　　和我们的平面设计师桑德拉·威尔克斯一起，我们很快就要设计出臂章了，至少在费奥多和奥列格来美国进行下个训练任务之前。

　　我早就给在俄国的费奥多看过臂章设计方案的电子版了，所以他对我和桑德拉的设计心中有数。来到JSC后，他要求马上开会讨论我们的臂章设计。我们来到桑德拉所在办公楼的会议室后，费奥多，第十五远征队的指挥官，手中早已拿着我们接近完成的设计。

　　尽管同我和桑德拉的设计不同，费奥多和奥列格的设计也想要抓住同样的主题：使用轨道来画出我们这次任务的代表号码。他们基本上借用了任务控制中心屏幕上的地球墨卡托投影，和我试图使用三维图形不同的是，他们使用二维图形来表现轨道痕迹。

　　对于他们的版本我无法争辩，尤其是苏尼·威廉姆斯加入讨论之后。她迅速同意了费奥多和奥列格的设计，不过有一些微小的调整。我最后并不感到失望，因为最终的设计很漂亮，和前几次任务的臂章相比也很独特。随着臂章在宇航员办公室出现的频率越来越高，它独特的外形受到了越来越多的赞誉，看起来胜负已定！

　　STS-131臂章由曾是高中科学教师的宇航员多蒂·梅特卡夫-林登伯格

设计，设计过程更加顺利。尽整个机组有7个人需要达成共识，大多数情况下整个过程都准时又简单（多亏了多蒂优秀的领导技巧）。尽管队里也有批评者和"我无所谓"的成员，任务最终圆满完成。我在其中的贡献是在右侧底部加上了国际空间站的图案（就在我的名字旁边，我是唯一的空间站长期飞行人员），让宇航员的星星图案有了双重意义，一面代表我们的小组，一面代表太阳在臂章顶部升起。

得到NASA的许可后，任务臂章的最后两个里程碑是为机组人员做一个刺绣标志，然后是为臂章的设计写一段文字说明。

刺绣标志由朱迪·拉斯穆森和陆之角装备商店的人来完成。在朱迪的监督下，我们能迅速突出几个关键元素，使得整个设计适合刺绣的工艺，成为一个可以清楚辨识的衣服标志。

文字说明通常是臂章设计负责人的任务，因此第十五远征队的说明是我写的。由于团队里既有美国人又有俄罗斯人，我还需要将英语翻译成俄语。因此在写作时要最大限度考虑到从一种语言翻译成另一种语言可能会产生的理解问题。和俄罗斯人打交道的时候，这可不是一件容易的事情。

对于这两个任务臂章的官方描述，反映着设计中包含的特定意义，或许只对那些密切接触任务的人而言才有显著的意义。

ISS 第十五远征队：在这个徽章中，舞台的正中央是载人航天飞行控制人员和在轨机组之间的合作精神。背景是所有过去和现在的飞行控制员都熟悉的场景，通往国际空间站的第十五次远征使用了地面跟踪轨迹组成的罗马数字作为代表，装饰在地球家园的墨卡托投影上，没有强调国籍。国际空间站的形象展示了它组装完成的样子，展开且相连的美国和俄罗斯国旗展示了国际间的持续合作。在美国和俄罗斯的飞行控制中心周围有着金色的圆环，代表了两国飞行控制团队的共同努力，以及航天飞机、联盟号机组沿轨道与国际空间站对接。升起的太阳是经典的形象，代表着载人航天飞行永恒的本质，也代表了它起源于这两个国家。

STS-131：STS-131/19A的臂章强调了航天飞机的会合俯仰机动（RPM）。国际空间站宇航员曾多次拍摄这种机动动作，这些照片会传回地面，用以确定太空船的热防护装备是否还适合再进入大气层。RPM展现了团队合作以及每次航天飞机发射时背后的安全工作。在航天飞机货舱中的是多用途后勤舱（MPLM）莱昂纳多，上面搭载了多个科学设备，是四个船员舱中的最后一个，也是国际空间站的供给舱段。在MPLM后面我们看不到的地方是氨罐总成（ATA），用于替换现有的ATA。替换工作将在第三次舱外活动中进行。51.6°的飞行轨道由代表宇航员的三道金色杠表示，椭圆形代表着国际空间站的轨道，宇航员标志里的金星则是拂晓的太阳，第一道光芒刚刚洒在地面。背景里的星空中有七颗星星，各自代表一个机组成员，他们很骄傲能够代表美国和日本进行这次任务。

当你看到最终设计出来的标志时，也许你会同意，也许不会，但是依我公正的愚见，我觉得第十五远征队和STS-131这两个标志好极了。

12
62英里之上

全世界的太空项目都会有各种纪录，为了保留文档，为了竞争，也许仅仅是为了好玩。在揭开我们宇宙秘密的惊人旅程中，我们记录了一系列或成功或失败的历史。美国航天项目概莫能外。我们的纪录中有宇航员的数量以及他们飞过多少次，我们追踪太空行走的时间以及执行者。我们甚至还担心哪趟飞行有着最大的在轨组装载荷。（我的上一次飞行，STS-131一度保持过这个纪录）。反映着这个太空国家最伟大和最普通成就的数据不胜枚举。

成为正式的宇航员，你甚至不需要环绕地球飞行。你只需要达到特定的高度。具体高度取决于你使用的参考对象。根据维基百科，人类太空旅行的标准有多种，国际航空联合会（FAI）运动规章中对于航天的定义是超过100千米。在美国，职业、军用、商用飞行员飞到80千米以上的高度就会得到航天飞行章。

无论你选择的参考高度是62.1英里（恰好是100千米）还是50英里（80千米），如果想要自称宇航员，我都建议你达到轨道高度并停留一段时间。这是我的偏见。

我第一次达到那个珍贵里程碑的日子简直不可思议。

在发射前一晚入睡原本就很难，在和酒店房间一样狭小的宇航员机组中心则更难了。和NASA其他的事情一样，我们有着详细安排的行程，尤其是像发射这样重要的事情。首先是早餐，然后按照指挥官的指示，大家穿上颜色相衬的海蓝带扣短袖、卡其色的便裤。

到了发射日，你的大部分行动都会被拍成照片和视频，甚至是你吃早饭的样子。我们迅速吃完饭，跟着我们的指挥官，朝镜头优雅地微笑。因为视频是在NASA电视上直播，我们不得不一直挥手。我发现一件有趣的事，我参加的两次发射里，都有顶上装饰了任务臂章的蛋糕，但没有任何一个机组成员吃过哪怕一块。

我们在地面上的最后一餐可以向厨房的人员点餐，我仔细听了听，那些老宇航员们都选择了简单的食物——调味料很少甚至没有调味料的三明治——为了避免在零重力环境下出现反胃。吃一份三分熟牛排和烤土豆的想法马上被排除了，替代它们的是味道简单的小麦籽火鸡三明治，里面还有生菜和辣芥末。

早餐以后是身体检查，大部分只是形式而已。飞行医师检查一下大家，拍拍背，然后祝我们好运。如果有人这时身体不舒服，再和家人朋友分开七天，很有可能毁掉我们的任务规划过程。幸运的是我们的身体都很健康。

整个上午，指挥官、飞行员和二号任务专家（飞行工程师）都在忙着看任务简报。主要是关于天气的讨论，气象专家正在检查天气情况，预报发射台以及全球各个紧急降落地点的天气。

我没什么事情。我就像一袋土豆，等着供货商和买家在轨道上的某一点交接。我确认了降落服都已经打包完毕。需要好几个包，一个在加州爱德华空军基地使用，如果因为天气原因无法在佛罗里达降落的话，那里是我们的备选。还有一个就是正常返回卡纳维拉尔角的衣服。第三个包里装的是其他应急降落地点需要的设备，我们也有可能落在美国领土之外的地方。对我而言，现在考虑降落好像有点奇怪，因为那将至少是五个月以后的事儿了。

我们安静地吃完午饭以后没多久，到该穿好航天服的时候了。2007年6月8日的午餐安排在下午，感觉整个节奏轻松得甚至有些悠闲。

回到我的房间后，我开始紧张起来。想着今天这一天结束以后睡觉的地方，我有了那种激动、期待混杂着极度焦虑的感觉，一如之前的预期。

每个人开始穿太空服的时间都是定好的，这就意味着我们要最后上一趟厕所，然后穿上纸尿裤。

这个叫做最大吸收装置（MAG）的东西就是我们发射日要穿的纸尿裤，它不像我给自家孩子穿的那种用胶带固定的纸尿裤，是直接穿上的。躺在航天飞机里等待倒数的时间有两个多小时，很多宇航员（尤其是男性）会在MAG里放上女性卫生用品，防止发生"自由流动"。这种用法我几个月前才在一次非正式训练中学到，那时我在俄罗斯星城的三号小屋里。晚餐的时候，一名俄罗斯女宇航员提到我们这些新手宇航员如何使用MAG，她谈到了女性卫生用品但忘记说是"护垫"，结果我后来一直在想怎么在我的纸尿裤里放卫生棉条进去，放哪儿？很天真吧，哈。

穿好MAG后我又穿上了剩下的内衣以及散热服，用密封袋装好个人物品（笔、铅笔、胶带和结婚戒指），穿着内衣，开始毫无尊严地朝着更衣室蹒跚走去。

在技术人员的帮助下，我套上了亮橙色的宇航员机组逃生系统（ACES）套装和黑色的靴子。每一件（靴子、头盔和套装）上面都有一个字母，那是我自己的标识字母。如果发生意外，我的ACES能救我的命。所以把它穿好非常重要。

　　大家戴上手套和头盔后，开始了重要的飞前压力检查。放下并锁定头盔的面罩，开始充入气体，套装开始膨胀，气囊展开，我看起来就像橘色的面团宝宝。没有泄漏，放气需要的时间仅仅是充气的几分之一，嘶嘶声没有持续多久。现在我可以在我的人造皮革衬垫上好好休息一下了。

　　和之前的多次训练一样，老宇航员J. R. 赖利是整个团队里最后一块拼图，最后一个穿好衣服。他完成压力检查以后，马上就要发射了。接下来，是经过多次演练并备受尊重的宇航员传统。

　　我们集结在屋子前方的设备桌旁，留下一个玩牌的空间。宇航员长官史蒂夫·林赛发了七张手牌，每个STS-117的机组成员都有一张。

　　扑克游戏是为了带来好运。每次发一张牌，牌面最差的淘汰出局。一直等到任务指挥官输掉被淘汰，象征着他的坏运气已经用尽，我们才会出发去发射台。

　　完成了游戏，带着好运的光环，我们组成两排从更衣室出发，离开机组居住区，朝着39A发射台走去，带队的是我们的指挥官和飞行员。与我同行的是我企鹅班上的同学约翰·"丹尼"·奥利瓦斯。J. R. 赖利曾几次进入太空，也是我们这个奇数机组里多出来的那一个，他负责殿后。

　　大家聚集在机组居住区出口的栏杆后面为我们加油，我们也向他们挥手，然后登上了流线型的银色老旧小货车前往发射台，车里的气氛有些紧张。有人开了些玩笑，大家也仅仅是礼貌性地笑了一下。

　　我们被告知可以从车子后方的冰箱里拿水出来喝，补充水分。尽管是佛罗里达州炎热的六月天，大家都不怎么敢喝，担心登上航天飞机时需要撒尿。

　　我看着这一切，观察老宇航员的一举一动，想要找到线索让我的首次太空之行顺利进行。大家没有作弄新人，在过去，老宇航员们会在他们的太空服上贴上假的登机牌，新人发现自己没有会急得抓耳挠腮。

面对即将发生的事情，恐惧开始慢慢出现，我们也许都能感受到，我的感觉则更为清晰，我们穿过组装大楼，在慢行道上转弯，太空运输系统和亚特兰蒂斯号航天飞机站在无云的蓝天之下。我咽了一大口口水，默默祈祷。

我们站在发射台上，位于发射支撑结构下面，和200英尺（70米）高的原始力量相比，我们简直就是矮人。我曾多次听过这个说法，现在我理解了。她看起来确实好像在呼吸，就像活物一般。超冷的液氢和液氧咝咝作响，穿过她的动力系统管道，准备好最终在航天飞机主发动机的燃烧室中相遇爆炸。冰冷的气体扮演着双重角色，现在则用于冷却安静的主发动机钟形喷管。就像等待冲入场地的公牛，亚特兰蒂斯被束缚在地面，低吼着。

我们集体进入电梯，包里装着贴了白色反光条的锃亮头盔。我们飞快加速，耳朵里都有点不舒服，我们来到195英尺（60米）高的位置，远远高出了肯尼迪航天中心。

即使是进入白色房间，然后来到亚特兰蒂斯号座舱的指令都是提前计划好的。我的座位是在中间没有窗户的位置，排第六个入舱，对于需要撒尿的人而言是个好位置。

我走过紧急逃生篮，走向195英尺高处那个著名的厕所。门开着，我小心地走了进去。这件衣服发射和返回时将保住我的生命，我足够小心地拉开拉链，尽可能拉到最下面，保证能露出胯部。我紧张地拨开一层一层的内衣，终于瞄准了那只没有盖子的不锈钢碗。里程碑达成！

等待穿过金属架进入白色房间时，到了执行一项感性任务的时刻：我需要给我的妻子打电话。

在入口的铁架子上有一台黑色的电话，拨8就接到了全世界最受欢迎的外线，我输入了苏珊的手机号。

她在发射控制中心的什么地方接了电话，至少我是这么以为的。我能听到电话另一端她的声音，但是不知道为什么她听不到我。我一直叫她："苏珊，苏珊，你能听见我吗？"

我听得出来她声音里的慌张，她几乎是在朝周围人喊："是克莱！我知道是克莱！我听不到他，听不到！"她哭了起来，而我则在考虑该怎么办。我马上就要进去了，我的同伴也等着要用电话，我试着挂了电话，迅速重拨，希望能够接通。

还没等响一声，苏珊的声音就上线了："克莱？"她问道，"是你吗？"

我回答了，祈祷着她能听到。我变得和她一样恐惧和焦虑，从没想过这样一个简单的电话会变得如此重要，这是我们发射前最后一次说话的机会，如果万一发生什么状况，也有可能就是此生最后一次了。

"嗨，亲爱的，是我，能听到吗？"

她又哭了，但这次是解脱的眼泪，她试图在哭声中挤出几个字："能，能，我能听见。"她哭着说。

我意识到时间不多了，告诉她一切都会好的，我强忍住眼泪，说："我爱你，苏珊。"感谢上帝让我有机会打这个电话。

在白色房间里，正在等待的技术人员将降落伞背带放在我面前的地板上。我跨过腿部固定带，将肩带甩到肩上，好像在穿一件紧身的夹克。和训练时一样，背带还是很不舒服。我弯曲着身体，好像自己是太阳马戏团成员，扭曲拉伸，左推右拉，想要好受一点。

得知白色房间里发生的一切都会通过电视转播后，我试图用手势向家人打招呼。但是我们坚毅的海军指挥官强调过不许使用手势。我借用了和孩子们用的手语，我指了指我的眼睛，握拳轻敲胸口，然后指了指摄像机的镜头。希望苏珊和孩子能够看到，直播或是重播。我向我最爱的人发出了信息，可能也是最后一次："我爱你们。"

该上船了。

我穿着笨重的太空服，爬进飞船居住舱狭窄的入口，难度不亚于体操动作。亚特兰蒂斯号直指天空，垂直向上90°的位置导致在座位上系好安全带这么简单的动作都变得非常奇怪。

J.R.早就坐好了，咧着嘴欢迎我登机。有专家协助，我也很快系好了安全带，躺在座椅上一点都不舒服，倒是有很多时间等待、思考以及……撒尿。

我一面听着通讯系统里断断续续的交谈声消遣时间，一面躺下来，将膀胱保持在放松状态。尽管看起来挺简单，但是躺着撒尿真的是一门熟能生巧的艺术，但我没有练习过。我现在后悔了，没有听前辈的话，穿上纸尿裤躺在家中的浴缸里，练习个一两次。

于是我开始在脑中想象尼亚加拉大瀑布的声响以及内布拉斯加麦克克拿基湖附近普拉特河的水流。我就快要来了，接下来，集中注意力，想象一下浴室水龙头奔腾的水流，我感受到了类似高潮的感觉。

接着它就发生了！

不，我没有尿出来。指挥官C.J.斯托考在通信系统上呼叫我。

那只是一次随意的呼叫，只是想看看我怎么样。他打断了我的注意力。回答"我很好，谢谢"之后，我又回到自己的水上白日梦。

我还没有成功，但是这一切马上就不重要了。

所有的通信检查都结束之后，倒计时稳定地进行。在地球以上两百多英里之外，国际空间站正在以每秒5英里（8千米）的速度绕着需要91分钟绕一圈的轨道行进。我们起飞的窗口期不足5分钟，否则就会错过我未来的家了。

在控制中心内部，大约两百名发射控制人员在NASA测试总监史蒂夫·佩恩的带领下，系统地过了一遍他们的检查单，确保所有的东西都看起来无虞。

经过数千人的艰苦努力，我们准备好了，来到发射前最后的9分钟，决定航天飞机真的准备好发射的最终时刻。

做出这一决定的人将是发射总管麦克·莱因巴克。

我的注意力现在全在耳机里的通信信号上，我听着每一个单词，完全忘了小便的事儿。我听到佩恩启动了状态检查。他从控制人员里选出几位询问发射准备状况。大家的回答都是准备完毕，佩恩通知发射总管他的团队准备好进行下一步了。

莱因巴克知道了以后，又进行了一轮抽查，检查了工程、安全、天气、载荷和运营管理小组。听到没有问题，可以及时起飞后，他通知佩恩"发射准备完成。"随着测试总管的一声令下，"三、二、一，开始。"倒数计时继续进行。

还有几分钟就要发射了，我打开装着防晕药的小小密封袋，吞下药片，从绑在右膝盖的袋子里大口喝水。这些药片有足够的时间进入我的身体帮我度过第一次零重力体验。

大家都很安静，指挥官和飞行员只在根据检查单进行操作或者呼叫发射团队时才会有动静。主要电路连上发电燃料电池。辅助动力单元启动，为这一组动力强劲的火箭提供导向的气动面也开始动起来，所有的报错信息也都处理完毕，一切准备就绪。注意力集中到了即将发生的起飞过程。

我在座椅里挪来挪去，想舒服一点。感觉自己好像小面包干做的多层德里三明治。我已经躺了两个小时了，躺在一层层的降落伞上，躺在安全带、太空服和皮囊上，躺在铝制靠背的椅子上，我准备好获得自由了。

马上就要开始了。

　　我听着发射总管和他团队的聊天声，在大脑里过了一遍点火前的关键步骤。随着机载计算机控制了亚特兰蒂斯号，指针逐渐指向00：00，我也渐渐兴奋起来。

　　在点火倒数计时两分钟的时候，轨道器测试员呼叫："放下并锁好面罩，氧气开启。"我们通过指挥官C. J. 的声音集体回应："亚特兰蒂斯收到。"我的面罩已经锁好，耳机里的呼吸声让人想到达斯·维德①。是时候了，我们即将进入太空！

　　经过数小时的模拟，我已经习惯了飞行机组的交流方式，指挥官喊出"开导航"，我们就剩下不到10秒了。我已经准备好成为一名宇航员。

　　主发动机迅速发力，我的身体也随着巨响开始紧张起来。起飞前6秒钟，巨大的喷管振动着，仿佛活了过来，摇动着整个航天飞机，我们戴着耳机的耳朵里也充满了雷鸣般的声音。

　　"发动机启动……达到100。"飞行员李·"布鲁"·阿尔尚博确认了噪音和抖动的来源，我们的发动机。

　　"123，123，自动，自动。"传来的是指挥官斯托考和飞行工程师史蒂夫·"斯旺尼"·斯旺森的声音，正好和倒计时的零点是同一时刻。航天飞机的飞行软件正在工作，火箭发动机闪着亮光，我们动起来了！

　　C. J. 喊道"脱离发射塔"，布鲁接着喊"104%"。我们的速度是120英里（193千米）每小时，主发动机以104%的功率在燃烧，基本已经是发动机的全部功率了，每台发动机的推力大约是394000磅。

---

① 　达斯·维德（Darth Vader），原名阿纳金·天行者（Anakin Skywalker），是电影《星球大战》里的角色，总是带着金属呼吸面具。

在不到一分钟内，我们加速到了超音速，在高度受控的爆炸中燃料消耗的速度以每秒10吨为计。

斯旺森喊了一句"数据没问题"，这也意味着我们的主飞行控制系统和没有那么多功能的备份系统看到的是同样的数据。

C. J. 联络了休斯敦，他的声音有点振动，像是在直升机里说话："休斯敦，这里是亚特兰蒂斯，准备翻转。"

休斯敦认可了由电脑驱动的翻转，这样翻转之后，轨道器头部的天线可以更好地接收来自地面的通信信号。"翻转确认，亚特兰蒂斯。"指令舱通讯员和C. J. 的同伴托尼·安东内利回应道。

"LVLH①在左侧。"

"LVLH在右侧。"

后续来自指挥官和飞行员的呼叫意味着驾驶舱内的操作完成了。航天飞机的显示器以当地为参考，显示着我们的高度和水平位置，对于人类而言这样的坐标也更容易理解。

这是人类历史上最大的过山车，我们吵闹，我们摇摆，声音盖住了一切。在我们击掌庆祝的同时，所有没有固定好的东西都掉到了地上。真是值得载入人生的重要体验！

我们等着即将到来的节流通知，挑战者号还没能听完这句通知就发生了让人心痛的惨剧。

"节流，"布鲁说，"降至67。"我们已经离发射台足足70英里（112千米），高度也达到了5英里（8千米），推力水平减少至2/3，我们渐渐慢了下

---

① 当地垂直/ 当地水平（Local Vertical Local Horizontal，LVLH）坐标系。

来，通过最大动压区，这一区域也被叫做"筒形区"，因为用计算机绘制推力和时间的关系图时，这段区域会呈筒形。由于逐渐增加的速度和大气底部的高压，可能会有某些部件被折断，减速就是为了防止这种状况。

和地面沟通之后，我们又一次增加了推力水平，李在通信系统里喊道："停止节流，升至104。"我们又回到了全速（104）的状态。

斯旺尼完成了他"90秒"的呼叫，这也通知机组，从此刻起我们可以手动飞了。但是没有人想这么做。

下一个关键的里程碑，是起飞两分钟后，脱离固定火箭推进器。在近25英里高的位置，通过爆破装置，流线型的白色助推器分离开来，小型火箭将大火箭推开。开始出现颠簸。我们能听到也能感受到爆炸，驾驶舱的人员甚至可以看到。时间来到起飞后2分50秒，我们听到了一直等待着的重击声。固体火箭推进器带着降落伞最终会落入大西洋。

我们安全达到预定轨道，能够打开面罩。从现在开始不会那么颠簸。抛下固体火箭推进器后，我们使用的是运用大量液体燃料的发动机，燃料都在外部燃料箱中，每分钟消耗的量都可以填满一个奥林匹克游泳池。每过一秒，我们都变得更轻也更快。

我松了一口气。现在是我正式成为宇航员的第三分钟，感觉自己只是在搭顺风车。指令舱通讯员和指挥官在进行被称为模式边界的呼叫，而我则告诉自己要享受这个过程。

"亚特兰蒂斯号，双发TAL，萨拉戈萨。"①安东内利呼叫到。

斯托考回复："收到，双发TAL，萨拉戈萨。"我们知道我们能跨大西

---

① TAL（Trans-Atlantic-Landing），跨大西洋降落。萨拉戈萨，西班牙东北部城市。

洋降落在西班牙，只要三个发动机中有两个能够运转。

"单发，萨拉戈萨，104。"指令舱通信员告诉我们只有一台发动机能够达到全功率，也能到达西班牙。

一切就像钟表一样精密。即将达到宇航员的标志高度60英里，我们身上轻松了些。由于之前在快速加速，过载使得每个人的体重都是地面上的三倍。

过载刚出现的时候并不痛苦，但是却非常的不舒服。因为我们都是躺着的，所以压力不是在我们的头顶而是在我们的胸前，这样能保持体内的平衡，呕吐物塞满头盔的概率也有所降低。和持续加速带来的额外重量对抗，呼吸会有些困难。

"关闭主发动机。"这句话意味着我们来到轨道附近，不再需要发动机了。

从雷鸣般的起飞算起，仅仅过了8分半，发动机嗞嗞叫着，停了下来。我从座椅上飞了起来，安全带限制住了我的位置。我现在处在失重状态。

我们来到了太空！

我向右看看J. R.的位置，他不在，向左转头想要问丹尼J. R.去哪儿了，他也不在。感觉有点尴尬，得赶紧做点宇航员的活儿。我决定开始脱装备，准备入轨检查单。

脱掉手套和膝上夹板后，我伸手去脱头盔。我轻轻地把头盔取了下来，放在我的胸前，松开双手，它就浮在那儿，基本不动，好像被某种看不见的魔术师道具悬在了空中。还能更酷点么！

那天没有关于高度达到62英里的呼叫，我不需要。发动机关掉的声音就是我需要的呼叫，我来到太空，成为了名副其实的宇航员。

13
夏日之暗

　　还是孩子的时候我读过很多的漫画。我最喜欢的英雄是超人。我梦想有一天能够拥有他那不可思议的超能力，成为全人类的灯塔。我想成为"钢铁之躯"。

　　2007年夏天和秋天将近六个月的时间里，我几乎就是自己想要成为的超人了。但我并不是不可摧毁，我不带隐形眼镜的时候视力也非常一般，但我确实比子弹还快（以每小时17500英里／28163千米的速度绕着地球飞行）。我比火车头的力气都大（在零重力环境下太空行走的时候，我曾将两大块废物硬件扔到太空中去：一块是桌子大小200磅／90千克重铝制相机支架结构，一块是和冰箱一般大的一整箱氨，接近1700磅／771千克重）。我能够一跃就跳到高大建筑上（在空间站内外任何地方）。

　　所以，当人们问在太空工作和生活是什么样的感受时，我的回答简单直接："我就是超人，飞着去吃早饭，飞着去上班，飞着去上厕所……我甚至连上厕所都是飞着去的！"每一天我都是超人。

　　151天18小时23分钟14秒。在大多数小学，几乎就是圣诞假期到整个学期末那么长。其实这比喻挺恰当的，如果你在215英里（346千米）高的太空，生活在一个增压的罐子里，和大多数人隔绝开来。如果想要出去玩，你得花好几天做准备。

别误解我的意思，我在太空的日子当然不缺少惊奇。那是我余生都会珍惜的日子，我做梦都想回去。我在其中得到的乐趣比大多数人能想象到的都多（有些人会质疑为什么把我和"普通"这两个词放在一个句子里）。但是作为地球上的生物，还是有一些不顺利的时刻以及前景不那么光明的瞬间，大家情绪会不佳，会受挫，甚至会感到愤怒。这些日子被我贴上了一个用来反省的标签——"夏日之暗"。

太空里的第一周过得很快。刚刚通过亚特兰蒂斯号到达空间站，机组成员需要在太空待9天卸货，大家都在拼命干活，把航天飞机上的大家伙们送到空间站。等到飞机机组撤离之后，我们还得马不停蹄地继续做准备。再过几周，就是我们的第一次太空行走了。不过无论多么专注于安全成功地完成任务，我还是没有准备好迎接6月下旬发生的那件事情，那时我才进入太空三周。

我刚刚完成STS-117拜访之后的主要清理工作，正在为机组人员7月的太空行走做准备，那也是我们的第一次。我收拾着工具，装好太空行走设备，调整太空服，清理气闸。我的工作状态差不多形成了一种模式，当工作快要完成的时候，我会飞到我的私人空间站支持电脑，打开那个迅速成为我最爱的软件，一个叫做IP电话的思科应用软件。IP电话是历史上长期太空旅行里最重要的资产。通过这个简单好用的软件，机组成员能够给家里打电话，就好像你拿着手机给家里的奶奶打电话一样方便。和外星生物E. T. 一样，宇航员能联系到自己的家人。

我戴上了博世降噪耳机，确认了和电脑的连接，开关已经打开。这时我已经是使用IP电话的老手，我打开软件的拨号界面，迅速双击找到我妻子的电话，那个号码已经存成了快速拨号。我用食指在电脑键盘上输入密码，期待着另一端的声音，苏珊的声音能通过NASA提供的手机传过来。

软件通过转发器将电磁波传到空间站外部，然后传到最近的数据跟踪和中继系统卫星，它们沿着23000英里（37000千米）高的同步轨道绕地球飞行，将数据传输回地面。与此同时我在大脑里模拟着苏珊会听到的电话铃声，她特别设了铃声，这样的话国际空间站来电她马上就知道。

经过4秒的延迟之后，我的标准开场"我爱你，我爱你，我爱你！"并没有被她甜美的"我也爱你！"回应。我的兴奋之情被敲得粉碎。

这是我在太空的第一个月，我的妻子则在哭泣。

这是我在国际空间站上第一段黑暗时期，要将事情讲明白的话，需要一点背景信息。

在STS-117发射前一天，我收到了一个惊喜电话。劳伦·伦德，佛罗里达宇航员机组中心的管理人员给我贴了一张"未接来电"的黄色纸条，那是内布拉斯加州美国参议员查克·哈格尔问我是否想要给他回个电话。尽管我在得克萨斯州住的时间和内布拉斯加州一样长，来自家乡的美国参议员会亲自给我打电话这件事依然让我激动。

于是我拨了回去，感觉自己很特别。嘿，我要和内布拉斯加的精英参议员说话了。在经过了"请稍等，安德森先生"以及"稍后，安德森先生"之后，哈格尔参议员的声音从电话那头传了过来。结束日常的闲聊后，他祝我好运，祝我成功，告诉我整个内布拉斯加的人都为我感到骄傲。当时我在准备自己的第一次太空之旅，这段非凡的谈话让我更有成就，更感骄傲。

来到太空之后，头几个星期安顿好之后，我意识到应该给参议员哈格尔回一个电话，我们有这样的技术。我是当时空间站里唯一的美国人，所以IP电话就被我一个人占了。（空间站有三条专用的IP电话线路，但是因为我的同伴都是俄罗斯人，所以总会有空闲的线路——俄罗斯和美国的时差导致他们的朋友和亲人睡觉时我这边都醒着。现在在空间站上有六条这样的线路。）

但这一次绝不简单，为了给参议员哈格尔回电话首先需要他的电话号码——多新鲜。但是我从没飞过所以也没有多想，忘记将参议员的电话号码加到我的机组笔记本电话号码区。多自私啊，我只有家人和朋友的号码。

往地球发了几封邮件之后，我美丽的妻子苏珊传来了消息，接下来的五个月里她经常这样做。有一天，我打了一个特殊的电话给华盛顿特区的查克·哈格尔，我知道何时打电话是因为苏珊已经和他的幕僚们讨论好了时间。

参议员马上接了电话，他听起来有点被吓到了。也许我是第一个从太空给他打电话的人。

我们随便聊了聊，好像两个老朋友，讨论从空间站那无数的窗户看出去的景色——地球之美，我第一次从220英里（354千米）的太空看内布拉斯加州，当然还有剥玉米者队下一个赛季的预期表现。

后来我知道参议员第二天在一个特别新闻发布会上提到了我们在电话上聊的内容。这个"内布拉斯加宇航员"的长途电话打动了他。对我而言，这也鼓舞了我，帮我克服了这几日停留积累的思乡情绪。

在下一次的IP电话中，苏珊和我讨论如何让这个电话能对NASA、苏珊的教育项目和内布拉斯加的人民更有益。我们决定本着政治平等的精神，应该给所有的内布拉斯加参议员、国会代表以及州长打电话。

我又给苏珊发了一封邮件，问她是否能查看一下网站，看能否找到任何联系信息。她又一次早我一步，问了约翰逊航天中心礼宾处当时的负责人佩吉·伍腾。

我和苏珊以为的简单联络，在JSC内部造成了大麻烦。

礼宾部马上联系了宇航员办公室的负责人史蒂夫·林赛，问道："这个克莱·安德森到底要干吗？他的动机是什么？他有什么计划？他是不是打算离开NASA以后从政？"

苏珊安抚他们："克莱只是想和他打个招呼，感谢他们的支持和领导，让他们知道他身为内布拉斯加人有多么骄傲。"没有什么隐藏的计划，没有类似的东西。

之后，苏珊得知林赛先生希望进行一次私人会面。来到他办公室后，也不知道会发生什么，苏珊坐在他对面的会议桌前，史蒂夫甚至还没问完关于我的动机的问题，就清楚地向苏珊表示说，每一个相关人员都认为这些电话不应该打。

最终当大家冷静下来，终于意识到我们并不是想要和任何人耍什么把戏，相关人员都想帮助我们为NASA争光，以至于最后我成了NASA每个民选官员的"官方话题"。但是我在地面的妻子，全职工作，一个人带两个孩子，她展现的勇气也逐渐被消磨光了。

正当苏珊被这些联络政客的事情缠得脱不开身时，NASA管理层再次介入充当缓冲，这样他们就能在我的长期太空之旅中继续支持我。

休斯敦太空人队棒球组织有着长期支持宇航员的传统。他们同NASA的合作催生了一项年度活动"NASA来到美汁源球场"。2007年夏天，我在STS-118的机组成员被邀请去参加比赛并扔出第一颗球。STS-118机组的指挥官斯科特·凯利，问苏珊我们的儿子科尔是否愿意代表他远在太空的老爹和机组人员一起投出第一颗球。苏珊自然而然地认为这是一件双赢的事情：家人能去玩，对NASA也是很好的宣传。

不幸的是JSC法律办公室认为科尔不能去投球。他不是一名宇航员，他们不会允许一个孩子去投第一颗球，这件事"看起来不合适"。我们尽管非常有风度地要求宇航员办公室的领导再考虑一下这个问题，还是被拒绝了，按照史蒂夫·林赛的说法，NASA甚至都不会让迈克尔·科茨（JSC中心总管）的儿子扔第一个球。

这也是为什么那天我给地面打电话，原本期待着和妻子一次简单有爱的聊天，结果却发现她在啜泣，我也无法帮忙。我在太空中。

第二段"黑暗时期"发生在我和指挥中心之间，是技术上的问题。我记得当时费奥多、奥列格和我正在空间站里为STS-118的到来做准备。奋进号的宇航员们安排了重要的机械臂操作任务和四次太空行走，用来安装S5构架部件，这是安装在空间站右侧的第五个连接构架。那年晚些时候，S5构架会为空间站提供更多的空间，安装太阳能阵列以及和谐号节点舱。

在他们到达之前，我正在进行一项标准但是关键的空间站任务。包括丢垃圾以及打包不再需要的物资和设备，交给奋进号带回地球，这样空间站就有更多空间来放置奋进号带来的物资。

我还需要收集工具并预先放置好一部分物品，这样在第四个飞行日里克·马斯特拉吉奥和戴夫·威廉姆斯的第一次太空行走任务中，奋进号的机组在离开气闸的时候可以用到。

作为空间站里唯一一名美国人，我的任务就是为他们卸下尽可能多的任务，这样他们来到空间站后，就能立刻专注在机械臂任务以及太空行走上。

出问题的那个早上，我们原计划迎接俄罗斯奋进号货船的拜访。按照行程，货船对接时，我还在气闸里，为里克和戴夫准备他们的太空行走工具。按照他们提前发给我的详细清单，我将工具和设备整理收放在几个网兜里。我还需要准备好微型工作站（MWS）。微型工作站安装在他们太空服前侧，里面有各种工具：一个小垃圾袋，一个便携式电钻，一束金属丝，以及各种其他的小工具。他们在外面执行任务的时候，可以方便地取用。

费奥多和奥列格在俄罗斯舱段处理对接任务。在国际空间站上，无人载货飞船经常到访，他们不需要我的帮助。

奋进号到访的程序里要求两名空间站成员（通常是俄罗斯人，如果有两个人的话）执行监视任务，如果发生非正常状况就要准备好切换至手动。

气闸里有一个简单但设计巧妙的小设备，可以装在引路的太空行走宇航员的太空服里，是一个用特殊的白色诺梅克斯材料做的折叠包，里面有各种口袋，用于存放舱外活动使用的部件——太空行走手套、魔术贴布、眼镜等等。包能够保护这些东西，也可以防止它们在无重力环境下飘走。自从我随同STS-117来到空间站后它就一直在那里，状态良好，气闸内的简单环境倒是没有对它造成什么破坏。

那天我的工作之一就是把那个包取下来，放在另一个包里。然后，奋进号机组会带来新的包，我需要把旧包拿出来给他们带回去。就在干活的时候，我在想应该有效率更高的方法来做这件事。我通过空对地第二线路呼叫了指挥中心，建议如果我们把现在的包留在原地，在接下来的四次太空行走中都用这个包，在离开前再把新包给我，然后我再让他们带走旧包。

地面上的同事并不支持我的计划。我收到了很多不同的意见以及其他也可以节省时间的建议。我感到很挫败。

几个小时后，当我收到一封来自地面的邮件之后，矛盾爆发了。那是我们的首席飞行主管鲍勃·邓普西转发给我的，虽然我很挫败，但邮件中清楚地表明地面人员也很挫败，把那些评价说成尖刻一点都不过分。

"为什么他就不能照着指令行动？"这是针对我多次询问任务流程的回复。"为什么他们就不能把他和STS-118机组一块带回来？"很明显，最受欢迎奖是不会颁给我的。

鲍勃·邓普西试图让我从地面的角度去看待意见，希望我能够理解我给他们带来的负面影响，也许能让我稍微收敛一些。

一开始，我并没有在意。我告诉自己我很强大，能够承受这些回复。就随他去吧，我想。他们只是在抱怨。

但是我没法真的不理会这件事，它在我的体内发酵腐烂，有一股烂寿司的臭味。

"他们以为自己是谁啊？"我想，"我是在这里生活的人，有谁能比我更了解怎么做最好？"

我挣扎了两天。现在我知道第三天空实验室的宇航员是什么感觉了。2004年我读过罗伯特·齐默曼的《离开地球：空间站，超级大国的竞争和行星际旅行的问题》。我知道天空实验室的成员和地面控制人员之间有摩擦。和这些宇航员一样，我也感觉到我和地面人员之间隐隐的紧张感。我得到的待遇令人沮丧又心烦。我不再和地面通话了，如果必须语音交流的话，简短扼要，完全不是我的作风。

我并没有和机组成员分享我的情况。我相信他们知道有情况，但是我不能向他们坦白。我有一种可能看起来非常不正确的假想，我感觉俄罗斯人把我的情绪问题看作一种软弱的标志。

费奥多从俄罗斯飞行控制员那里对相关情况有了一些了解，给了我一些简单而有效的建议。"克莱，记着。"说话时他脸上依然带着那种淘气的笑容，"微笑，要有耐心。"

虽然我仍然认为自己才是对的，但我还是做出了改变，我问自己："一个如此好心、如此努力的人怎么会被误解呢？为什么我就不能闭嘴按照他们的方式做事呢？"

我唯一的答案就是那不是我的本性，都怪内布拉斯加州和农场。如果我认为什么东西能修好，变得更好，更简单，更容易，更迅速，更高效，我就忍不住想去试。如果我的建议遭到冷落，无论如何我就是没有办法理解为什么这件事对他们而言没有那么明显。

我向苏珊和我的心理医生加里·贝文讲了这件事，我告诉他们，"我觉得落地之后我就要离开NASA了……看起来我们（我和苏珊）惹恼了很多人，我有可能永远都没法再来太空，我的名声也臭了。"我当时担心、抓狂又困惑，通过邮件问贝文医生："如果你来到太空的话，不应该发生这种事情的不是吗？你只是想做对的事情，享受展现自己实力的时刻，我又开始感到沮丧了。"

贝文医生的回复是："作为一个有信仰的人，你早就知道上帝将你放在你现在的位置是有原因的。也许是为了之后来到太空的人做好准备，特别是那些不敢直言、不敢改变现状的人。"

他还告诉我："现在就想着离开太早了些，先别想那么远。我认为当STS项目结束后，国际空间站以及长期机组人员来到聚光灯下时，事情会有好转，即使没有全部变好，大多数你预想到的变化会发生，我想宇航员办公室文化会有一个大的变化。"

他的话如同先知一般。现在正在发生他预言的变化。航天飞机项目被送到了博物馆做素材，空间站受到加倍的重视，流程进行了优化，在NASA社交网络上也有了更多露面机会。

战斗机飞行员总是会谈论他们的权限分离能力，专注在手中的任务，暂时隔离那些糟糕的想法或困难。我在空间站生活的过程中，得到了很多那样的训练。我要是当了战斗机飞行员，也会是一个好的飞行员。

贝文医生建议我使用同样的方法来应对来自地面的批评："这种时刻，你真的需要将反感和愤怒隔离开来，这样你才能专注于每天的任务，保持身体健康，确保足够的睡眠，安全完成工作等待接替人员。这些才是最重要的事情。在你回来以后，会有机会来处理发生的事情，任务汇报或者其他什么形式。暂时让这件事搁置，不然的话它会从里到外将你撕碎。"

他告诉我不要气馁，专注在积极的方面，我结交了两个很好的俄罗斯朋友，我很好地完成了太空行走，即将有朋友通过STS-118来提供补给，带了很好的科学仪器，完成了很多困难的工作，我也知道我的家人将张开双臂迎接我的回归。

我试过遵循这个很好的建议，但整个情况还是困扰着我。我感觉需要一支"和平的橄榄枝"。STS-118机组将在几天内到达，我真的不能再生活在这种情绪里了。为了和地面团队议和，我给他们写了一封邮件，主题是"毫无保留"。这是我个人对这次任务中所有麻烦的一份道歉。

我向鲍勃·邓普西请求许可："如果你认可的话，我想把它发给所有这里以及亨兹维尔的飞行控制人员，这来自我的内心。很多人在我出发前就警告过我会是这样的。而我也是花了很多时间才终于面对了现实。"

这封信写给"支持E15任务的所有JSC和MSFC（马歇尔太空飞行中心）飞行控制组成员"。内容如下：

> 这是一封迟到的信。我希望每个人能够知道这封信带着极大的真诚和良好的愿望，也能明白它是极为必要的……至少，对我

而言。

　　来到太空后我的身体适应得很好。但是，我并不觉得我的精神也适应了这里。在太空的头42天里，我成长了……不幸的是，你们中的某些人需要见证和应对这个成长的过程。而这次成长的速度也并不及预期……正因如此，我对你们有不公，我错了。因此，我想要向所有人道歉，希望我们能够从头再来。

　　你们是NASA的精英。你们是任务控制指挥部以及装备运行整合中心最厉害也是最有能力的飞行控制人员。你们长时间地工作，忍受着糟糕的换班制度，尽管如此你们还是7×24小时地为我们这些在轨人员提供最有力的支持。尽管我也来自任务控制指挥部，曾经也坐在你们辛勤工作的地方，但我忘记了你们做出的贡献。我忘记了做你们的工作需要付出多少，每天工作完成后还有4个小时的会议等着你们。我太在乎自己了。但那并不是我的本意。

　　你们对我坦诚相见，告诉了我早就应该知道的信息，帮我弥补了错误。你们以专业和蔼的态度完成了一切，这让我感到抱歉，我并没有一直以同样的态度回应。从今天起，我将尽力不再犯同样的错误。

　　请理解，我有心情起伏的时候，希望好心情多过坏情绪！;-)那些熟悉我的人，你可能知道我总是在说我的任务就是让我之后的宇航员在国际空间站过得更舒服。那确实是一个很好的目标，我也会继续为此努力，我会以一种更好的方式实现它。

　　继续你们出色的工作，偶尔也享受一下这趟旅程……如果没有你们的努力，我也不过是一个乘客而已。我想为你们做出贡献，成为你们在太空的眼睛、耳朵和臂膀。

最后，我的签名是"愿一切都好，克莱。"

我永远都不知道这些话除了我之外是否对其他人有任何效果，但是我的感觉又恢复了。就像超人第一次挣扎着找到他在地球的位置一般，我也在太空中挣扎着寻找自己的位置。一旦找到，感觉好极了，我可以再次专注，再次露出笑容了。

我有着伟大的使命，而这使命还在继续，我还有更多的工作要做。

毕竟，我是在为来自另一个星球的造访者做准备。

14
罪与罚

我们中的大部分人在儿时便熟知"好人与坏人"的概念。我们这些在60年代长大的人，总是不停地用扮演牛仔与印第安人、超人与莱克斯·路德或者剥玉米者队VS捷足者队之类的戏码自娱自乐。如今Xbox和任天堂的电子游戏广泛取代了他们，但却依旧离不开善恶之争的概念。

对大多数人来说，把善与恶的概念延伸到航天飞机和国际空间站项目上有点夸张。但这些项目里的家伙有可能被看成坏人——和儿时一样，我愿意竭尽全力将这样的人绳之以法。令人沮丧的是，我自己也被看成这样的坏人，不过在这儿，在这本书的字里行间，我会一直宣称自己的清白。也许你愿意听我的"罪行"呢？

我涉足这样的黑暗面是在刚刚成为一名宇航员的时候。作为新被任命的后备宇航员，当时我们团队的17只企鹅一同前往华盛顿接受NASA总部领导们的指示。

佩吉·威尔海德是美国宇航局指挥部公共关系部门的主管。作为最新上任的外交大使和发言人，她的工作是解释一切和我们身份有关的东西。她还要完成科学负载实验、访问国会大厦、预发射工作等日常任务。公共关系部门喜欢不停地敲打我们直到"完成任务"。而且在航天任务之前他们并不愿意相信我们。

之后我们和航天局科学部门进行了一些非常有启发性的谈话，比如对比了来自白蚁的沼气产量之后，把工作重心放在世界生产沼气能源的产量上，诸如这类的事情。来自新泽西州帕西帕尼的加勒特·雷斯曼自封为我们17人中的滑稽演员，关于这个项目他开尽了玩笑，也因此获得了"螨虫"的无线电呼叫代号。

讨论随后进入你问我答的阶段，房间里的31名新手对此都抱有很大的期望。

我倒是一点也不害羞，也很天真地没有考虑这会给我的同事们留下什么样的印象，手就哗地举了起来。"为什么我每次打开电视，都是科比·布莱恩特或者大卫·休默这样的家伙告诉孩子们要要好好待在学校里，不要去沾染毒品之类的？为什么不能是我——宇航员克莱顿·安德森——穿着我橙色的宇航服，告诉内布拉斯加的孩子们要待在学校里，好好学习数学和科学，并且有一个远大的理想？"

发言结束后的几秒钟里，全场都一片寂静。老实说，我期待得到一个答复，但是期望并不高，不过结果让人有些意外："你的想法非常棒！我们会着手做这件事的。我们之后会回到这个话题上并且随时通知你我们的进展。"

芭芭拉·泽伦，NASA约翰逊航天中心公共事务主管，也参加了这次会议，并对我的提议频频点头表示同意。这似乎意味着我不仅和公共事务部门朋友的相处有了进展，也意味着我宇航员事业的进步，对此我颇为得意。

六个月的培训时间很快过去了，关于宇航员发言的事却从来没有人提起。我不打算袖手旁观，写了一封电子邮件分别发给威尔海德女士和泽伦女士，询问我的想法进展得怎么样了。佩吉彬彬有礼地回复说，这个项目还在进行中。她表示很感谢我的询问，并说公共事务部门会通知我最新情况的。这个可以引起世界轰动的完美想法正在进行之中，这也再一次让我感到很满意。我回到训练之中，相信不久的将来我就可以上电视。（当时的我还是太年轻太天真，对于官僚主义也知之甚少。）

又是六个月过去了。没有联系，没有邮件，什么也没有。我在航天局总部不再是一个初来乍到的新人，也变得越来越懒散，开始觉得我的项目已经完成了。我又一次拿起电脑，写了第二封邮件，标题依旧是我自认为天才的想法。压抑着长久以来的失望，我写这封邮件时也不再那么专业。

回复依旧是及时而热忱的。"项目依旧在继续进行中。"我似乎想到这件事的结果了：那就是没有结果！

直到我换班到任务控制部门，为第四远征队（尤里·奥努夫连科、卡尔·沃茨和丹·布什）做指令舱通信员的工作，我几乎完全忘记自己的想法是什么了。但在经历了任务中心一系列慢节奏而无聊的行动后，我决定再确认一次我那个颇具创意的想法的现状。毕竟，那时距离提出想法已经过去快两年了。唯一的问题就是，我的联系人威尔海德女士已经不再是公共事务部门的主管了。

这小小的挫折并不能使我畏缩。我改变策略，联系了约翰逊航天中心的公共关系主管，然而很失望地发现泽伦女士也已经不在那个部门了。我把我的愤怒瞄准了JSC的新主管，一位名叫丹·卡朋特的先生。

这一次我的邮件很简单。当丹最终回复的时候，可以很明显地看出他做足了功课。他是我的想法的支持者。他回复道，他的部门十分彻底地研究了我的想法，事实上，他们甚至已经和宇航员办公室讨论过了。但是这次，这个想法并不会被实施。他解释说，他目前的职位对这些事的决策能力很小。

他继续说，宇航员办公室表示没有任何宇航员对这个想法感兴趣。这也是让他感到心痛的部分。但这又是什么意思，他们以为我是谁——难不成还是一个扮演宇航员的演员吗？这里就有一个现成的宇航员站在他们面前，一个已经准备好，愿意并能够投身于宇航局第一份宣传工作的人。到底发生了什么呢？宇航员办公室确实可能一个感兴趣的宇航员也没有。约翰逊航天中心有一批地位牢固的家伙认为，一个人如果没有上天飞行过，那么就不能算作一个真正的宇航员。

根据我的个人宇航员记录，此时我快要犯下我的第一个错误了。我彻底误解了"保持低调并注意察言观色"的意思，我以为作为一个新宇航员以及宇航局的长期员工，我应该比自己想象得还要精于世故。想到对一些事甚至还有控制权，我感觉自己就像在死星和黑武士战斗的天行者卢克一样。我都可以听到黑武士刺耳的男中音："加入我吧卢克，我会完成你的训练。到时候你就能完全地进入黑暗。"

我蓄势待发，考虑要不要往宇航员的粥锅里扔上我的第一颗老鼠屎，很不幸这成了这段时间以来我运用完美的一项技能。由于之前那个不令人满意的回复，我开始变得没有耐心。一旦子弹上膛，这颗老鼠屎会有更大的目标。

在哥伦比亚事件发生的时候，美国宇航局的领导是肖恩·奥基夫。作为哥伦比亚任务中家庭陪同的一员，我参加了葬礼、集会以及许多的会议，并在此期间和奥基夫先生建立了友谊。和他谈论我关于"宇航员发言"的想法让我感到很舒服。

我完全不知道如何直接联系上奥基夫先生，于是便求助于宇航局一个叫作"X500"的神奇网站（一个虚拟的个人电话和邮箱信息网站）。由于世界化网络的高速电子化之类的东西，只需要几秒钟就能找到肖恩的电子邮箱，把它复制粘贴到"发送到"那一栏里就行了。

开头是标准的问候语"最近怎么样？"之后我便直入主题，讲我那个现在进入停滞的想法。几分钟后，这篇刚刚写完邮件就已经在去华盛顿的路上了。我也期待着这次能像阿波罗计划那样成功。

邮件几乎在一瞬间就得到了结果。第二天我收到一封来自华盛顿的代表奥基夫先生的语音信息。"我们很喜欢这个主意。"他表示。（也许他们只是陈述，但对我来说就像赞叹一样。）"请回电我们。"那一天我尝试回电了无数次，每一次都留下信息，但显然都是白费力气。那天快结束的时候，我却等到了宇航局的"警察"前来逮捕我——就像逮捕罪犯。之后我收到来自安迪·托马斯的一通电话。

安迪出生在西澳大利亚阿德莱德，也是一个老宇航员了，在宇航员办公室担任副主席。在去他办公室的短暂行程中，我就感觉好像手铐已经紧紧锁在了我的手腕上。

进入他的个人房间时，我知道我的审判即将来临，也知道自己完了。"宇航局指挥中心的肖恩·奥基夫怎么了？"他问。我激动地叙述了我的故事，每一个小细节都没有放过。我告诉他我那个聪明的想法，以及我收到的所有承诺。我解释说我只是单纯地想要为宇航局做一件好事，并尽可能多地为自己一切有可能犯下的错误道歉。

安迪保持着泰然自若的样子，似乎一切尽在掌握。他的第一个问题好像完全不在点上。"你是怎么得到奥基夫的邮箱地址的？"

当我告诉他X500网站的时候，他似乎对我能找到邮箱地址这件事格外留意了几分。他又好像对我的所作所为并没有特别大的兴趣，但是特别警告我，作为一个宇航员，做这样一件出格的事是很危险的。我再一次道歉，保证这种事情不会再发生了。我完全不知道我的职业生涯将会一直带着这个麻烦的插曲——有意或是无意的。

（此处说明一下，我最初的想法在NASA总部提出后，几乎过了十年，第一部关于宇航员发言的视频才被拍摄并播出。第一部是在威斯康星州，由"奶酪头"宇航员杰夫·威廉姆斯发言。第二部则是在内布拉斯加州，由在下发言。）

宇航员评估委员会对我的第一份报告反映了我在宇航员办公室的处境，提到对我的轻微警告以及对这件事的谨慎处理。

这份报告的评级为"合格"（对于飞行任务来说），在里面委员会这样写道：

> 克莱顿是一个非常非常有表现力的人。他是远征队中一名优秀的辅助宇航员，受到了指挥官的高度赞赏，也是任务专家的出色候选人。在新晋宇航员的太空行走（EVA）技能训练项目中他表现出众，他的T-38技能非常强。克莱顿有着十足的工作热情，主动积极，不需要别人来告诉他做什么。

然而委员会也给出了明确的信号，以"特殊情况或因素"为标题，他们这样写道：

> 克莱顿在他理应成功的宇航员事业里进步的同时，也应当提升自己的组织纪律意识，并遵守机组人员指挥部的管理。

我应该对这些建议多加注意的。

很显然，NASA的宇航员办公室设有一处假释委员会。我提起这个，是因为在和第十五远征队一起执行任务之后，该委员会根据我的表现，认为我"难以与他人一起工作"。

在我们一起工作的时间里，作为第十五远征队中唯一的美国队员，我完全负责美国部分的太空站操作工作。我的俄罗斯队友费奥多和奥列格，在操作美国系统这件事上，比起大多数俄罗斯人受到了更严格的训练。这也归功于他们训练模式的长度，让他们有充足的准备时间。这也是美国任务控制中心的一个显著特点，他们充分利用了这一点。

那是在太空站进行操作任务的普通一天。我准备前往团结号节点舱，移除一个仪表盘模块，并在那边进行一些简单的操作。我要先把大包大包拴在它表面的设备和补给品移开，才能开始移除这个模块。（那是一个拼了命地想要多储存东西的地方，节点舱的另一个用途就是作为一个开放式的储藏室。）

我很快把那些设备一包一包地从仪表盘移开，把它们放到安全的空地，或者是"洞"里，那是指节点舱里一个曾经是货架的行李仓。确认这些东西安全之后，我便开始冗长而简单的移除工作，把固定着仪表盘的44个零件一个一个地卸下。

操作区域完全暴露出来之后，之后的工作就很简单了。这个地方全都是环境控制设备，控制着从风扇到阀门的各个部件，但工作起来非常简单快捷。我把大部分时间花在打开操作区域，然后再一次把它封闭起来。

两天之后，我穿着宇航服，为太空行走调整气阀。当我开心地做着某些我最喜欢的工作时，费奥多手里拿着工具飘进了1号节点。

"怎么了？"我问我的这位俄罗斯指挥官。

"我有任务。"他用语法混乱但尚能听懂的英语说道。

我什么也没有想，等着他像往常一样给我一个完美的执行方案。但是当他开始把我两天前小心翼翼放好的设备移开，我不由得把注意力放到了他的行程表上，"费奥多，你在干什么呢？"我问道。

"仪表盘这里有任务。"他告诉我。

"让我看看。"我说，同时飞到太空站电脑前，看那里的每日行程表。

他给我看了那个任务和具体的位置。和往常一样，他是正确的。他需要到那个我两天前打开的仪表盘后面去，但是他要做的和我之前做的完全不一样。我做的是早期工作，但在那个时候我对地面团队忽视细节感到非常失望，都能听到肠胃里的翻滚声了。费奥多成功地处理了那些装载物，成功地操作仪表盘和后面的硬件，一切都归于正常。

工作周很快就到了尾声，我又一次待在气阀那儿。此时我几乎已经为STS-120机组的太空行走做好了所有准备工作，抬头便看到奥列格在扮演着俄罗斯人眼里的超人，在1号节点里飞来飞去。

"你今天有什么事，奥列格？"我问道。

"我在1号节点有任务。"他用几乎和美国人一样好的英语回答道。

"什么任务啊？"我进一步问道。

"我要处理配电盘的修理工作，就在这堵墙后面。"他指着那面现在让人厌恶的仪表盘，以及之前由我和费奥多覆盖在上面的各种设备。

当时我真是气坏了。我不是一个自私自利的人，但是行程表安排效率的低下让我非常愤怒。地面小组的那些人为什么不让我们一开始就把三个任务一起做了？他们知道每次把那么多设备移开有多麻烦吗？这些人脑子里都在想些什么？

我失望透了，拿起辅助终端机的手持微型电话，按下了太空和地面通信的2号线按钮。

"休斯敦，这里是太空站，在和地面联系的2号线，这边很多事情的处理效率都太低下了。"我致电道。

"太空站，这里是休斯敦。请继续使用2号线。"那边传来了老宇航员友好的回电声音，他曾经是一位战斗机飞行员，退休时是一名空军上校，现在做指令舱通信员的工作，我们叫他吉姆·"维加斯"·凯利。

"你好，维加斯，我是克莱顿。我打电话过来只是想让你们知道，我们这边的三个人，在一周内，分别在1号节点的同一个地方做了不同的工作。这些工作都得把很多设备暂时移开并放好，都得卸下44个零件再把它们统统安好。三次！分别的三次！我要让地面组的人知道这件事，而且我对此很不满意。"

谈话到这里，进入一段足足有30秒的暂停，之后维加斯的声音打破了这个尴尬局面："克莱顿，我们同意你所说的，而且会传达你的意见。"

之后就陷入了一片寂静，我失重地漂浮在气阀板附近，试图平复我内心的失望。这该死的情况让我的血压都升高了。我于是又破口大骂了，尽管语气可能没有那么重，但针对的目标还是很明确的。在这种失重情况下总共骂了多少句我记不清了，反正一定很多就是了。五个月之后，我们安全地回到地面上。我被要求去做宇航员口中所谓的"沟通交流服务"，这也是一种惩罚。

宇航员评估委员会是这样描述我在太空站的152天的："尽管克莱顿对待他的同事很周到，他依旧需要提高他的沟通交流技能，改变他对待其他团队的态度……他对待指挥中心的态度太过随意，有时太直白，面对巨大压力时他应该更加耐心。"他们继续写道："如果还要继续进行飞行任务，克莱顿需要重新建立他和指挥中心的关系。"对于我的宇航员身份，推荐上被写成了"有条件的合格"。

很难承认，但不得不说他们说的很多是对的。我的注意力都集中在把事情做得更好上，这也是为了和我一起进入太空的同事们，以至于并没有留意我之前收到的建议，让沮丧的情绪影响到了我的工作，以及和地面小组的沟通。

但是过错并不全在我。当时在太空站，让我们在同一个地方分别工作本来就很荒唐。当我在第四远征队作辅助宇航员时，每周都有工作安排会议专门讨论这样的事。在非常多的场合里，我都是那种人们不愿意面对的麻烦，每当技术团队没能合理安排工作导致结果欠佳，我都会抱怨。带领一个团队在日常事务上消耗大量的人力物力是对政府资源最大的浪费。这简直不可原谅。

尽管如此，我的抱怨依旧合理合法，我本可以把事情处理得更好。我并没有像别人那样，不管发生什么都认为地面组做的是对的，像对待孩子一样地关爱他们，而这几乎都快成为一个不成文的规定了。

我始终对被推荐进行"沟通交流服务"一事耿耿于怀。他们认为"克莱顿会从领导力／服从力的团队训练里收获良多"，而且"当他成为一个负责人，也许是一个分管主席，他也许能在某种意义上获得成长"，于是"他还会和人力资源的代表商量想要获得更多这样的课程。"

受到这样的指责总归是不好过的。

为了修复这段受损的人际关系，我需要依赖于宇航员办公室的管理。不幸的是，他们依旧认为我应该靠自己做这件事，什么指导意见都没有给我。当他们向我提到第十八远征队（麦克·芬克、格雷格·查米托夫和桑迪·迈格努斯）的指令舱通信员位置，我知道这个角色并不是一个真正意义上的领导者。我没有任何员工可以监督或者管理，也没有预算来运营。当然，这个职位对恢复我的形象多少也有些帮助。在一台运转良好的精密机器中扮演一个无关紧要的角色也让我有机会展现自己的沟通交流技巧以及综合能力，告诉人们我真的有能力成为一个优秀的团队合作者。此外，这也能给我提供大量接触核心成员以及优秀领导者的机会，可以帮助我重新回到一个好的位置。

我的工作热情是无与伦比的。我为了成为地球上最好的指令舱通信员付出了巨大的努力，不放过任何细节。沟通交流也非常重要。每一次我都会为他们提供援助。我试图为所有人做所有事，简直就像扶老奶奶过马路的小男孩一样。我保持了我的幽默感，在适当的场合讲着适当的笑话，必要时也能保持严肃。简而言之，我感觉我做的和平时并没有什么区别——之前在NASA的25年，我干的就是这些事情。

当我可以作为STS-131机组成员回太空工作时，我的宇航员管理团队似乎都表示同意。不过总有些老习惯是改不掉的。

最初的想法很简单，里克·马斯特拉基奥和我只是单纯地想帮忙。

我们发现自己会见到一些在STS-131任务里太空行走时用到的设备。这些设备会在肯尼迪航天中心准备好，被安装进探险者号的有效负载舱内。下一次我们见到它将会是在太空里，透过宇航服的护目镜还有无情的真空。

我们团队的秘书，苏珊娜·辛格尔顿，准备安排我们的旅行次序。作为老宇航员，我们更喜欢NASA那种蓝白相间的、光洁的T38喷气机，并且能有一个飞行员把我们送到发射地点。没有和运输安全部门的人打交道的麻烦，没有人搜身摸我们的老二——只是一段700英里（1126千米）每小时的短暂旅途，然后乘坐租来的车，不到20分钟后我们就见到那些设备了。由于天气很糟糕，也没有飞行员直接送我们着陆，有一个备选的交通方式就显得尤为重要，这在宇航员口中叫作"备选商业飞行"。

苏珊娜用了一个叫作联邦旅行者的出行预订系统，打算为我和里克预定两张从休斯敦到奥兰多的西南航线来回票。这本应该是一件很简单的事。但是，作为最官方的一个项目，尽管联邦旅行者的系统很方便，但是运转起来就缺了一些东西。事实上，我认为我们的秘书们，如果被用硫喷妥钠喷一身，也会说这个系统很烂！[①]

我和里克可不是那种以耐心、圆滑和交际手段出名的人，我们只想用最有效率的方法解决问题。当苏珊娜还在各种官僚主义事务中焦头烂额时，我们决定尽快完成这件事。

我们扑过去拿起政府发给我们的电脑，只是简单地点了几下便进入了那个网站。但我感觉自己处在一个地狱般的虚拟世界里，用户界面到处都是隐晦的信息和各种网络陷阱。

我们的目标和苏珊娜一样简单：我们要确保有飞机能把我们从休斯敦带到奥兰多。我们倒不在意坐哪一条航线。操作这个网站只让人感到心力交瘁，没有什么信息是清晰直观的，到处是各种打不开的链接，让人摸不着头脑。

我试图取得一些进展，继续一个个对话框地浏览。作为一个在NASA工作了快三十年的太空工程师，在辨认NASA各种字母简写的过程里也算是练就了火眼金睛，我觉得我了解的已经够多了，可是却依旧认不出PNR（"旅客订座记录"的字母简写）是什么。

就像数学公式一样，这个网站的使用难度简直让我的体温直线上升，耐心直线下降！我找遍了这个网站的每一个角落，也找不到一点头绪。我看遍了"常见问题"，点遍了所有会动的地方。

然而什么用都没有。

于是，我们给网站的客服打电话。电话里一直在放音乐，听了5分钟的小夜曲后，电话挂断了。我们拨打同一个电话号码足足四次，但每一次的结果都是一样的。我们的耐心（至少我的耐心）也被消磨光了。

---

① 硫喷妥钠是麻醉用药，也在审讯中被用作"吐真药"。

最终，别无他法，本着试试也不亏的无知想法，我把鼠标移到"联系我们"的按键上。单击之后，一个空白电子邮件界面出现了，给了我一个绝佳的发泄不满情绪的机会。我写了一篇骂声不断的邮件，只不过这次的对象是联邦旅行者网站。

"发送至"那一栏已经自动填充好了地址，是一团乱七八糟的字符，让人完全不知道自己的邮件到底会被发送到那里。我估计电脑的另一端，收邮件的可能也就是个白痴，比如一个试图赚外快的大学生。

没想太多，我很快就打好了标题"PNR到底是他妈的什么玩意？"

你可能觉得这件事没有听起来那么傻。

当时的我只觉得自己写了一封漂亮的邮件，简洁、明了、直奔主题，不需要怎么分辨就能直接看到问题核心。很机智的，标题还着重表现了我的情绪，清晰而生动地用一个粗俗的词"他妈的"表达了我的感受。

我移到写作区，"致可能的相关人士，"然后打字描述了我们目前遇到的困境，觉得自己处理问题的方式真是太专业了。我文思泉涌，一行行字符从我的大脑穿过的指尖到达键盘："发明这个网站的人应该被开除。这简直是我们政府有史以来最难使用的联邦查询工具了！"

我当时可真的算是超常发挥。我感到很自豪，没用几秒钟就写完了这篇经典的文章，在最后加上一些祝工作愉快之类的问候语，点击"发送"键，几千个字符就穿过电缆，通过网络发送出去。

我的谩骂瞄准着它的目标，以光的速度奔去。这篇文章到底是写给谁的，结果只需要眨眼间就能得到。而邮件的影响也是显著的。

然而点击"发送"之后，我的脑子开始转起来。我的天……我都做了些什么？我还能撤回这封邮件吗……似乎不行，已经太迟了。我为自己找借口说邮件只是被发到一个古怪的邮箱地址。没人会关注它的，这只是一封来自不满意的客户的寻常邮件。

在之后48小时里我都对那些脏话难以释怀，仿佛我的一生都寄托在这件事上。那么我真的是处于一个很尴尬的境地。

平凡的一天就这么被改变了，苏珊娜来到办公室访问，大声说道："我听说你的邮件了。"

"哦噢，"我思忖着，"这下可完了。"如果苏珊娜听说了某些事，那么所有宇航员也都听说这些事了。显然这次我玩得太过火，我多半要回到曾经被惩罚的昏暗的职业生涯中了。当我坐在桌子旁回想着苏珊娜语句背后的意思时，我唯一能想到的就是这件事一定很糟。事实上它真的很糟，我和我的老婆都开始为我的职业担忧了。显然这些话已经说出去了，STS-131任务的指挥官艾伦·"德克斯"·波因德克斯特，在办公室里拦住我说："你需要去负责人办公室道个歉，然后忘了这件事。"

可是这种事很难忘记。我知道处罚迟早要来，唯一的问题就是它会在什么时候，以什么方式到来。

这次不会再由副手来处理，而是直接由宇航员办公室的头儿，上过四次航天飞机的老宇航员史蒂夫·林赛处理。

当STS-127任务发射进入倒计时，我第二次违纪的处罚期也从肯尼迪航天中心开始了。这段旅行计划原本只与发射任务有关。评估那些设备的时候，里克和我主动要求参与协助JSC的公共事务部门，应付在每次航天任务中奇迹般出现的大量媒体工作人员。

在发射前的装载过程中，他们检测出一次危险的氢气泄露。第一次发射因此被停止，之后这个投入精力最少的项目吸引到大量媒体的注意，我们的行程也因此被调整。

为了适应人们对此愈发浓厚的兴趣，我们需要更多的宇航员前往海峡地区和新闻界见面，进一步合理地解释事故原因。我和里克前往佛罗里达州的T-38飞机也很快就被授权预定好。

当发射计划因为技术问题推迟时（它会被延迟五次，在第六次发射成功），里克和我并不能留下。我们不得不想办法找到交通工具返回休斯顿。我们需要确定NASA的T-38飞机还有没有空位子（那样就可以睡觉了！），有商务舱是最好不过的。

因为我们不并在官方的任务名单上，所以也无法享受优先飞回去的特权。航班是港湾公司提供的商务飞机，我将要坐在史蒂夫·林赛指挥官后面一起飞回去，这让我一点也不期待这次旅途了。

在起飞前的准备工作中，林赛指挥官完全没有提到那封邮件的事，但我肯定他是知道这件事的。

我们飞行的第一阶段有一个半小时。这是一架配备有全新航空电子设备的T-38，电子仪表系统也是高科技的。我对使用新系统没有什么经验（我驾驶飞机的经验也少得可怜），但这次幸运地掩盖了我的不足。

我装作对这个新系统一无所知的样子，全程让史蒂夫为我简述它和原来的系统都有哪些细微的差别。

似乎完全没有必要担心联邦旅行者邮件的问题了。

当我们到达第一站，比洛克西附近的墨西哥海湾时，史蒂夫通知我说，之后前往艾灵顿·菲尔德机场的飞行将由我来操控飞机。

我不禁开始想象之后会发生的事。这下他可有了一个完美的教训我的机会。我驾驶的时候他几乎什么工作也不用做了，完全可以在这3000英尺（914米）的高空把我臭骂一顿。

我的忧虑又一次只是杞人忧天。在回艾灵顿·菲尔德的40分钟航程里，林赛基本什么话都没有说。

我不得不全神贯注于飞行。尽管只是一个初学者，面对各种新式的铃声和笛声，我依旧想要把这件事做好。我寻思如果我能用超凡的飞行技术征服他——几个简单的操作之内，就把飞机保持在同一个高度和速度平稳飞行，简单精确，没有失误，遇上气流依旧稳如泰山——我就可以给他留下深刻的印象，也许就能让他完全忘了那封该死的邮件。

但是内心深处我知道这是白费力气。我们迟早要就这件事谈一谈。我可以现在就把这件事了结了，或者继续抱着一个可能性微乎其微的期望，期待他们就这样放过我。我选择了前者，当飞机到达艾灵顿的时候，我主动找上林赛，天南海北地和他聊着，给他各种机会提起这件事。

我在降落伞室外面不停地徘徊，仿佛足足有一个世纪。

什么都没有发生。

我于是移步更衣室。我磨蹭着换宇航服，花的时间简直比苏珊弄头发还长了。然而依旧什么也没发生。我面对自己的储物柜坐下，试图发出一些声响提醒他我的存在。就这样在那里待了很久，最后，我实在忍不住了，我决定就现在做些什么。但还是晚了，他已经离开，准备回家和家人一起过周末。

下周之前，我都不可能从他那里得到什么消息了。

星期一我去上班的时候，发现自己收到一封邮件。邮件上说安排了一场我和史蒂夫·林赛的会议。自从那天决定按下那个"发送"键，我几乎可以确定会有这一天。除了为自己辩护以及等待处罚之外，我别无他法。

这次的会议简洁明了。他一开始赞扬了周末我在T-38飞机上的表现，他夸赞我是一个聪明机灵的人，能在这么短的时间内就抓住使用新航行系统的要领。然后他说了那个关键的词"但是"。

接下来是被批评的时间了。

他解释说，我的行为是难以被人接受的，整个JSC的员工都被我的邮件气坏了。有人甚至说应该把我从STS-131的队伍里踢出去。然后，他表示了对我的支持，说我依旧会待在团队里，只有一个条件。

是的，这样的情况下总是有条件的。

我需要给每一位我冒犯到的人打电话，向他们道歉并承认错误。

这当然没问题。我说只要告诉我这些人分别是谁，我会亲自找到他们并且一对一地向每一个人道歉。

但是这份名单从来没有出现。尽管他保证说会发到我的电子邮箱里，最后却杳无音讯。嗯，所以说从头到尾他是唯一一个被冒犯到的人咯？还是说其实他才是想把我开除的那个人，但是优柔寡断没法做出决定？

我永远不会知道答案了。我只知道几周前，当我见到那些本应该生气的人之一，JSC人力资源部门的负责人娜塔莉·赛兹，我说："我听说你们的一些高级员工对我的邮件非常生气？"

"哦，并没有，"她回答道，"根本没人在意的。"

在林赛指挥官的授权下，这次的邮件事件将会被写入我的档案里，并由书面文件记录整个经过，不出意外将一直保留至2011年的6月。当这一天到来的时候，我申请将这件事移出档案。此时的林赛已经不再是主管了，正在为自己最后一次航天飞行做准备，他同意了。

我犯下的这些过错加起来几乎可以毁了我的宇航员职业生涯。2010年11月，我被叫到宇航员长官办公室里，得以和STS-131团队一起执行飞行任务。这一次坐在那张红木桌子后面的人变成了佩吉·惠特森，我的老队友，也是NEEMO5和第十六远征队的指挥官。

在她那圆形会议桌前，我找了把椅子坐下。她用几个简单的问题开始这次交谈。她问我对自己的职业前景有什么想法。我回答说，考虑到我的孩子们现在的年龄，我恐怕不能够再重返飞行航线（前往太空站的飞行任务）。她提议说，可以让我做一些管理工作。这意味着T-38航线将会失去一些特权，我也不能再享受场地内的医疗看护和健康关照——我和我的家人都不行了——也不再有俄语或者机械臂操作的训练了。我将会在指挥中心轮班工作，我可以作为指挥团队的一员鼓舞人们工作。到时候我需要提供会议支持，管理中性浮力研究室里的太空行走训练，还有——对，提供会议支持。

我坚决拒绝了她，"不行，做一个管理层的宇航员简直糟透了。"我说，"关于参与飞行的选择呢？"

"你的选择并不太多，"她说，同时焦躁地玩弄着脖子上的围巾角，显然觉得不大自在。她拿出她的团队任务模板复印件，来看看我们还有哪些选择。然而过了一会儿，她却支支吾吾地说不出一个适合我的工作。

"办公室希望我继续参与飞行吗？"我问。

她的回答出乎意外，就像一把刀子刺进我的心里。"说实话吗？"她说，"我有太多比你适合太空飞行的人选了。"

我目瞪口呆地坐在那里，仿佛被告知得了癌症。

"你的性格也不太适合长期太空飞行。"她补充道。

我完全懵了，不知道该说些什么，只是呆呆地站在那里，仿佛时间都停止了。我试图减轻这份痛苦，强颜欢笑地问道："你喜欢你的工作吗？"她回答说，大部分时间是喜欢的，除了少数类似今天这样的情况。

我强忍住泪水，往门口走去。最后一次，我转头轻轻地对她说："抱歉让你和办公室失望了。"

惩罚终究不可避免。

15
在外太空上厕所

我在美国实验舱里缓缓漂浮，双脚钉在精巧但有点过度设计的脚部固定装置上，宇航员在操作加拿大产的机械操纵器加拿大手臂2号时一般都这么干。

这个实验舱的右舷就是我睡觉的地方。此时我正在用笔记本电脑处理过期的邮件，而我那个天性乐观、身材魁梧的俄罗斯队友奥列格·科托夫正通过连接模块准备前往1号节点舱。

他没有像往常那样灿烂地笑着（我常常误解为他的自以为是）。我注意到他时，他正像超人一样飞过60英尺（18米）长的实验中心。他伸手抓住栏杆，用他有力的手腕一转，再把手轻轻地放在舱面上，动作几乎灵活得可以媲美蜘蛛侠，越过了一扇面对着地球的独立舷窗。

他虽然没有笑，但是脸上的表情并不凝重。我估摸着并不是什么很严重的事情，太空舱里的一切都照常运行着。

之后，他用俄罗斯语喃喃自语着，说了一些任何一个宇航员都不会想听到的话：

"克莱，АСУ не работа。"

我懂的俄语少得可怜，花了几秒钟才勉强搞懂他在说什么。

他说："厕所坏了。"

"克莱，не есть（别吃了！）。"他继续说道。

我不知道你是怎么想的，但是当有人告诉我厕所坏了并且不要再吃东西，我知道情况一定不太好。

一边漂浮着一边用怀疑的眼神盯着奥列格，我突然起一些事，想起刚刚才吃了一顿丰盛的午餐。我的脑袋里简直一团糟。

不过对于我和俄罗斯食物来说，这已经是家常便饭了。

我只有短短的几小时。奥列格试图通过一些技术上的细节向我解释厕所无法工作的原因。卫生间系统内部有一个用于测量化学预处理消毒剂（有点像洁厕剂）的检测器，这些消毒剂稀释后会对尿液进行处理，然后它们才能被排放到收集器内。

我倒不在意事情是怎么发生的，我只知道我得解决这件事——还得快！

当我们意识到时间是周五下午的时候，情况看起来简直糟糕透了。这个点，在莫斯科东北部，科罗廖夫附近指挥中心的俄罗斯人已经全部走光了。如果等他们来帮我们诊断问题，并告诉我们正确的做法，那么不确定性就太大了。我的这一天——见鬼，还是周末——如果不能上厕所的话，可就被彻底地毁了。对正常人来说，这简直可以引发恐慌。

事实是，太空舱里的卫生系统在16个小时内都不能使用。当我实在忍不住的时候，我就得到太空站旁停靠的联盟号里上厕所。于是我有幸使用过四种航天器里的卫生间：亚特兰蒂斯号和探索者号航天飞船、国际太空站以及TMA-10联盟号。我相信有这样的纪录，不过宇航局似乎并不愿意做出这样一个排行榜。

在旅行中，我被问到过很多很多的问题，提问者有大人也有小孩。他们举起手来，有的甚至直接从座位上蹦起来，我告诉他们"尽管问吧。"

他们常常害羞地，有时又狡黠地微笑着向我提问。其中被问到最多的一个问题是"你在太空是怎么上厕所的？"然后房间里就会爆发出阵阵欢笑声，最终声音渐渐淡下去，只剩下小声的嗡嗡。

"我们在太空中上厕所的方式和在地球上的完全一样。我们只是需要……（为了效果我故意暂停了一会）……一个真空清洁器。"我这样告诉他们。

人群第二次炸了锅，老人小孩都哈哈地大笑起来。有些咧嘴笑的孩子还喝起了标准的倒彩，"啐！""嘘——！"或者是"恶心！"

在太空中，我们称之为奇迹的人类身体，和在地球上有着完全一样的消耗代谢功能。最大的区别无非是你的身体告诉大脑的排泄时间不一样，以及收集这些排泄物的方式不同罢了。

在我们的太空站里，这个由俄罗斯设计制造的卫生间系统被称作ACY，排小便时（演讲时我说的是尿尿）需要用到一根长长的收集管，管子另一端是一个黄色塑料漏斗以及一个盖子。（俄语里这根软管被称作斯隆克①——不开玩笑。）

在俄罗斯制造的服务模块末端地板下，也是硬件系统的深处，设有一个吸力装置。这里的风扇提供动力，把尿液从管子里吸入系统其他位置。在那里它们会和稀释后的消毒剂一起被收集进一个金属罐子，消毒液也能容纳一些小颗粒固体杂质，就和猫砂的作用一样。

尽管原理很简单，但是它的效果很好。一个罐子满了以后会被另一个

---

① 指男性的生殖器。

空罐子替换，满了的这个会被暂时储藏起来，最终由运输车运走。

这道换罐流程是至关重要的，否则就会发生人们常说的情况："中大奖了"。

对你来说，身体里的生物信号意味着时间。人有三急，你常常需要立刻把一些代谢废物排出体外。你放下手中所有的事（事实上，你只是让那些工具漂浮着，或者用强力胶把它固定起来），然后飞奔到被称为"卫生间"的天堂里。

在这冲向厕所的短短几分钟内，你一直在祈祷卫生间是空的，而不希望看到那道窄窄的门关着，显示"有人"的信号。

好不容易赶到，你急忙抓住卫生间旁边门柱上的栏杆来了个急刹车，进去之后，你还得把膝盖抬高到胸的位置，并把自己的重心移高，调整好姿势，才能顺利地如厕。在空间站待了几个星期，这套动作早已练得炉火纯青，甚至可以像耍杂技一样行云流水般穿过那扇窄门，再稳稳当当地开始。

你还需要背对坐便器，把双腿再一次伸展开，推着右边的墙来一个芭蕾舞动作似的180°旋转。当你的裤子前方面对"着陆点"的时候，基本上你就可以开始上厕所了。

作为一个零重力环境下的老手，轻车熟路地移动并不是难题，只要顺着架设好的栏杆移动你被汗水和袜子包裹的脚趾，就能在服务区隔间的地板上自由活动了。

站在收集罐的正前方，就可以解开你的裤链了。这里的设备都经过检测鉴定，稳定性和安全性都有所保证。接下来就是拿起那根软管，把它的黄色塑料漏斗口移出就可以使用了。

之后，准备把漏斗口下面的活塞杆（风扇激活器）轻推至"打开"

的一档。哪怕只是完成这些简单的工作，我们也被要求做了无数无聊的训练，这时你的注意力应当暂时从你手上的任务（或者说你手里的）转到厕所控制仪表的信号灯上，确保所有的灯都闪着绿光，"系统运转中"。

哪怕只有一个预示着坏事的红灯，也会像时代广场上的霓虹标志那样引人注意。你还需要注意这些微型发光管下方的指示（英文俄文都有），上面会写得很清楚："废液罐已满"。这个时候你就不能再把活塞杆移到"打开"那一档了，否则就只能恭喜你"中大奖了"。

想想看尼亚加拉大瀑布的隆隆水声吧，不过在此之前你得把罐子里溢出来的废水打扫干净。

首先，你需要在ACY系统的仪表盘上进行一系列操作来确保"安全"，才可以继续进行之后的工作。这个时候要把厕所隔间外面笨重的仪表盘拿开，然后把原来那个装满了尿的废罐子移走，再放一个全新的空罐子进去。

如果所有和身体机能相关的事，操作起来都能这么简单就好了。

若要进行第二步——拉屎、大便、排遗——上面提到的那些步骤也依然是适用的。不管怎么说，宇航员们往往在自己职业生涯的早期就学会了这些技能，不管是那种平时专注于上厕所的人，还是那些喜欢同时做一些别的事的人。我觉得专注于上厕所是最好的（个人愚见），这给了你在一段时间中只专注于一件事的机会，而不需要同时为很多件事情操心。

假设我们一次只做一件事，而且我们个人预备任务进程分析的结论是我们应该先小便。那么依照这个成功的结论我们就应该先把精力放"嘘嘘"上面，我们之后的大便也会更加"成型"。

这是一个很有指导性的结论，即每个人都应该有一个明确的目标。想象你自己在一场夏令营野营旅途中，打算解决一下生理需求，但是你的坑只是一个和意大利酱瓶口一样大的洞。进一步想象一下，当你开始大便的时候，那坨屎还不会自己掉到坑里。而这恰好就是太空里的真实场景。太空里少了至关重要的重力，也不存在什么"分离要素"可以考虑。

少了重力的帮助，就只能依靠完美的体位和低容错率的技巧了。

我倾向于（没有犯过太多错误，也没有付出特别多努力就学到的一项技能）完全把我下半身的衣服脱掉，然后把它们放到栏杆对面的座位背后。这样我就能更容易地调整臀部的位置，也能把成功的几率最大化。

ACY的厕所和之前说到的野营厕所非常相似：一个顶部有洞的空罐子。洞口处装入了一个底部带有小洞的塑料袋，罐子边缘处用橡皮圈固定好。手里拿着软管和漏斗，然后把操纵杆推至"打开"，系统不仅会给管子里一个吸力，也会给塑料袋一个拉伸的力。（这就是那些小洞的作用。）

这个风扇系统的另一个好处，就是可以把那些臭味也一并吸入过滤器。

如果我们瞄得准，而且饮食规律，一条长长的棕色条状物就会直接到达塑料袋底端。

排便系统里的风扇提供的吸力比排尿系统管子里的小（而且比航空飞机厕所里的小多了），于是大便几乎不会自己断开。分离要素就很关键了。你要带上橡胶手套，用你的食指和中指像剪刀那样把那些烦人的排泄物剪开，再把它们丢到它们该去的地方。

有些宇航员报告说（其实是炫耀），在处理这些漂浮的大便时，感觉这是一种与生俱来的天赋。想要完成这件事，宇航员往往在罐子上方轻轻徘徊，用他们的肌肉系统巧妙地发力，来给大便一个分离的速度。宇航员轻轻地向着天花板飘去，大便缓慢地向着塑料袋里飞去，完美诠释了牛顿第二定律。

我向来不喜欢这方法，总是担心哪怕一个小小的尝试，在这个不可靠的技术下，也会变成一场巨大的灾难。等到处一片狼藉的时候，若要我来打扫，那就很尴尬了。

我倒确实调查过除了这个"剪刀"技术以外还有没有其他备选方案，试图找一个不需要和这些富含大肠杆菌的物质亲密接触的方法。

最初我尝试了"摆动法"。当在卫生罐上方轻轻徘徊的时候，像麦莉·塞勒斯①那样扭动臀部，再由腹部发一个额外的力。如果我扭动得足够频繁，有时就能将大便弄断。

第二个技巧和最初的漂浮法相差不大。它需要你把臀部和罐子紧紧地贴在一起，然后用腹部狠狠发力，把排便的推力最大化。一个反作用力也会很快把我的身体向上推几英寸。这时要赶快把身体停下来，低头看就能清楚地看到大便被成功地分离了出去。如果运气够好，屁股和罐子分开老远，我甚至能看到那些排泄物和我的屁股之间的"空气"。

到了这里工作还没有结束。大便的每一个部分都必须被完全放到橡皮圈下的塑料袋里。在一些比较极端的情况下，这意味着你需要像玩橡皮泥一样，把罐子上面、旁边的脏东西全部收拾干净。

清洁工作和在地球上的一样。我一般不用普通的厕纸，而是用哈吉斯牌的湿纸巾和俄罗斯产的网垫。它们的效果会好很多。

接下来要处理你手上的橡胶手套。你得小心翼翼地把它从手腕处缓慢翻过来，把带有脏东西的一面翻到里面，并要注意别让它弄脏任何东西。

最后一步，把橡皮圈从罐子边缘上取下来，然后把此时已经密封起来的塑料袋放到罐子里。理论上，如果一个罐子里的塑料袋越多，想要多放

---

① 麦莉·赛勒斯，1992年出生的美国女演员、歌手、词曲创作人。

一个进去也就越难。罐子满了以后，就需要特别注意，确保某些灾难不会发生。飞船上没有自来水，先用湿纸巾，再用消毒水擦拭，几乎就是处理各种不干净东西的主要方式了。

更新塑料袋是一件可以提升队友对你好感的事，这同时也是为了厕所的下一个使用者着想。并不是说发生过类似的事情，但你可以想象一下这样的场景：你新上任的女领导从厕所里冲出来，像个泼妇一样大声咒骂着，并且想要知道"到底是哪个混蛋没有更换那个该死的塑料袋？"

16
医生来了

　　航天地面指挥中心团队由一群有天赋又敬业的人组成。这个团队的领导者是一位比来自内布拉斯加州的普通宇航员更聪明且有着非凡智慧的飞行指挥员。这个团队经常在高水平层面上工作。事实上，许多飞行指挥员都提交过想要成为宇航员的申请，但或许不选择那些已达到飞行指挥员水平的人来参与太空航行对NASA是十分有利的。否则的话，对航天地面指挥团队来说将会是巨大的人才损失。

　　大家都知道，航天地面指挥中心简直是航天飞行的神圣殿堂，他们对每一个国际空间站系统的了解或许要比那些系统专家还要多。他们负责并且完全控制着地面上的团队。

　　在所有出现的问题上，航天飞行是基于当地专家团队给予的建议而做出最后决定，而在当代航天工作中，是要听取来自世界各地专家团队的建议以做出决策。在他们分析完所有现有数据之后，多半的决策都是准确无误的。但有时因为受到统计规律的限制，他们的选择也并非很明智。

　　我认为这正是显露他们勇气的时候。他们是否愿意更深一步地听取建议，搜集更多的数据，或者能够改变一下他们的决定，还是对他们所做的决策始终保持坚定和信心，无论哪种情况都准备一直执行下去？真正的领导者要同时对航天工具和工作人员的安全负责，他们懂得什么时候应该冒险。

压力、紧张以及不确定因素早已习以为常。

我同样也经历过这些。

作为一名长时间工作的太空飞行员，愿意去聆听然后做出相应调整是必需品质。这是一堂我要努力去掌握的课程。我经常失去耐心，期盼事情能够立即有所改观。太空计划就像是一艘航空母舰，为了使其航行，像我这样一只拖船所提供的推动力是远远不够的。

但是在地面上的人会给我帮助。在我第十五远征队支持团队里，医生是最重要的成员之一。由航天外科医生和精神科医生组成的医疗团队为了使我在太空船里保持身体和精神上的健康辛勤地工作着。

赛德里克·瑞克·森特医生和他的后援团队以及乔·德威医生组成了我的航天医生队伍。而我的心理治疗团队则是由盖瑞·博恩医生以及他干练的代理人，弗兰克·卡朋特医生和沃尔特·斯派西医生领导。进一步的支持来自儿童精神科医生约翰·马塞勒斯，他在哥伦比亚号航天飞行灾难后一直和科尔在一起。

我是一个名副其实的健身迷，身体很结实，我在像举重、有氧运动等任何对我长期太空飞行有利的运动上花费了许多时间。

飞行前的医疗准备工作需要很多经过特殊设计的测试，来找出任何会给我飞行生涯带来污点的问题，走错一步都会使我的梦想破碎。

我的家族健康史并不值得羡慕，我的飞行说明文件主要关注我两个方面的问题：心脏和臀部。我的家族曾有心脏病、中风、恶性息肉等疾病史。重要的测试是必需的。全身的核磁共振可以检测出我心脏和动脉周围潜在的堵塞状况。压力测试可以计量出我的心脏将高氧血送至全身的能力。之后，正如小时候开有关太空的玩笑时所说的一样，飞行说明文件上还写到，"我们还需要检查天王星（肛门）"。

在被官方分配太空站航天任务之前，你还要获得航天医学委员会的飞行资格认可，这个类似于选拔委员会的美国机构首先会把你挑出来，这个委员会需要统计并评估一些适当的数据来了解你的能力，更重要的是了解你的极限。为了得到这个数据，NASA将会让你进行一连串的测试，大多数是测试你天生的身体素质，还有一些就是测试你的心理素质。

最后，你的数据将会呈现给多个国家的航天医疗委员会。这是一个国际化合作组织，如果你的身体状况不尽如人意的话，委员会将有权力否决你的航天飞行。通常情况下，你不可避免的一些问题会有相应的处理和解决方式，这样你才会被国际社会毫无异议地接纳。

有健康问题的宇航员可能会在执行能力上有很大限制，这样对美国政府来说也是一笔高额的资金投入。设想如果有这么一位有着肾结石家族病史的准宇航员。这种病对要在国际太空站呆上六个月的宇航员来说是难以承受的。折磨人的肾部疼痛会导致患者无法正常工作，而且从NASA的观点来看，病痛可能让机组成员在毫无防备的情况下突然脱离轨道平台，进而造成更严重的后果。

除此之外，对于结肠和大小肠内潜在恶性息肉的检查也是必不可少的，这也是NASA尽力避免的另一种情况。你将有义务参加乙状结肠镜检查，或者说是直肠检查。我喜欢称其为原始银史努比奖（真正的银史努比奖是授予NASA以及那些有着杰出成就员工的奖章，上面刻着由查尔斯·M·史努比创造出来的史努比卡通形象。由于它代表着对宇航员本身优秀行为的认可，因此银史努比奖通常是宇航员自己颁给自己的奖项。）

和其他类型的奖项不一样，我这个版本的银史努比奖更多是一种诅咒，诅咒那些想要环绕地球的人！

我深深记得1996年春天那个重要的日子，那是我的初次面试周（十五年狼狈不堪尝试中的第十三年），要我去拜访8号大厦和JSC的航天飞行医疗中心。

像往常一样，他们的高级专家向我亲切问候，然后将我带进了一个小房间里做准备。他们递给我两个绿色和白色相间的纸板箱，每个纸板箱里都装有一个插着一根光滑接管的瓶子，一个使灌肠剂自动分解的工具包。当然，在这个钢铁般冰冷的摄像头被送进一个以前从来没有摄像头的地方之前还需要预先清洗一下。

"我该怎么用这个？"这是我问护士的第一个问题。"我以前从来没用过灌肠剂。"护士轻轻一笑，我才发现像我这种话她已经听过成千上万次了。

她熟练地让我脱下裤子，侧身躺在床上，然后把瓶子上的插管插进了我大拇指挡住的地方。当她说"尖端先进入"时，我能感受到她在同情我这种业余喜剧演员。

"用力挤。"她说，"喷出来直到瓶子装满。""完事之后，"她继续说到，"根据情况夹住屁股不然可能就会'火力全开'，按住至少15分钟。"这是她最后主动给予我的建议。

我一开始以为这很简单。然而实际情况却打破了我盲目的自信，现实是，我感觉我如同在阻止尼亚加拉瀑布下流。

在这个看起来像是永远，实则可能只有5到10分钟的"任务耗用时间"之后，我再也忍受不了了。我之前一直在硬纸板床上保持着胎儿一样的姿势，突然一跃而起，脱下我的四角裤，以电子在铜线上流动的速度坐在黑色马桶座上。

"喷发"时就像胡佛水坝打开了所有闸门一般，水流以欧比旺光剑[①]的力量和航空航天工程师们钟爱的层流[②]不断涌出。

退一步说，我肠道里的沉积物在一股猛烈的推动力下从肠道排到便桶里已被污染的水中，水沫向上飞溅，粘着在我的后背上，感觉就像是在享受法式坐浴盆一样。我的下半身感受到了平静，我想如果不是我逞强，屡败屡战，可能现在感觉会更好一些。

第二轮更为艰难，我知道会发生什么，紧紧夹住屁股以阻止凶猛的洪流，简直就像在生死间挣扎。于是我转移注意力，我咬住自己的右前臂（其实非常之轻），希望能够延缓这不可避免的但却珍贵的几秒来使药物发挥药效。但就如同休斯敦的湿气一样，和第一轮的方式完全相同，我最终还是输给了被药物增强的自然力量。

希望自己已经做了足够多牺牲，我穿上病号服，步履艰难地走进检测室。在那儿莫娜护士和沃尔特·海因医生向我打了招呼（没开玩笑）。

海因医生肯定快70岁了，又高又瘦有些拱肩，下巴上留了半英寸长灰白的整洁胡须。护士莫娜就像第二次世界大战电影中的经典角色——全身雪白，做派像个教官。他们这个团队负责领导对我结肠的远征。

海因医生开始说话，莫娜护士站在他身边。我记不大清楚他说过什么、做过什么，只记得他镇静地从我脑袋上方的墙上拿下一个8×10的照片，就在视频监视器过去一点。

那张彩色照片多年暴露在荧光灯下已经褪色了，生动表现了人类的大

---

①　《星球大战》中绝地大师欧比旺（Obi-Wan Kenobi）使用的武器。

②　层流是流体以层状流动的状态。

肠和小肠。海因医生用长而瘦的食指指给我看，"我们"会从"这儿"到（靠近我臀部的一点）到"那儿"（我左肩附近的某个地方）。

我对他的说法进行了精神分析。以海因医生的图形为指导，我计算出的距离差不多相当于埃及开罗到尼罗河源头。这不是件令人愉快的事情。

我要在那儿待一会儿。海因医生慢慢地穿上他的淡黄色塑料工作服，准备好抵挡我处女灌肠中没有排除干净的东西。他停下来戴上橡胶手套，每一只都在手腕上套好，这时我的感觉就像面对行刑队。

我试图放松一点，遵从一贯谨慎的护士莫娜的建议，盯着视频监视器告诉自己这有多酷，而且我真的想成为一名宇航员。这种做法一点用没有，只让我觉得自己是在翻拍丹尼斯·奎德《内层空间》的电影中担任主角。

海因医生以一种毫无顿挫的语气告诉我可以"放屁"（好像我需要鼓励一样。气体从我的臀部以类似燕麦片沸腾起泡的速率排出）。当"银史努比"带着它的帽灯和摄影机在我易弯曲的管状肠道里犁田一样工作时，我感到极其不适。

即使集中精力于影像也没有用。看一个吱吱响并且干净有褶皱的粉色通道逐渐变得无聊起来。我的内脏十分不舒服以至于除了闯入肠道内的那些金属，我没法在其他任何东西身上分散自己的注意力。

当海因医生说"可以了"的时候，我简直想要亲他。我不确定自己的身体是否达到了探测限定的物理标准，但毫无疑问我已经到达了自己的极限。

出去的路比进来时要快很多，但走在出去的路上我仍感觉有人在往外扯我的内脏。测试从开始到结束不过二十多分钟，但当我再一次看见白天的阳光，我仿佛听到了十分清晰的"砰"的一声。

最残酷的是整个测试只不过是最初的准备阶段。一旦我成为一个完全意义上的成熟宇航员，测试会变得更加繁复。从我父亲这边的家族历史来看，飞行医生们就是固执地要把我送去获得肠道领域的毕业训练。你猜得没错，就是那个恐怖的可怕的结肠镜检查。

我是被诅咒的。我真他妈高兴。

他们设法在地面上为我做着准备。他们向我介绍长时间持续太空飞行的基本情况，还给了我一个两英寸厚的名为《长期任务实践计划》的笔记本。为了使我个人愿意做这些事，他们把经费、保险和法律问题花费的清单给了我，而且提供了一些他们关于从灾难中逃生的建议，也给了我一些关于分离、重聚和压力管理的小窍门。他们就是我的行为健康和表现组以及宇航员家庭支持办公室。

对于一个初次飞行的宇航员来说，我的害怕和担忧都是非常真实的。而此前极少出现的像沮丧、孤独、隔绝、死亡之类的词语现在出现在我的意识中。我面前隐约有大量未知的东西，而我独自处理它们的能力却值得怀疑。可能我挺不过去（虽然可能性不大），但我此时能想象到的只有我家人的担忧。

我接受过我的精神分析团队的独特训练。我回忆起斯派西医生给我介绍的一种起飞前的特殊情况，即暗示自己将要发生什么。我不是很理解这是什么意思，但他郑重地告诉我："你只能依靠自己，不要期望从他处得到太多帮助。"

安心的话肯定要说。他之后告诉苏珊对她个人而言需要提前做的是"让皮肤长得更厚实一些"。当然，我们只是在开玩笑。

在我们开始任务之前，俄罗斯人向我们介绍了俄版的心理训练。

作为冬季生存课程的一部分，俄罗斯心理学家给了我一套十色卡。唯一的指令是我们要"按顺序摆好这些卡片。"而什么样的顺序并没有规定。在接近结束的时候，教员一边说一些关心我们的话，一边对我们选择的顺序做了评估。显然这些卡片的顺序折射出了我们的情绪和态度。当心那些把黑色或棕色卡片放在自己纸牌最上面的人，他们会被密切关注，这很奇怪。

他们也让我去完成反应训练，并用秒表计时。不看秒表的表盘，我们要通过开始的时间在心里（或者用任何方式）去估计各种间隔（5秒，30秒，1分钟），然后在规定的时间停止手表计数。在我开始训练之前，我就能精确地完成这项任务，估算出的时间增值接近完美。

然而，在俄罗斯荒地度过了两个半不眠之夜后，我被要求去完成同样的测试。有意思的是，他们要求的时间间隔越长，我拿着秒表时就会越快入睡。有很多种方式可以描述我当时的精神状态，比如，我很疲倦。

团队协作训练对于我们的俄罗斯同事来说也是很重要的。有一次，我被要求站在一个摇晃的桌子上面，不能面向我的同事们。闭上眼睛，双手交叉叠在胸前，我被命令向后仰倒。我相信我的同事们会在我身后，于是我抱着信念纵身一跃。重达200磅（90千克）的我是超过能够抓住的最大负载量的。然而我的信任得到了回报，并没有头骨撞击地面的声音出现。

我们也用两片木头做了传统的团队建设训练。我们每个人都站在单排构造的厚木板上行进，我们的脚轻轻地附着在各自的木板上，我们被要求在各种诸如不能讲话之类的限制下同时移动到给定距离。这个测试有点过时而且不难完成，它一定证明了我们是一个很好的团队，因为我们只被要求做了一次。

博恩医生和他的同事也做了一些测试来质疑和评估宇航员的精神幸福感。

像空间站这样昂贵的尝试，目的在于提供一种物有所值的东西，而人类宇航员的表现则是关键。我们期望当我们处于太空时可以努力工作，最大化地回报纳税人的钱。为了达成这样的目标，地面上的人监视我们的睡眠、心理适应性、如何与空间站系统交流以及我们的行为和认知健康。

飞行前和太空中我们都参加过一个名为Winscat（Windows系统下的太空飞行认知评估工具）的实验。我在飞行前做了六次，然后在轨道上每三十天测试一次，回到地面三十天后做最后一次测试。

这种测试始于1996年俄罗斯和平号空间站火灾之后。心理学家和医生们意识到，如果发生那样的大火，他们没有办法去判断长时间任务中记忆、专注力、集中力和其他认知能力是如何被影响的。他们需要为一组队伍确定工作量（太多或太少），如何应对突发事件（火灾、飞船内压力下降和毒性物质溢出），以及沮丧程度。

地面上的专家用现有的评估工具编辑了一套认知测试系统。它被设计用来观察我们在太空如何思考、推论和记忆。这些基于电脑的简单工具用不到15分钟的时间完成测试，给出关于我们精神状态的直接反馈。

这种测试也可以被用来评估同事的用药状况。例如头部受伤或暴露于毒性气体中、药性过敏等等，测试结果可以告诉地面的医生是否需要更深层次的治疗。

它们也被吹捧为队伍准备中最有效的方式。无论是完成高危活动的准备还是应对繁重的工作（例如太空行走或太空对接），抑或是不达标的睡眠，这个工具都可以告诉我们是否处在极限状态之下。

许多宇航员认为测试很无聊，对此我持中立态度。我认为测试是可靠的，但是我从未在地球之外居住过，因此我并不能确定它们可以在多大程度上测试我的精神状态。

在六次地面测试确定我的表现范围之后（确保我没有作弊），我开始了第一次航行测试。测试简短却多变，事实上有点意思。

对于我来说，最困难的是被称为代码代换的部分。

9个独特的符号分别单独与数字1到9相匹配。在第一个测试中，9个数字—符号的匹配方式都出现在屏幕上，你有简短的时间去记忆匹配的方式。你需要记住代码，也就是哪个符号与哪个数字相匹配。然后当配对随机突然出现在屏幕上，你需要去判断每个代码是否正确。符号从希腊字母"Ω"变化到计量单位"円"、检查标志、左旋三角形等等。而使完成测试更加困难的是，在最初记忆屏展示之后，你要做和先前完全不同的两个测试然后再回到这个测试，这不公平！

测试的持续推进或者"记忆的流逝"同样具有挑战性。面对投射到屏幕上大约一秒一变的单数，你需要判断现在的数字和先前出现的数字是相同的还是不同的。如果我一不小心，或者感到一丝丝疲倦，我就会陷入呆滞，完全忘记先前的数字。这个测试需要花费大量的精力才能取得好成绩。

数学考试很简单。你必须计算出方程的结果。例如，方程的4+7-3+2 =？答案是10。但测试过程中正确反应的关键在于选择答案是大于5还是小于5。

我最喜欢的测试被称为"样本匹配"，它是一个图案识别测试。它让我想起了在电脑上玩俄罗斯方块游戏。一个正方形被分为十六个方块出现在屏幕上。在十六个方块里，两种不同的颜色会被用来产生一个独特的图案。几秒钟后，两组十六方块出现了。我的工作是确定第二组图案中哪一个与第一组相匹配。如果方块里的图案类似于数字或字母，我会试图记下来。我会在心里背诵像"三右上，一左下"这样的短语来帮助我回顾图案。

这一系列测试也许会向这个地面团队提供一套科学准确的心理健康指标，但他们没有帮助我摆脱沮丧。

我自己情绪恶化的经验可能无法与其他那些执行长期任务的宇航员相比。随着我在太空中所待时间的增长，我的压力也不断累积，会产生"你要我做什么？真的？你在跟我开玩笑吗？"这样的心态。

打个比方，我们都听过这个笑话"需要多少步骤来换一个灯泡？"在空间站上，光源是普通灯具的装配。它是由插座，即基板，和灯泡，专业上被称为灯外壳组件组成。改造灯泡时，程序要求你戴上安全眼镜，并有一个真空吸尘器，以防万一灯泡断裂。然而，实际的灯泡是装在一个塑料外壳中，所以即便玻璃灯泡碎了，塑料壳将完全包住玻璃碎片。一旦要换灯泡，你需要给新安装的灯泡照个照片后再使用。我经常与地面团队和训练团队开玩笑说，我们应该给它取名叫长期白炽发光发热物体（Long Incandescent Glowing Hot Thing）。或者就叫它光明（Light）。啊，正好是个不错的段子，由美国政府提供。

当我在轨道上航行的时候，突发情况随时会找上门来。当只有一些琐事发生时，它们不难克服。只是当这些琐事开始堆积在一起，或者这些小麻烦产生了较大的不良影响，就将会超出我的忍受极限。

在离家那么远的地方处理这些情况会更加棘手，然而在博恩医生和我的家庭保障领导布洛克·洛夫博洛的帮助下，再加上我的灵机一动，最终还是消除了这些工作上的消极情绪。

在美国太空实验舱中肯定是要飘着工作的，我一直在一个被称作商业通用生物处理组件（CGBA）的工作台上努力工作，更换植物和虫子的实验样本（没错，就是虫子）。这是一个简单的任务，但我在与地面人员的语言交流中遇到了麻烦。我无法定位指定的设备，我越发感觉自卑。我查看了地面人员向我提供的装载记录本（它告诉我东西都放在什么地方），然后四处搜寻，我又向地面指挥中心寻求帮助，看他们有没有其他的解决方案。

有人会问我，"你竟然在查装载记录本？"我十分恼火，一直压抑着自己不对他们破口大骂，"我当然在查装载记录本！你认为我是个白痴吗？"但我不反驳任何不恰当的话，反而退缩了。这一次，我力求以其他方法来改变我的态度。

我很快就想出一个办法。我飞进平时睡觉的舱里，拿了一条干净的白色拳击短裤。看了看我的欧米茄超霸手表，发现现在休斯敦是早晨，快要10点了。

尽管在休斯敦10点还很早，但这个时间也快要接近我工作的尾声了。这也是NASA的电视频道开始展示来自国际空间站现场图像的时候。不到5分钟的电视直播，我制定了我的计划。

从我的床上飘回到实验室，我把拳击短裤蒙在安装在船舱前段的摄像头上。当我经过自己的电脑屏幕时，我就会检查左上方的一个小窗口，这个窗口代表太空站部分通信系统的图像。

这一窗口让我们一目了然地知道我们是否可以与指挥中心交流，地面工作人员是否可以通过该站的影像系统看到我们。不同颜色闪烁有着不同的意思，绿色意味着信号良好。除此之外的情况说明需要短暂等待卫星进行调整。

不出所料，没有绿色闪烁，意味着音频或视频都无法使用。绿色"霓彩光"一般都会在10点准时闪烁。

我在实验室前部摄像头下方飘过。发现直播时间还剩不到30秒，我穿上短裤，但穿法很奇特，这一次，我把短裤套在了头上！

在微重力的作用下，我的白色短裤膨胀起来，使我看起来像一名有模有样的厨师。

我每只手上都拿着样本，期待着有我出镜的直播倒计时。

还剩5秒，我倚靠着实验室尾部重新校准我的位置。这样我就能直线漂浮，直接看着摄像头。我准备好了。我慢慢地向上漂浮占据相机的镜头。

我冲着摄像头挥手咧嘴大笑，向地面上所有人露出珍珠般洁白的牙齿并对他们说："你好，休斯敦！"

奥列格，从俄罗斯轨道段飞入实验室后段，不禁开始放声大笑，拿起墙上的相机，像ESPN的体育摄影师一样，迅速拍摄了许多照片。克莱顿·安德森，美国宇航员以及在他头上的白色短裤，这一瞬间统统地记录在了图像里！

回到地球以后我才知道我的计划在航天地面指挥中心并没有达到预期的效果。因为那天早上正值航天飞行主任夸提斯·阿里巴鲁何，第一个担任此职的非裔美国人，带领团队作业。

当我在太空中被拍照时，这张照片也呈现在地面指挥中心巨大的电视屏幕上。

"媒体公共事务员，飞船。"阿里巴鲁何向控制台工作人员呼叫询问公共事务员。

"飞船，媒体公共事务员。"得到了相应的答复。

"他他妈到底在干什么？"麻省理工毕业的太空航行地面总指挥质问道。

接下来的几秒，广播鸦雀无声，直到唯一一个飞行指挥阿里巴鲁何命令道："立刻停止播放。"

当工作人员把信号切断后，上千个观众（如果你真看过NASA电视节目的话，或许可能只有几百个）在他们的电视屏幕上看到的是经典的彩色竖条纹。

这就是博恩医生处理所有事情的方法。

2007年夏天，当它发生的时候，处理心理问题的不只有我一个人。

当一些宇航员在做"最坏的打算"，流言蜚语像疯了一样在太空节目里飞速传播。

丽莎·诺瓦克，和我的宇航员同学、前测试飞行员和海军军官比利·奥费莱恩陷入三角恋，在我们发射前几周他们曾去佛罗里达州度假。在这一事件中，宇航员训练团队里发生了一件尴尬的事情，丽萨在奥兰多机场停车场和比利的女朋友搭讪后被逮个正着。此外，一些人泄露消息声称发射那几天宇航员们在发射台酗酒或者是酩酊大醉。一个机关政府的调查已经发表，还有一个书面报告。NASA的宇航员健康检查中心记载了这一事件，同时推动NASA保护它的宇航员队伍。

我在外太空中和宇航员办公室主任史蒂文·林德斯的电话会议中惊奇地听到了这些难以置信的消息。

我从地面上收到消息，有一个从太空至地球3号线的电话找我。这就是告诉我"有人想私下跟你说话"。

史蒂文很和蔼，但是他第一句话就直入主题说最近发表的报告。他圈出报告的内容，就是航天中心必须努力"建立防火墙"。他努力让我放心，我会一切正常，告诉我没有什么负面信息被泄露出去。

我对这个炒作很熟悉。在我训练的时候，消息传播得到处都是。但宇航员的酗酒新闻我倒是第一次听。我第一时间的回复是"这个新闻中并没有提到我，不是吗？"我知道我没有被提到，但是我想从他那儿听第一手消息。

史蒂文笑了笑并且确认我并没有陷入舆论里（至少不是那个酗酒的问题）。但是这个充满嫌疑的闹剧会让我在五个月的旅途中有其他心理上的影响。

宇航员产生丑闻的结果就是，NASA的公共事务管理局、NASA总部以及宇航员中心共同决定：关于我"自我选择"的几个视频连线将会被取消。事实可能是我选择参加菲尔博士秀的录制，让他们难以忍受。

因为我们其中一个宇航员情绪失控，其他人据说是在错误的时间里喝多了，虽然我积极主动，还是错过了代表NASA的机会。管理部门认为在所有新闻报道都以宇航员为焦点的时候，我和菲尔博士秀的视频连线可能是个错误——就好像菲尔博士要控告我似的。

我认为和菲尔博士惺惺相惜这件事很酷。我们可以讨论一下和两个俄国人在太空舱里一起关六个月，一起在天空中无尽地穿梭。我们可以讨论一些童年梦想的追求和在某个时期需要克服逆境的勇气。展现一些乐观的情景是一个好方法，同样也告诉大家宇航员也一样是人。如果没有其他事，这给了菲尔博士一个完全不同的话题去讨论，不再是成年人发脾气、女孩儿们假装怀孕、婆婆慌乱，或者谁是最佳名人保姆。

伴随8月份发生的这些事情，我在飞船的时间逐渐变短，NBC TV的天气预报主播阿尔·洛克试图重新整顿我的备选方案，但是却没有充足的时间。通过洛克的经纪人，我最后和俄罗斯喜剧演员史默诺夫做了视频通话。他是一个对我精神和心理有很大促进作用的人，用很重的俄罗斯口音跟我讲："当宇航员比喜剧演员还搞笑时，这就是一个非常糟糕的情况了。"

大多数时候，国际空间站的士气是好的。我们三个相处融洽，并且轮流作为全体的非官方士气官，确保心情保持愉快。

在凌晨时分，我在睡梦中被空间站通讯系统的噼啪声惊醒。通过扬声器传出来自地面的对话声，他们说的是西班牙语。对话持续了二十多分钟，这使我明白，第二天早晨这段时间，空间站大约是从西北方的墨西哥到东南方的南美。

早餐时，我对费奥多和奥列格谈起睡眠被打断的事情（他们可能会说我发牢骚），他们都露齿而笑。原来，前一天在一个常规检查后，他们错误地配置了俄罗斯通信系统，使得网络能够完美地接收从地面上传来的音频。

那天我们都笑得很开心。在那周晚些时候情况更加严重了。当时我正在实验室努力工作，大约上午10点15分，突然听到响亮的音乐通过对讲扬声器传来。听到墨西哥流浪音乐，我想知道这到底是怎么回事。我以为我们再一次越过墨西哥了！费奥多用慈父般的嗓音在下一秒回答了我的问题，他用墨西哥语说："克莱，下午茶。"这是我们休息来杯咖啡的时间。

接下来一段时间，西班牙音乐成了我们标准的喝咖啡休息信号。每次我听到它，都会抢过话筒，用类似美国西班牙裔喜剧演员夏萝带有舌颤音的语调用加利西亚语大叫："现货供应！现货供应！现货供应！"然后愉快地找我的朋友去了。

在太空中生活，笑永远是我们心理工具箱的重要组成部分。一个晚上，我飞入俄罗斯服务舱吃饭，和俄罗斯船员之间发生了激烈的对话。

我听得专心致志，尽我所能破译他们快节奏的俄罗斯式情感交流。当我努力理解他们争论的逻辑时，我唯一可以确定的是他们重复使用的词"bobs"。这让我感到很奇怪。我不记得学习了"bobs"这个俄语单词。也许他们指的是一些与我们飞行主管鲍勃·邓普西相关的事情。

又过了几分钟，我不能有更多的进展。我使用有限的俄语告诉他们，我不明白他们的谈话，请要求他们慢一点，以便我可以尝试弄明白。

费奥多笑着说："克莱，你知道的。Bobs，大bobs，小bobs。"

哈哈，我终于明白了！

"你的意思是胸部，"我纠正道，"你说的是胸部！"用标准的男性手势放在胸前做杯状向他们展示，表示具有良好身体天赋的女性，我说，"乳房，对吧？"

和之前一样兴奋，但现在能正确发音，费奥多回答"是的，胸部！"一瞬间仿佛回到了中学时代，参与一些黄段子对话，他轻轻一笑，"像苏尼那样的小胸。"

奥列格不甘示弱，插了一句："是的，小的胸部，像佩吉。"他哈哈大笑。

费奥多，抓住机会对一位备受瞩目的美国宇航员添油加醋——这种做法在大多数宇航员圈子里并不值得崇拜——接了一句："胸小屁大！"

《读者文摘》中写过一句什么话来着？笑是最好的良药？不过在太空中，的确是这样。

17
现实的重击

　　这趟太空旅行实际上始于1968年12月我聚精会神地盯着黑白电视机，并于2007年11月7日某种程度上在"发现号"航天飞机上结束。遵循轨道力学规律，我也结束了自己在外太空的第一次远足——在国际太空站工作五个月——现在我面临的就是第一次从外太空回家。在微重力作用下生活151天之后，"发现号"航天飞机将按计划于11月7日快天亮的时候在肯尼迪航天中心着陆。

　　着陆准备和太空舱发射、入轨准备一样忙碌，有太多事情要去完成以确保所有物品（以及所有人）都能充分做好回家的准备。执行太空任务所需的设备器材要仔细地包装才能带回地球。NASA所说的包装指的是严格意义上的包装，太空设备器材必须要以一种特定的方法来装载，这样才能避免回到地球引力场造成的损害，或者是轨道飞行器主起落装置的轮胎撞到15000英尺（4572米）长的水泥着陆航道上带来的损害。

　　那天早上，所有工作人员都准时起床，迅速吃了早饭，然后穿上巴塔哥尼亚的海军蓝羊绒长内衣。这件长内衣穿起来十分舒服又贴身，它也是覆盖在我们身上的大容量吸收服中必不可少的一件，也就是我们常说的太空纸尿裤。

　　我们要在最后一分钟穿上一件厚重又不舒服的液体冷却衣，套在纸尿裤和长内衣外面。穿在最外面的一件是高级船员逃逸系统宇航服（ACES），这是件颜色鲜艳、辨识度高的橘红色"南瓜"外套，它是预防"哥伦比亚号"那样的高空突发危险的第一级保护。

所有工作人员都在飞行舱忙着检查航行系统，测试它的反推力喷口，检测其液压控制的气动面——这一部位对"一次性"发射，带着大块金属隔热板的215000磅（97522千克）重的太空飞船来说十分重要，这么重的东西必须要一个载重飞机抬着才能着陆。在着陆之前，飞船所有燃料喷口都将关闭并以滑翔方式进入大气层。没有退路，只能一次成功，安全着陆。

法兰博、朗博和哈斯克博在打包睡袋、实验品和垃圾——所有补给品和硬件——这些都要在轨道操作系统引擎最后一次推进前完成，引擎会逐渐减慢航行速度，让我们在地球引力作用下自然地进入地球大气层。（发现号STS-120的成员都以"博"（BO）相称，领导整个团队的是指挥官派姆·"帕博"·梅洛伊和飞行员乔治·"扎博"·扎卡姆，所有成员都习惯了任务中这种带"博"的叫法：道格·"方向盘"·维尔纳克由于在雨中能生火因此叫法兰博，斯科特·"朗博"·帕拉津斯基，这个名字得益于他的身高很高；斯蒂芬妮·"罗博"·威尔逊，之所以叫这个，是因为她在机械臂方面十分有天赋；丹·"博奇"·塔尼，来自他的亚裔背景；保罗·"洛奇"·内斯帕里，由于没有想到一个带"博"的合适意大利名，所以就只能叫这个，而我，基于我家乡所在地，他们叫我"哈斯克博"。）①

---

① 道格·维尔纳克的昵称Flambo与火焰flame相近；斯科特·帕拉津斯基昵称Longbow意为"长弓"；斯蒂芬妮·威尔逊的昵称罗博Robo与机器人robot相近；丹尼尔·塔尼昵称Bo-ichi可能与韩国漫画家Boichi有关；克莱的家乡内布拉斯加州又被称为玉米壳之州Cornhusker State，他的昵称哈斯克博Husk-Bo来源于此。

我们仍然可以在居住舱里做一些零重力的活动。摆脱重力的索尼摄像机在我们面前反复经过，记录着"宇航员们的愚蠢小把戏"。我们在居住舱撒了一把M&M's巧克力豆，尽力张大嘴希望能够成功捕获这些糖果。

我们一起为每一位宇航员将饮料袋灌满，为接下来的电解液摄入做准备。这是每个宇航员在这一天所必需的，电解质液的摄入可以最大程度补充你体内前庭系统和血压系统的体液电解质含量。在着陆那天摄入一些盐片和电解质饮料会帮助你抵抗并适应一种你长时间没有体验过的力——重力。

在太空中呆上几周之后，你体内系统就会知道在太空中将血液运输至大脑要比在地球上省力许多。由于你体内系统基本处于滞空状态，重力很容易就会将你脑部的血液沉降至你的脚部，后果将不堪设想。

作为一名新手宇航员，我对电解液摄入过程的了解仅限于理论层面，着陆那天，要摄入什么饮料完全基于我在地球时对味道的选择，其中就有热鸡汤（我准备了两袋，现在看来真是个错误的选择），之后还有葡萄汁，最后还有热带鸡尾酒。水果饮料是人工增甜的，因为糖分会降低身体对体液的维持能力，进而影响电解质的摄入效果。根据我的体型和体重，我每两个小时就需要摄入64盎司（1.8千克）的电解质，我在饮料中加入放置很久的碘化水和剩余盐片以加强效果。当指挥员发出命令"开始电解质摄入"，整个摄入过程就开始了。这个命令下达后会发生什么，我并没有准备好面对。

由于我在地面上进行味觉测试时尝过他们的鸡汤，味道和妈妈做的很像，于是我选择了它。但是在太空中的味道却不尽如人意。

当他让我们开始喝第二袋的时候，我连第一袋的一半都没喝完，而且我还有葡萄汁、热带鸡尾酒和水要喝。电解质的摄入过程并非我想象中那样简单。

完成准备工作，调整好舱内的三个座椅之后，我们的注意力转移到即将要工作的轨道操作系统上（OMS）。

如果想要成功进入大气层，这一步至关重要。它通过降低环绕速度来大幅度降低轨道高度。随着航天飞机的速度逐步减慢，地球引力的作用也愈发明显，并将我们逐渐拉近地球，这正是我们想要的效果。随后，时间将变得非常紧迫，我们离着陆仅剩不到60分钟。

我们在舱内的工作也愈发匆忙。在帕博和扎博启动OMS系统之前，飞行控制舱的人员必须完成着装并且在座位上扣好安全带。

当帕博戴着手套的食指按下中央控制台电脑键盘的系统执行按钮时，我们的太空任务也正式结束了。之后，航天飞机上的一个智能软件将启动事先设置好的倒数并完成两个OMS引擎的发动。

在飞行舱下面一层，我们工作的首要目标就是让所有人都穿好航天服，坐在座椅上并扣好安全带。

七名成年宇航员的着装是一项需要先见、计划和团队合作的任务。着装的顺序首先是飞行舱人员：指挥员，然后是飞行员，之后是太空任务专家一队，最后是二队。直到其他人都在座椅上并扣好安全带，我们剩下三个才开始想到居住舱内未做好准备的自己。

居住舱也有一个顺序：国际空间站的工作人员先出舱，之后是"方向盘"（也是个新手飞行员），最后是经验丰富的老手，斯科特·帕拉津斯基。为了防止最后几分钟发生状况，一位经验丰富并且对服装和硬件十分熟悉的老手能够在不需要帮助的情况下快速着装并迅速就位。

法兰博和朗博在脱轨之前就已经把我安置好了，我什么也不能做只好在座椅上放松享受，看着其他同事做完最后的工作。着陆时，我舒舒服服地躺在太空舱的卧椅上，6英尺（1.82米）高的我将穿着靴子的双脚伸进两个空储物箱里。

我们重重地撞在跑道上，这颠簸显然是在欢迎我回到地球。更令我惊讶的是，我感觉当时自己就像百万富翁。

安全返回地球，我感觉如同身处天堂，五个月后再次看到妻子和孩子们让我非常激动。肯尼迪航天中心的辅助人员打开舱门，老宇航员杰瑞·罗斯将头伸了进来。

"欢迎回家！"他露出开怀的笑脸。

一个橙色褶皱的管子，或者叫它"大象鼻"，通过舱门伸进来，向急速升温的舱内灌入冷空气。我能闻到地球的味道，无论是什么味道。回家的感觉真好。至少现在正安逸地躺着的我是这么认为的。

在杰瑞协作下，宇航员们按明确具体的顺序一一出舱。"空间站男孩"将会是最后一个。

斯科特和方向盘很快就离开他们舱内的座椅，他们显然在几分钟之内就重新适应了地球重力。他们急着从"发现号"里离开，希望能赶紧脱下这身厚重又极其闷热的衣服。他们已经在这套衣服里出了好几个小时的汗了。

我轻轻把头转向左边（由于我现在重归牛顿第二定律的支配，动得太快会使胃部产生反应），我看着同事们，从我来自意大利的好朋友保罗·内斯帕里开始，一一从飞行舱的梯子上被抬下来。

保罗在罗斯的监督下从金属短梯上慢慢下降，我喊道："就是这样！好样的，保罗！"

他的头费力地慢慢转向我，轻声地、毫无底气地回道："谢谢！"就在这之后，我听见他腹部排出液体溅泼到舱内地面的声音。

我被这令人不安的响声和眼前看到的排液一幕惊到了，扭回头看安装在天花板上的转换器和刻度盘，试图忘掉刚才看到的令人作呕的一幕，并尽力回归到经历过去几个月最终成功完成任务的喜悦之中。

终于到我了，杰瑞·罗斯把手放在我的左膝盖上，让我冷静下来。

"准备好了吗？"他问。

"当然！"我说，虽然我不知道是不是真的准备好了。

他解开剩下的降落伞用安全带。（我已经解开了自己座椅上的五点安全带，解开它很简单，只需要拧一下按钮即可。）

杰瑞看了看指示器上富有经验的老宇航员才能看清的信息，然后叫我慢慢坐起来。

杰瑞用他有力的手臂扶着我坐起来，即便这样，也费了我不少力气。这是飞行器五个月来第一次竖立在地球上，整个舱开始以不可思议的速度逆时针旋转起来。为了避免眩晕感，我双眼一直盯着一个奶油色储物箱，我们整理物品时曾无数次打开过它。它似乎也在盯着我看。我的目光紧紧锁定新找到的参照点，即便航天飞机辅助人员大喊指令开始解开我们的装备，我也不会转过头去看。

过了几秒钟，舱内的旋转才慢下来，最终停住，这正是我和在场所有宇航员期盼的结果。

杰瑞再一次确认："你还好吗？"

"我还好。"我无力地回答道。

"你要向左转身然后趴在地板上，你得爬到舱口。"他说。

我慢慢地向左转身，希望能让双手和膝盖定在居住舱的地板上。我深吸了一口气，用手抓住自己免得失去控制掉进"南瓜堆"里，开始行动。厚实的宇航服保护着我152天里在空中漫步而长时间不用的膝盖骨。直到看见打开的舱门和外面的世界，我的出舱才算成功完成。

舱内又一次发生转动，我紧紧倚着地板，脑袋像总统山上的脸一样静止不动，这次持续时间没有上一次长。我浑身上下疲惫又过热，同时有一种莫名的自信。我重拾活力，希望自己出舱时一点也不想吐。我甚至还产生这样的幻想：我和剩下的宇航员可以在航天飞机内游走。

我的两只手臂和上半身花了好大力气才把200磅的自己拉到出舱通道。单单这几秒钟的时间就使我精疲力尽。两位身强力壮的航天医生向我打了招呼，把我的手臂挎到他们肩膀上，把脸朝下趴着的我抬了起来，我虚弱但很真诚地对他们笑笑示意。是时候该尝试行走了。这是五个月来第一次尝试行走，我的双腿开始从我的大脑接收指令，指令通过神经系统以光速传播，而神经系统在重力的作用下似乎正在从抓取中重新学习一切事物。我就像蒂姆·康韦在电视节目"卡洛斯-巴内特秀"中扮演图德宝先生一样，拖着13码的黑色飞行靴顺着竖架下面的路往宇航员转移车（CTV）的门走。

我的肠胃更难恢复到常态，从太空站内经常吃的俄罗斯食物过渡到航天飞机上吃的美国食品，我的内脏在执行任务最后两天一直处于"气体抗议"的状态。

由于像机关枪一样排气，我两天没有正常排便。再加上着陆那天要求我们穿高空重力服和俄式运动松紧裤，我的肠道饱受压迫。

最终站起来之后，这"自然的召唤"伴随巨响袭来，我能很清楚地听到，甚至连靠近我的人都可以听得清清楚楚。几个小时前我们成功摄入的电解液开始出现反应。我肠道和胃里64盎司的液体和若干盐片渴望跑出我的身体。我全身上下穿着橙色宇航服、光亮的黑色飞行靴站在那儿，还有各种必需的衣服和夹层，更重要的是，我必须要去大号！

"我能用一下卫生间吗？"我礼貌地问。

这辆只有旅行车大小的CTV中只有一个厕所，这间厕所就像是移动公厕公司精心打造的一样。

"现在不能用，清洁工正在打扫。"NASA的护士凯西·迪比亚兹说。

需要采取一些紧急措施，我需要找些办法把注意力从肠道转移出去。不幸的是，在长时间太空飞行中，我用臀部肌肉成功"关紧隘口"的能力严重减弱。我把两个屁股蛋使劲夹紧，就像没有明天一样。

终于，护士告诉我可以脱下宇航服。我马上和其他宇航员感同身受，我开始意识到被包裹在这么多层里是多么闷热。脑袋谨慎地竖直不摇不动，我小心翼翼地坐在人造皮革躺椅上，护士轻轻地解开脱下我愈发沉重的靴子。现在的我，哪怕低头看一眼护士的工作都会剧烈呕吐。

接下来是橙色宇航服。要想成功脱下这衣服，关键在于我的头需要静止不动，好让他们把橡胶衬里的头盔环从我晃动的大头上拿走。这是最容易使我作呕的步骤，要把金属环从我头上松开需要精准的团队协作。我需要向前低头，一旦解开我还不能立即把头抬起。许多强壮、目光坚毅的宇航员都在这一关键步骤上搞砸了。

比起晕倒在地的强烈愿望，我更想上厕所。成功脱下橙色宇航服之后，我又一次要求上厕所。"你的一个队友还在里面。"这一次，这个回应真的令我无法接受。

工作人员对我无法上厕所表示无能为力，这种无能为力开始听起来像不方便把我的裤子脱在地板中间。我不断发扬"铁屁股精神"，以最大的努力夹紧屁股。不容失败！

几秒钟后，我感受到一阵恶心。我的体温在持续升高，尤其还穿着不舒服的高科技内衣，感觉极其闷热，我很乐意接受换一套更舒适衣服的建议。他们马上脱下我的上半身蓝色制冷服（因为在训练的时候我得知自己的腿不能受冷，因此没穿下半身制冷服），又脱下了我的内衣上衣。

　　到脱下最后一件衣服的时候了——我的下身长内衣——脱了它呈现在上帝和所有人面前的就是一个仅穿着纸尿布的我。这非常令我尴尬。我问其他人有没有别的衣服能让我穿。

　　凯西护士就像在扮演一个戴着大礼帽的魔术师，不知从哪儿拿出一件人造海蓝色条纹短裤。这条短裤看起来和1976年奥林匹克运动会上弗兰克·肖特穿的一模一样，而且看起来也许只能套进我一条腿……凯西护士同情地跟我说，除了这个，你只能穿你的红色恒适拳击手短裤。这条短裤让我想起了我们宇航员圣诞派对视频里的一个片段，"探索者9号"的宇航员麦克·"史班奇"·芬克在无重力环境下模仿一个90年代的内衣广告。

　　我的选择很有限，并且现在厕所还不能用，我伸手拿了那条红色羊毛内衣，拆下纸尿裤把自己毫无保留地暴露在人们视线之中。真是的，我什么都不顾了！我像一个傻子一样光着身子，穿短裤时却很讲究，一条腿一条腿地穿以保持住我"未呕吐"的纪录。在我穿好内裤后，CTV那边传出："厕所现在可用。"这正是我一直想听到的。

　　我高兴坏了，抓着头顶上的银色长架子来稳住身体。我像蒂姆·康韦那样从容又笨拙地往前走，凯西护士递给我一个呕吐袋："以防万一。"

　　厕所的门大敞四开，我要好好地大干一场。走进这个小房间里，所有东西都一览无余。小盥洗盆上方的架子上整齐摆放着7个瓶子，其中6个瓶子里装着我早已脱水的队友们的近期尿样。我的神经突触刚刚开始适应地球环境，这可不是什么好事。我拿起自己的瓶子，尽量贴近马桶操作免得弄脏厕所。我把红色拳击裤脱到膝盖以下开始向我的样品瓶里排尿。味道真的很难闻！为了不让避免摔倒的努力功亏一篑，我把左臂倚在面前的墙上。我身体前倾，将尿液排到下面看不见的瓶子里。我用胳膊捂住鼻子抵挡这暗黄色排泄物产生的难闻气味，至少我身上的汗臭味比起这个还是可以忍受的。皮肤和汗液的味道似乎很奏效。

我紧紧盖好瓶盖，把它放在架子上。危机解除，我开始考虑排便。我慢慢转过身，低下身子直到皮肤感受到瓷砖的冰冷，这让我确认自己现在已经坐在了这个移动"王座"上。

这痛快的排便要比加薪的感觉还要好。我的自信逐渐变为自大，我想没有什么能够阻碍自己保持返回地球无呕吐的纪录。

身体机能运作几分钟之后，我的皮肤变得越来越热。这股"二号"气味正进入我的意识中，我用两只手紧紧捂着脸，让手上还稍微能够忍受的酸臭味取代这个味道。

我深吸一口气，这种厌恶感消失了，我也能够清醒地思考了。我想冲一下马桶可能会有效，于是扭着身子去够冲水柄。正在马桶水箱一侧摸索时，我看到冲水柄原来在靠近地面的位置，是用脚冲水的。低头可能会造成不可想象的后果，于是我实施了以为能成功的B计划。然而事实并非如此。闻到这股味道，一个机能健全的身体向大脑做出了回应，最终，我再也忍不住了。感觉自己马上就要吐了，我马上拿起一直都没动过的呕吐袋。

我向袋子里猛吐，这种狂热感从我在黑斯廷斯大学田径队最后一次600米接力之后就再也没感受过了。我的胃不断从肠子里向外面涌出失色的葡萄汁，我开始担心这呕吐袋是否够用。伴随最后几次作呕，在兄弟聚会上我"喝到张口就吐"的情况有所缓和，这一刻我听到同样的声音，我的呕吐过程结束了。

我以一种极其危险的姿势坐在板凳上，门突然打开。凯西护士不出所料地问我："你还好吗？"

"是的，我很好，"我喊道，"我只是在吐而已！请关上门。"

当门关上的时候，我猜想是时候结束自己的努力了。确认自己身体完全空虚以后，我清理了放出污秽物的嘴和屁股。感觉仍然不是很好，但比刚进这个散发臭气的小洞穴时好多了，我使出全身力气站起来离开厕所，回到更友善（空气更新鲜）的环境中。

打开门，一个带着输液袋的医院轮床向我打着招呼，准备好补充我几分钟前狂吐的那些液体。

我很高兴能躺下来休息，随之而来的是完全的精疲力竭。我极其需要休息。回到宇航队的住处实际只需要二三十分钟，但对我来说似乎像欢乐的来生一样遥远，我在新发现的床上睡着了。我们快到KSC空间通信办公室（OSC）大楼的时候，在那里我将从医疗车转移到生物医学部门，我被喧闹的欢迎声吵醒了。

激动的情绪把我从昏迷中拉了出来。终于要去见我的家人了！在152天的外太空——没有提到先前用来检疫的那一周——我渴望与妻儿再会。我的好朋友玛丽·简·安德森，一个带着内布拉斯加领带的JSC生物医学研究员，帮我把床的上半部分稍微抬起来一些。

在低低的合唱音乐背景下，站着我又高又壮、看起来有些踌躇的儿子，科尔。

当我们目光锁定，苍白得像鬼一样的父亲一定使他十分惊讶——我开始哭泣。情绪的迸发就好像发生了一些悲惨的事情一样。他看起来非常好，自我离开地球以后至少长了6英寸（15厘米）！他开始笑，我很平静，我到家了。

泪眼蒙眬中，我看见妻子苏珊和女儿萨顿从人群中挤出来。看着她们小心翼翼地接近轮床，我的眼泪奔涌而出，这一刻还伴随着难听的哭泣声，好像我从没经历过哥伦比亚号爆炸后的那些日子，那时我停在教堂门口哭泣。

我拉住苏珊的手，把她紧紧抱在怀里。在过去的152天里，我们第一次双手紧握。在喜极而泣、拥抱和亲吻中，我在她耳边低语预先准备好的话："我们做到了，宝贝，我们做到了，我们一起做到了！我是如此地爱你！"

我们的二人时间是短暂的，到我飞行后测试的时间了。我将满7岁的女儿，萨顿，带着惊愕看着简把一个新打开的导管插入我右臂的血管。萨顿全神贯注地看着她父亲的血液被吸入许多干净的玻璃导管中。

"爸爸的脸真白。"她说。

抽血并不会促使我的身体从太空的失重中恢复过来。

几分钟后，主管的人通知我是时候去进行飞行后实验了。他们把我推进下一个地方，苏珊和萨顿就在轮床的两边，而科尔也紧紧跟随，我认出了克里斯·哈德菲尔德。他穿着蓝色的飞行制服，和我们一起集合出发。如果注定要成为第一位加拿大太空站指挥，他是有官方资格的，虽然我不知道那是什么。我期望中的人选是我宇航员支持团队的人，克里斯·卡西迪。（在哈德菲尔德指挥时期，克里斯也是可以飞向太空站的。）在降落时，卡西迪帮我们从发现号里出来，展现了"披风战士"的能力（"披风战士"是那些被分配执行协助发射和着陆任务的宇航员的昵称），所以哈德菲尔德表现得更像是他的候补。

哈德菲尔德突然抓住萨顿的胳膊，试图把她从轮床边拉开。我瞬间就被愤怒填满了。他用一种生硬的语气告诉她不能跟着爸爸，因为爸爸要去做测试。如果我有发疯的力气，无论如何我都要照鼻子给他重重一拳。我知道他是在努力完成自己的工作，但这是我重要的家庭时刻。完成稍后的数据采集之后再和他们相见，这种做法看起来并不妥当。

我挥手和家人道别的时候，苏珊正在安慰萨顿很快就可以再见到爸爸。当众人鼓掌欢呼，齐声喊道："太好了，克莱！欢迎回家，克莱！"

去数据采集地点的时候，我偷偷暗示凯西护士，我想再用一次厕所。她帮我翻身下床，扶着我的右臂，帮我指引方向。她问我需不需要她的协助，我很真诚地回答："不用，谢谢。"我想独自迎接这个挑战。

凯西护士引导我迈过休息室的门槛。休息室看起来很大，中间孤零零地坐落着一个白色的水槽基架。它的右边是一个标准的冲水马桶。

再次和凯西护士确认我可以独立完成这项工作后，我开始在瓷砖上艰难地挪动，向着目的地不顾一切地前进。CTV的经验让我更加明智，为了即将来临的排泄，快接近马桶的时候我开始脱衣服（T恤和内裤）。白天的肠道运动没过去多长时间，我意识到一个严重的问题，我没有呕吐袋。

担心叫声会加剧窘境，我四处浏览，看看有没有东西可以代替呕吐袋。

这里除了水槽什么都没有，时间一分一秒地过去，是时候像马盖先①一样机智地解决问题了。维持头部姿势稳定，并尽可能地伸展，但我还是碰不到水槽。

我勇敢地进行了下一步。我小心地在马桶上转动屁股，紧靠水箱，让屁股维持原样，左脸冲着最靠近水槽的椅子，右脸暴露在空气中，就像恶人版的《难挡真爱》②。

① 美国电视剧《百战天龙》中的主人公，用一把瑞士刀和身边物品解决各种问题。
② 《难挡真爱》，美国爱情电影。

全力向前一冲，我够到了水槽边上。但我的手已经五个月没有正常工作过了，开始从水槽边缘滑开。我的身体也随之从马桶上滑落，滑到水槽下面。然后我开始寻找留给自己的选择。在水槽底下尽可能伸手去够，我抓住亮银色P型存水弯构件。靠着水管上的固体手柄，我托起下巴在水槽边上休息，仍有一半屁股在马桶座上。

没有时间进行更多的调整了。一股液体已经抵达，同时也伴随着嘴里的咕噜声。

"你还好吗？"凯西护士冲进房子，她可靠的声音也随之响起。

"我很好，只是在呕吐。"我叫道。

凯西护士盯着完全赤裸的、尴尬的，尽可能在水槽和马桶之间拉长身子，快要把脑子吐出来的宇航员。

当一群加拿大科学家开始为加拿大国际空间站心血管调查研究收集我的数据时，疲倦开始向我袭来。他们在研究心血管系统在失重环境中的血液运输能力。他们观察零重力状态下的人类流体系统，希望更好地明白它在地球上是如何运作的。更好的理解可以引导在心脏和循环系统方面的医学突破。

起飞前作为志愿者，我被他们的各种意图和需要缠住，而在着陆后还需要直接的数据收集。我精疲力竭以至于根本没办法时刻保持清醒，但每当我开始萎靡，就会有一个研究者以这样或那样的方式对我又推又刺。好几个小时他们才最终结束。第二天早上头一件事就是另一个会议。

我不在乎。我要和我妻子一起度过这152天来的第一个晚上。我知道我和苏珊那天晚上想做什么，但是我觉得我的身体不会答应。看起来我似乎没有办法保持清醒，除非喝一杯咖啡，我和苏珊的私人夜晚就由躺在床上和第二天早上打招呼组成。

最后，我本打算和苏珊分享宇航员居住舱里面的空间，然而我接到一个电话，萨顿在海滨楼模仿她父亲……她也在呕吐。苏珊觉得待在那儿陪着萨顿比待在KSC的宇航舱里更有必要。

虽然失望，但我知道这对我们来说是最好的选择。我奋力保持清醒，但体内依然有东西在流动。因为害怕会立刻吐出来，我已经几个小时没有吃任何东西。我的身体恢复医师马克·吉利亚姆希望我晚上睡觉前可以进行一些简短的恢复训练。

马克的计划与我和妻子一同度过浪漫夜晚的几率一样渺小。

我或乞求，或找借口，希望马克和凯西护士能让我睡一觉。马克和我谈条件说，如果我同意第二天数据收集程序之后接受健身车课程，他今晚就会离开。为了能睡觉我几乎愿意做任何事，于是我毫不犹豫就答应了。

谈判结束后，凯西护士推着一个有止吐药和干净塑料袋的输液架子进了房间。

我建议睡觉前最好吃些东西，他们同意了。我最初的计划是回到地球的第一餐应该有搭配烤土豆的半熟丁骨牛排（内布拉斯加州腌制的牛肉）和法式硬红葡萄酒（也许是银橡木酒庄的）。

马克带来的泡沫聚苯乙烯盘子上装有葡萄果酱小麦面包，还有一张餐巾纸。我吃了两片，每一口我都很享受。

带着一丝恶心，没有妻子陪在身边，在那个小房间里，我成功返回地球的日子来到了下午8点37分。今天是我结婚十五周年纪念。微光闪烁，一个无声计算器安静地记录我落地后的每一步，收音机闹钟的数字安静地从8点36分走到8点37分。我的大脑一片空白……没有头晕，没有成就感，没有后悔……我重归重力影响的第一夜就这样宁静祥和地度过。

我睡了近九个小时。我的身体状况和睡觉前比没有一点微小的变化。

想要翻身起床放空咕咕叫的肚子时，我能感受到自己两百多磅体重中的每一盎司，每一个动作都要消耗似乎已经没有的能量。

我的每个动作都不得不小心翼翼，好像身体是一个牵线木偶，而大脑是牵线的人。我花了几分钟才到床脚，我的脚直挺挺地落到地上。用手支着头四下看看，估计下接下来到厕所的路有多长。身体提醒我剩余时间不多，我必须立刻完成。

身体的力量全聚集在上半身，我回忆起大学时的跳远时光，离靠近床脚那个令人愉快的地方近了两英尺。扒住床沿，我站了起来。

靠着家具和墙，我缓慢沉重地走向厕所门，那地方有门把手可以让我稳住。

感觉自己像是《美国最失败者》或《极度转变：减肥特辑》之类节目的参赛者，我转了180°，尽可能用力拽下运动短袖，同时没有弯腰。跟你说实话，目标即将达成，我放开之前死死握住的把手，然后轻轻地关上它。重力一下把我的屁股拉到马桶座上，精妙如锚入水，而其轨迹从统计学上看误差不超过一个西格玛①。

成功完成早晨洗漱第一阶段后，我开始积聚力量进行第二阶段——一项我期待已久的活动——一个舒服的热水澡。

对于一个长期从事太空飞行的宇航员来说，地球上的奇观是被放大了的。让我想想，举个例子，最后我能调动身体向浴室门走的快乐——那种快乐是巨大的。我在那儿发现了一个预先放置的椅子（感谢凯西护士），离我所有需要的东西距离都差不多。这使我兴高采烈，但没什么比在全身上

---

① 标准差的数学符号$\sum$（sigma），用来反映一组数据的离散程度。

下跳动的热水更令我高兴的了，一种对于控制了温度的暴雨的着迷。过去的37分钟我都沉浸在这天堂般的快乐中。我没办法给你描述那淋浴感觉有多好，但狂欢这个词出现在我的脑海里。

下一件事就是去水槽开始刮胡子，发射以来的第一次。只用一只手我没有办法拿起剃刀。赤裸裸站在盥洗室镜子前，我能感受到自己身体上的虚弱。那个糟糕的我皮包骨，胡子没有刮好，脸色也十分苍白，急需一些食物和阳光。

他是一名宇航员——一名驾驶过飞船的宇航员！

"结局：呕吐"，只有在结束之后才称得上是幽默。

不到三年后，走下通往发现号脚下的斜坡，我会记住失败的全部细节。

再次在OSC看到凯西护士警惕的眼神，我问她愿不愿意带我去看2007年她目睹我呕吐后赤身裸体的地方。凯西护士带我去了三年前我们分享二人时刻的地方。

那个巨大的房间如此之小。我很惊讶。这绝对不是同一个地方。那个像洞穴一样的房间我记得，有一个马桶和一个小心翼翼地摆在中间的水槽——它去哪儿了？凯西护士和我相视一笑，拥抱了一下。显然，长期宇宙航行会和你的大脑开个玩笑。

18
机缘巧合

　　从统计学上讲，生活是一项冒险事业。我经常在思考，一个人怎么可能知道事情会怎样发展。我从来不是一个赌徒——作为政府部门的长期雇员，我为自己的报酬鞠躬尽瘁（而且是一份并不丰厚的政府报酬），所以我无法想象在拉斯维加斯赌桌上那种对骰子或黑杰克一掷千金的行为，或是像我父亲曾在内布拉斯加州做的那样，为了赛马比赛而踏上一段短途旅行。在我所涉足过的赌博地下世界里——例如里诺、拉斯维加斯或是密西西比州的比洛克西，我只有两次获得了"盈利"：一次是在1991年，在里诺作为新手玩了一次加勒比海宝藏扑克，以及2008年在拉斯维加斯玩的一把三牌扑克。所以在通过数据分析获利的世界里，我的个人经历显得有些黯淡和愤世嫉俗。

　　在我建立起自己有限的数据库很久之前——关于金钱的投机行为，在从我个人赌博经历中收集所有善业之前，我开始追逐这个成为宇航员的梦。那是1988年，坚持投递申请十四年后，NASA没有对我表现出一丝一毫的兴趣。

　　在1988年，NASA休斯敦宇航员选拔中心收到了超过2600封申请。这些申请信里就有我的第十五次尝试。在这么多人中，我们这465个人被认为是"十分符合条件"。

NASA之后会进一步挑选出120个有希望的人选。这120个狂热分子会被分成六个组，每组20个人，由选拔委员会分组。就像软件中一行带未知量X的代码一样，这些小组被随机设计：X小组，X=1至6，下一个X。每一个小组都被分批送往休斯敦，经历一个充满面试、参观、测试和被一组戴着冰冷听诊器的航天医生们指指点点的忙碌一周。因此，选拔委员会将拥有充足的证据来决定谁能够（或不能够）成为NASA新晋后备宇航员这一精英俱乐部的成员。

最开始的20个名字是第一组。传说——不知是谁——退伍的老兵们说，如果你在前两个或前三个组的话，你被选上的几率最大。

在1988年的选择周期里，我被选在第一组。按照记录，我在1996年的选择竞赛中属于第五组。这也许因为他们是按字母来分组的？我不得而知。

如果你幸运地，在统计学意义上，被选为一位新宇航员，之后你就会和家人、行李一起回到休斯敦，作为一个充满希望的宇航员开始你的新事业。

如果我们关注一下那个环境友好型的核能数据计算机，然后用1988年的数据来运算一下，我们就会发现在美国本土的2600份申请书中，选出的25个代表还不到总数的百分之一。

更深入地探究太空飞行的数据，我们来看看这些令人骄傲的国家历史上共有多少位选出的宇航员。加上来自俄罗斯、中国、加拿大、日本以及欧洲航天局的宇航员——其中包括意大利、法国、德国、瑞士、瑞典、丹麦、荷兰、比利时、挪威、西班牙和英国。再带上巴西（它是我们国家在空间站的国际合作伙伴），那么历史上所有的宇航员数量，这取决于你的数据来源，这个数量大约是541。

这跟中彩票差不多，只不过彩票给的奖励更丰厚。

根据NASA约翰逊航天中心公共事务办公室的罗伯·纳维亚斯所说，到2014年9月26号为止，有541个不同的人已经飞入了宇宙。在51-L探索者任务中，那些在到达轨道前就死去的老兵们只能由他们已完成的任务来登记。541这个数字中，包括X-15的飞行员乔·沃克，他的航空飞行高度超过了国际认证的62.1英里，以及其他完成62.1英里或以上的XPRIZE[①]和商业航天探险者。

现在，让我们来思考这个词——运气。查询词典，我们会发现这个词语和命运、意外、天命以及命数是同义词。对我而言，比起命数，巧合更适合描述我的一生。

让我们来评估一下我人生中的偶然性：

1.我15次申请成为一名宇航员（在15年里）。

2.我是国际空间站第十五远征队的成员。

3.我的名字里有15个字母：CLAYTON ANDERSON。

4.我的第二次任务，登上发现号航天飞机，时长是15天。

碰巧的是，还有更多

1.在2007年6月，我作为STS-117组的成员，乘坐亚特兰蒂斯号航天飞机登上国际空间站。

2.2007年6月8号，是我父亲77岁的生日。

————————

① XPRIZE基金会，1994年由皮特·迪亚曼提斯创立。

3.我在约翰逊航天中心的停车位是E-117。

4.我在1988年被选为宇航员，是美利坚历史上第七十个当选的宇航员。

还不相信我工作中的这些运气？好吧，以真实的NASA的方式，让我们继续评估更多的数据。

在11天任务圆满完成后，STS-117分队离开国际空间站，留下我和我的俄罗斯同事，费奥多和奥列格，开始我五个月的驻留期。

他们的返航不会容易。他们的主着陆场肯尼迪航天中心的天气不适合着陆。将这艘飞船带回她起飞处的能力，为这个空间项目和美国纳税人省了一大笔钱。佛罗里达的天气情况一直都不肯合作。结果是，指挥中心通知船员，他们得在位于加利福尼亚北部的爱德华空军基地降落，那是一片暴露在狂风里的沙漠。爱德华基地是两个后备着陆点中的首选（另一个是新墨西哥州的金沙太空港）。这两个后备地点很少被用上。

虽然爱德华基地很受天气情况的眷顾，但它依然不是最优降落地点，因为它距飞船应在的地点有3000多英里（4828千米），而且基地的高科技设备严重不足，无法为飞船的下一项任务做准备。

由于改变降落地点的复杂决策，这个飞船项目就需要把太空飞船固定在被改装过的波音747背上，后者作为运输机负责将飞船运回佛罗里达。这趟横穿大陆的行动大概需要花费纳税人100万美金。其中，运输机还必须中途停下添加燃料。NASA没有轻易宣布它会在哪里停留，因为这项决策受天气、设备和空中航线的影响。

如果这件事真的发生了，这艘载着内布拉斯加第一位和到目前为止唯一一位太空人到达外太空的宇宙飞船，将在结束STS-117飞行任务后，在内布拉斯加奥马哈的奥法特空军基地降落，那里离我长大的地方只有20分钟路程。这艘循环使用的飞行器在普拉特河谷上低海拔缓慢飞行，给数千内布拉斯加居民一个以前从未有过的机会——亲眼看到一艘载着他们的宇航员到达人迹罕至之地的宇宙飞船。

巧合？你来判断。

在2007年10月末，发现号接到一项新任务——向国际空间站运输一个被公众选名为"和谐"的组件，以及一位新工作人员。发现号的船员将空间站的一套太阳能电池阵移到它的最终位置，位于空间站外部衍加组件的舱门一侧（它之前被暂时放在这儿，因为2000年时，它和STS-97一起被运到国际空间站上）。

也许最重要的是，他们将我送回了地球。

我们已经全部登上了发现号，牢牢坐好，紧靠座椅，准备好返回地球大气层。这样的航行要求她以大约17500英里（28163千米）每小时的速度绕地飞行，而既定的返回轨道只有在她已经烧光所有能量时才能实现，其中还需要应用一项被称为"翻滚逆转"的高效技术。从本质上来说，这艘飞船就像一块被扔出、需要掠过湖面的石子。

这块石子每次接触到湖面，它的一部分能量就会被水吸收。最终，它的速度完全减慢，能够被"抓住"，于是它可以沉入水面之下。

飞船的情况也差不多，只不过它不是要掠过水面，而是要利用地球的大气层——这个强大摩擦力的来源，擦过她黑色的硅质腹部。我们从转向一个方位开始，然后摇荡（翻转）轨道飞船的位置。这些翻转效应会一直持续，直到我们的能量下降到能被地球大气层抓住为止。

虽然在轨道上的两周过得很顺利，这项任务依然很紧张。在部分展开的太阳能电池阵旁边发现了一个窟窿，需要出舱作业，从地面到阿波罗13

号上值得尊敬的全体船员都参与其中。为了任务的成功，所有工作人员都全力工作，也都已筋疲力尽，以至于我们的指挥官派姆·"表演者"·梅洛伊都忍不住询问我们是否能在白天降落，这会提高我们的成功率。出于安全考虑，大多数飞行员都会更愿意在白天着陆，但我们这些太空飞行员也接受了夜间降落的训练。

我们决定践行指挥官的要求，而这需要对我们现有的在轨轨道和飞行路线做重大改动。而且指挥中心也必须多做些工作。不止如此，新的航线会让我们进入大气层的地点位于美国中心地带正上方。而在2003年2月1日的哥伦比亚号悲剧后，NASA一直有意避免在美国大陆进入大气层。

在2007年11月7日，地球上的意见统一了。指挥官梅洛伊得到了特别批准，我们可以变更航线，在佛罗里达明媚的中午阳光里降落。当我们开始进入大气层表面，指挥官梅洛伊激活了麦克风的第二优先级，以执行这次决定性的转弯倾斜操作。她告诉地面指挥中心，以一种训练有素、经验丰富的声音，"休斯敦，这里是发现号，空对地1号。我们已经开始第一次滚转操纵（她停顿了一下以达到效果），正位于内布拉斯加上方。"

用这些特殊的操作，我们的速度下降到可以"进入接触面"，我们像一块巨石一样坠向地球。我们的航行表现得完美无缺，在肯尼迪航天中心，我们完成了冲向跑道的最后一次转弯，于美国东部时间12：01在15/33号跑道触地。那是2007年11月7日，我和妻子苏珊的第十五个结婚纪念日。

哦，还有，顺便一提，你有没有注意到11月7日也能被写成11-7或是117？

看了这方面的数据分析，我不接受任何人告诉我在这世界之外没有一个更强大的力量将这一切按顺序编织好，让一个内布拉斯加小镇男孩的梦想实现。我不认为这些事情还能被编排得更好了。

等等……我有没有提到过在我三十年的NASA职业生涯里，十五年是工程师，另十五年是宇航员？

运气如此！

我的第一次宇宙旅行会持续至少五个月，也许会更长。在出发前那珍贵的几天里，我的愿望就是和苏珊尽可能地享有一些私人时光（而且不，不是为了你想的那种事）。在这些时间里，我脑海中一直循环的主题，是我对这个女人永不消逝的爱。她一直支持着我的梦想。苏珊牺牲了她自己前途无量的NASA事业，好在我环游世界（最终环绕地球）的时候照顾这个家庭。那也是属于她的时间，所以我想尽可能地与她共享那些经历。

在我们出发的路上，我一直非常期待见到苏珊。行程预定，在出发前我还有一天的时间，这是NASA的家庭保障部门为我们提供的又一个见面机会。那将会是一个温暖的日子，亚特兰蒂斯号会在这一天，6月8日下午离开地球。情况原本会更糟——我们也许有可能得在中午就起飞。

每个人在团聚时都非常激动——宇航员在肯尼迪中心员工宿舍里和他们的家人们相聚。苏珊看上去非常迷人（就像她一直以来一样），她穿着卡其色的短裤，配上一件亮红色的背心，外面搭着一件薄毛衣，上面装饰有第十五远征队的标志，这是为了向陆之角赞助商表示感谢。

我穿着自己的蓝色飞行服和靴子，骄傲地戴着有第十五远征队标志的棒球帽——我打算把这顶帽子悄悄偷运上即将起飞的飞船。我们的家庭选择了红色作为发射日的家庭主题色（代表"加油，红队"和内布拉斯加），尽管红色是船队成员中指挥官的颜色。正规而言，我的船员身份颜色是深紫红，因为我很晚才加入这支队伍。

这趟去往停机坪的旅行是专门为与伴侣共度而设计的。对船员意义重大的某人或是未婚船员的父母才会被允许参加。

但我在这趟旅行选择的伴侣却是毋庸置疑的。我将与宇航员历史上最美丽的佳人作伴。

我们登上运输大巴——它的推进系统需要重力——来到下一个更令人赞叹的交通工具上，它的推进装置能摆脱同样的重力。

到达停机坪后，我们很快集合好，为了一项必需品——宇航员和家人们的合照，这之后我们才被允许去进行发射台和高耸的飞船里艰难的准备工作。每一次出发都充满不确定，在发射台里安全地移动需要十分小心，里面充满了硬件、燃料供应缆以及事先已放好的安全部件。尽管我们都很想尽可能地靠近这部高度精密的机器，但我们已被提前告知，严禁触摸任何东西。

被称为人类工程奇迹的太空运输系统在众人的注目中肃穆地矗立着，向着两百英里外的天空奇异地伸去。它占据着发射台，底下是1960年代皮带传动式履带牵引装置，想象着不久之后的发射中它将释放的力量，这画面让我不寒而栗。

作为一个空间火箭飞行者，我不确定接下来的几天、几个月里会发生什么。我攥紧了苏珊的手，我们一起走过亚特兰蒂斯号那三个巨大的铃状主引擎。我们没有说太多，但我发自真心地相信，在这个我们被相同的景色、声音和气味包围的时刻，我们的想法是一致的。这将是我们在未来几个月，或是，天啊，一生里最后的团聚，对平安的默祷占据了我们的头脑。

当我们穿过亚特兰蒂斯号的底部时，被塑料包裹的橘色外部燃料箱和洁白坚硬的火箭发动机紧紧拥抱着她漆黑平滑的腹部，她仿佛背上了一个满是炸药的背包。就像是第一次约会的年轻人，苏珊和我谨慎地挑选自己的语言，对我们所处的充满紧张氛围的环境敏感无比。

我们谈到了我们一起在不到24个小时里做出的决定有多重要，有何等意义。我们谈到了我们的家庭，尤其是我的父母，爱丽丝和约翰（其实他的昵称是杰克，但在孩子面前我们总称他为约翰，以免误解，因为苏珊的爸爸也叫杰克）。我云淡风轻地提到，如果我的父亲还在世，他该有多骄傲。这个简单的想法让我的泪水攀上眼眶，而当我凝视着苏珊的双眼时，泪水立刻开始滚落。

突然，我们同时发现了一只细小、美丽的蝴蝶，它在我们的手上温柔地飞舞着。几乎是同时，这个场景抓住了我们的心。我们的眼神重新汇聚在一起，而我抓紧她的手，然后说，"嗨，也许那是我爸爸，他来这里告诉我们一切都会好的。"我们微笑，亲吻，希望这个时刻能够永远继续下去。如果那时我们的心中还存有恐惧，那么我们都在死死抑制住它。

最终我们登上了发射台的高速电梯，向195英尺的高度前进。在那儿，飞行准备人员很快会通过发射准备台狭窄的通道，从太空船服务区到狭小的、现在十分安静的"白屋"。还有不到24小时，我们会穿上降落伞和安全带——它们已经事先被挂在了那儿，等待我们的到来——它们是为连续的飞行器入港准备的，根据经久实践和良好磨合的时间表制定。

迅速向上加速，寂静笼罩了我们，耳内的嗡鸣声让我们感受到气压的变化，这是我们自己在"小型发射"中急速上升产生的结果。当我们进入像是《星际迷航》[①]式的无锈铁制电梯门时，入眼的佛罗里达东南海岸景象无与伦比。电梯门迅速分开，只剩下60年代热门电视节目中那样的嘶嘶声。这很惊险，但同时又如此令人振奋，它将让我们欣赏很少有人能看到的景象。

---

① 《星际迷航》是美国著名科幻影视系列作品。

苏珊和我沿着应急疏散通道走，在全金属结构的建筑物里，有格栅的地面上画着形状像箭头一样的暗黄色路线，当有重大飞船事故发生时，它会指引我们。这些箭头指向挂在西北角平台上的救生篮安全系统。它们只被使用过一次，在1980年代的一次宇航员演习训练上。这些篮筐让人想起过去那些很棒的停车换乘经历，它们被设计用来搬运船员和后备支援人员，篮子在一根金属缆绳上运行，如果情况真的变得很糟糕，它会将人员搬到一个早已准备好的混凝土储存舱里。

在工作人员正确的准备工作下，我们会站在防火喷雾中单列前进，手搭在同伴的肩膀上，跟随黄色箭头的指示，赶到那个滑线篮筐坐上去。

满怀信任地一跳，紧跟着手拍在篮筐控制装备上的响声，这趟吊篮之旅将会开始。仅仅由重力驱使，篮筐沿着飞索向下坠落，直到底部的仓库，这是安全和生存的最后希望。

我们沿顺时针方向绕着发射台继续自己的旅途，电梯从滑线篮筐旁边经过，停在另一个标志性地点旁边。这是著名的195英尺高厕所。全不锈钢，没有马桶盖，这个金属便桶是你体会到大地引力的倒数第二个机会。如果你没能成功使用这个高海拔设备，在进入白屋前你还有最后一个办法，那就是NASA的超大容量吸收服，或是一块尿布。

我们攀上更多的阶梯，这些楼梯能让我们超越白屋的高度，甚至能踩到飞船外壳的顶部。在飞船机头罩上方大约50英尺（15米）处，这是发射台上（人类）能抵达的最高处。

苏珊和我曾在那儿停了一会儿，安静地向所有在我们之前的神明祷告。我们只有几秒钟，之后我们立刻发现了另一位访客。我们的蝴蝶朋友又一次让我们沐浴柔光，我们都认为一只蝴蝶能飞那么高真是非常怪异。我们对蝴蝶的所知还停留在那些离地很近的，或是在动物园里的标本。更多的泪水和一个紧紧的拥抱，那个拥抱如此用力，它大概会被我铭记好几个月，我们本一体。我们的爱像一直以来那样强大，我们知道那是我的父亲，他就在这儿，和我们一起……而且他很赞同！

我和苏珊的最后时刻将会在海滩小屋里度过。这个活动被有经验的宇航员们称为"亲吻与哭泣"，紧跟在发射台之旅后，我们集合吃过简单的午饭，就会在沙滩上最后散会儿步。这时没有其他的家庭成员在场，只有宇航员和他们的另一半。

苏珊和我离开发射台，坐着租来的车向会议中心和沙滩前进，我玩笑地调侃着也许我们能在KSC野生动物保护区里找到一条隐蔽的小路，好好亲热一下，在我回来之前的最后一次。

但即将面对指挥官斯托考严苛规矩的自我压力对我第一次经历飞行的脑子来说有些无法承受，所以我判断我们到达沙滩小屋的时间最好和其他人差不多。我之后了解到（在飞船上和我的国际空间站替补队员丹·塔提在一起时），在丹的长时间飞行之前，STS-120的指挥官派姆·梅洛伊为丹和他的妻子简提供了在沙滩小屋里独处的几个小时时间。派姆为丹安排了轮流当班的车辆好让他返回宇航员中心，这反映了她对宇航员的体贴，而且和那个各个方面都像海军水手、担任我指挥官的男人完全相反。

我们的"亲吻与哭泣"就如名字那样，但哭泣比亲吻多这点让我很惊讶。那是个与爱人分享的美好时刻。我们在沙滩上的宁静时光——握紧彼此的手，拥抱，亲吻，然后哭泣——这些时刻将会支撑我直到我在秋天回到地球。在那个时刻，11月看起来那么遥远。

我需要我们的蝴蝶再出现一次。

19
威震八方

内布拉斯加的冬季非常严酷：冻死人的温度，成堆的雪，还有能把你掀翻在地的北风。我记得还是个孩子时，我们在冬天的早晨总想出去在雪里玩，无论天气如何。毫无意外，我们的妈妈会说"出去以前记得穿上你的靴子"。而爸爸也会插一句，告诫我们，"戴上你的帽子，不然你会感冒的。"他们就像父母该做的那样，目标是我们穿得暖、吃得饱、不染上冬天的疾病。

在空间站外表演太空行走和在冬天的内布拉斯加室外行走差不多。宇宙的环境就像我小时候遇到的那些情况一样严酷……好吧，也许更糟糕一点。虽然没有雪，但出门前穿上合适的衣服还是至关重要的。在太空中，穿没穿衣服也许就是生和死的区别。

我们的衣服成为我们在外太空真空环境的安全天堂。这套衣服——洁白的舱外机动套装（EMU）——是我们的私人太空舱。它由电力驱动，储藏了我们呼吸所需的氧气、保持我们身体凉爽的水，排热系统和在我们呼吸时排出二氧化碳的装置。它是我们的生命保障，微流星体的保护装置，交流、电力、推进和气流控制中心，全部融为一套衣服。

这套服装包括头灯（真的在我们头附近），用来帮助我们观察太阳是否被地球遮住；一台电视摄像机（让控制组能够鸟瞰我们正在进行的活动），以及一条工具腰带。这条系在制服前面的腰带被称为小型工作站，让我们能够装载、携带一些拥有独一无二设计的工具，我们在空间站外时可能会用到它们。

对于一个正式宇航员来说，要被编入空间站的任务，他或她必须成功完成一系列的测试和一次EVA技术训练流程，表明他们拥有能够安全完成太空行走的能力和技术。

这和专业橄榄球运动员中的四分卫有些类似，他在整个职业生涯中，早已熟练掌握了传球、递球、阅读防守体系以及唤醒队友和观众的能力。在一场比赛中，这些基本技巧，配合对手的最新情报，能让四分卫在不同情况中重新安排自己的作战计划。

进行太空行走的宇航员要做的准备从地面上就已经开始。第一步，NASA工程师会与这名宇航员亲密合作，制造出一套最合适的服装，好让他在六个小时以上的太空行走中表现更出色。

对于一套太空服而言，最关键的地方之一是手套要合适。宇航员试戴很多双其他太空人之前在宇宙中用过的加压手套，寻找一双能够让双手灵活运动、无障碍使用手指的手套，尽管会有些很微小的疼痛，这依然是一个冗长而且不断重复的过程。需要耐心和几轮实践，好找到那副最适合你的手套。

如果一副适合的手套没有存货，那么NASA会选择制造一副定制的合适手套。在ILC多佛公司和休斯敦，和太空服专家合作的过程都漫长、疲惫而且十分昂贵，但长期来看它会带来很多好处。

坚硬的上半身（HUT），是太空服的另一个重要部分。它型号有中号、大号和加大号，很多宇航员都努力找到那套最合适的。经常有宇航员挣扎着穿进一套比他适合型号更小的太空服里，用舒适度换取更好的紧身效果和工作效率。如果他们能够忍受这种紧绷一小段时间，那么这套服装会在加压后变得更加贴合。一个能够穿上不同型号HUT的宇航员对于EVA的工作安排很有帮助。如果你经常穿的那套服装没办法用（例如，加大号），因为它破损了或是压根就没在船上，能够穿上更小一号的宇航服，也许会让NASA在必须临时出舱活动时发生的意外事故中避免一场灾难。

太空行走服的下半部分，名为下身装备（LTA），由三个主要部分组成，第一部分是腰部装备（把它想成你的短裤），它与腿部装备相连。上述装备都按顺序连接在靴子上。合适的LTA长度对于你长期的舒适度来说是十分重要的，而且它的装备需要不同型号的环、不同的腿部长度以及可调整的腿部弹性凸轮。

水下训练环节中的契合度以及你的舒适度在零重力环境中也许会变得不同。在水下，重力也许会在你完全不想被摩擦、拨弄的部位造成更加沉重的摩擦和拨弄。在太空中，你的身体常常与包裹你的舱服一起漂浮着，如果型号合适的话，那些压迫点也许能被避开。粗略而言，下身装备加长一厘米，能让你的脊柱在无重力环境中舒展开。用这种方法，"热点"经常能被避开。

假设一套太空服非常合适，宇航员就会在那个位于休斯敦，有620万加仑（23000立方米）水容量的，被称为"无重力实验室"游泳池进行太空行走训练。它被宇航员们称为"内空间"，浮力实验室是世界上最大的室内湖泊。建造它，需要19个小时不间断的混凝土浇筑，用水装满它花了30天（这是因为城市的水量限制），这个40英尺（12.19米）深、200英尺（60.96米）长、100英尺（30.48米）宽的水立方体，它的用法和孩子们游玩的当地游泳池一样。吸进一大口气，呼出适量的气体，你就能让自己漂浮在水下的一个固定位置。这就是我们要做的。

在每套制服内部，每一英尺都需要4.3磅（1.95千克）的内部压力，你就像一个被线拴住的气球。随着重量加进你"太空舱"外部的口袋，你能达到浮力平衡的状态，不会沉下去，也不会浮出表面。这就好像是无重力。

对于有太空行走计划的飞船任务而言，每一个小时的舱外活动，都要求10个小时的水下训练。因为大多数的飞船飞行都不会超过两周，为了在短时间内完成多项任务，所有任务的安排都十分精确。纵览所有成功的行动，最后一个细节都是"平整"，减少突然事故惊吓到船上成员的几率。

对于长期EVA的准备而言，1小时舱外活动大约需要5小时的水下训练时间。这种比较放松的训练模式是建立在每个宇航员都接受过基础技能训练的基础上，这些基础技能可以在他们遭遇的任何情况下使用，所以不需要再去磨炼专业技能。考虑到国际空间站的宇航员们经常都在做绕地旅行，让他们在同一个池子中受训也十分困难。如果遇到问题，国际空间站任务时间越长，对太空行走时长的要求也就更加灵活，可以延长也可以缩短，让他们直接回舱。执行队伍可以之后重新组织，再尝试一次。因为国际空间站的宇航员们并不急着赶回家的飞机。

我花了650个小时在40英尺深的浮力实验室池塘里训练。与能聚集起来的最有经验的骨干潜水员们以及一位专家级别的太空行走训练人一起，我这个内布拉斯加人在自己15年的职业生涯里会进行6次太空行走，在外漂浮将近40个小时。

2007年6月23日，我在国际空间站的压差隔离室待命，安静地悬浮在面对地球的舱口上。看着压力探测仪慢慢移到将近真空的刻度，我很平静。随着地面控制团队一声"走"，我确认舱口压力接近0，于是开始转动舱口处的手工把手。转上一周半，封口装置从外环处分开，舱口处于能够被打开的状态。

身为梦寐以求的主要太空行走人员（EV-1），我和一个俄罗斯同事一起向外走。我之前从来没有进行过太空行走。

小心地打开舱口内部那个小小的焊接手柄，我将它推至直立，然后向前一推，将舱口的门推开直至与墙壁接触，并将它锁在开放状态。

"休斯敦，EV-1，舱口已经开启并锁定。"我呼叫。

"收到。舱口开启并锁定。"指令舱通信员克里斯·卡斯蒂带着回音的答复。

在等待来自通信员的正式指令出舱时，我用了几秒钟在3英尺（0.9米）高的出口处悬浮着。弯曲的扶手勾勒出舱口的轮廓，我用戴着手套的右手指尖滑过扶手，安静地调整自己，将自己引到第一出口处。在我的新窗口中呈现的世界景色，是一片完全漆黑的幕布。

地球遮挡住太阳后舱门打开，这是我见过的极致黑暗。微小的冰粒从左边飞来，从太空服后面穿过，瞬间消失在我眼前的黑暗中。这些粒子是由我舱服中的升华器（空调系统）创造的，从气阀上某个气压接近0的地方出现。在宇宙完全无压力的真空环境中，压差推动着冰粒从高压处流向低压处，就像地球上的风将秋叶吹离一样。

我脑中本该有数以百计的想法急流而过，但现在只有一个。"我生来就是为了在这里，在这个时候，做这个工作。"

我一共会在整个宇航员生涯进行6次太空漫步，但第一次是最有纪念意义的。

费奥多和我在外太空真空环境里待了7小时41分钟，没有犯任何错误，完成了我们单子上的每一个目标。

我们任务的关键是抛弃两块空间硬件。第一块被称为飞行支持装备（FSE），是一个影像支柱支撑组件（VSSA）——一个铝制支架，之前被用于固定数量不断增加的相机与灯，大概有一块大咖啡桌那么大。第二块，一个更大的、即将成为太空垃圾的东西，是一个早期氨水加注系统，或者称之为EAS，它是气态氨的储藏仓。

空间站建设早期它被放置在这儿，这个储藏舱为空间站外部制冷系统提供额外的氨。在国际空间站，氨来自氟利昂，热量通过电力装置组件在整个空间站中传递，直至靠近太阳能电池板的散热板，在那儿热量被"丢"入宇宙极寒的环境中。这种热量循环结构将冷却后的氨送回空间站，然后重复这样的过程。

EAS的重量不会小于1400磅（635千克），比同等体积的冷藏冷冻箱更重，空间站不再需要它了，现在有了升级版的、更加高效的外部制冷系统。与其将这个沉重、累赘的储藏舱用飞船带回家，NASA决定将这个硬件丢弃在宇宙里，在这儿，它最终会在重回地球的过程中燃烧殆尽。

费奥多和我合作，俄罗斯同事奥列格·科托夫驾驶空间站里由加拿大制造的机械臂——这是历史上第一次由俄罗斯人单独驾驶这条手臂——我牢牢站在便携式足部固定器上，固定器被放在机械臂抓物器械的顶端。"骑上那个吊斗"，就像线路工人在一场灾难后恢复线路一样，奥列格将我传送到EAS和费奥多所在的地方，他们都处于空间站的顶端构架上。

紧紧抓住EAS的扶手，我对费奥多说"走"，让他放开那个固定的螺钉。随着费奥多用手上酷似手枪的螺丝刀六次顺时针扭动，他释放了EAS。它从框架上脱离，向我飞来。用力往回推储藏舱的冲击力，让我有了一个真实的机会复习"F=ma"这个概念以及六自由度[①]。

---

①   F=ma 为牛顿第二定律表达式，物体加速度的大小跟作用力成正比，跟物体的质量成反比。六自由度是指物体在空间中有六个独立运动，沿直角坐标系X、Y、Z轴的三个平移运动和绕X、Y、Z轴的三个转动运动。

我口头指挥我的俄罗斯吊车司机，大部分是英文但有时候用几个俄语短语，与此同时，他开始将我向硬件的指定抛弃方位送去。

操纵这个机械臂到达指定丢弃位置十分无聊。奥列格通过电脑键盘和手动控制输入装置来操作那条加拿大制造的机械臂，我、我的宇航服和这个沉重的储藏舱混在一起，让这次移动必须进行得非常缓慢。时间一分钟一分钟过去，离丢弃时间越来越近，我们安静地穿过天堂，像一条不断盘绕前进的蛇一样寻找着它的最佳攻击地点。

我们的航线穿过美丽的日光将我们带到了美国西北部上方。从星球的高空航行而过，我的视角就如同上帝一样。将储藏舱轻轻地向下倾斜，我能看到西雅图、华盛顿，一路直到大盐湖。沿东北方向向上，我看到白雪覆盖的洛基山脉在我被靴子包裹的脚下延伸，我幻想着把这个EAS扔到我的老家内布拉斯加去。

一次成功的丢弃需要一个能够让储藏舱成功脱离航线，并且不影响到任何地球居民的航行轨迹。为了提高我们的成功率，控制中心的工作组已经在我们睡觉时小心地操纵让国际空间站向后航行了。

现在，整个空间站尾巴朝前航行在正常轨道上，奥列格开始了我们最后的操作，将在手臂上的我翻了个个儿，而EAS依然被我紧紧抓着。

头朝着地球，飞船在向后飞行，我会把储藏舱直直地扔（或是推）出去，就好像篮球比赛中的胸前传球一样。任务的关键在于，如果我能将它足够快、足够准确地扔出去，远离国际空间站（和我的胸口成30°锥角），轨道力学的力量会将这个储藏舱变成一个速度更慢、更加背道相驰（与空间站航行方向相反）的盘旋物。在更低轨道上的物体会移动得更快，这会让空间站和储藏舱的分离更加迅速，减少它们在之后航行中相撞的危险。

我的推动需要的最小速度大概5厘米每秒，但任何高于20厘米每秒的速度都是乐于接受的。地面上已经计算过，如果以这样量级的速度，那么储藏舱将会毁灭——氮和铝一起。

他们只是不知道到底会在什么时候、什么地方。

我在气浮层、NBL的巨大游泳池和一个虚拟现实内镜模拟器里经受过数百次的训练，我猛靠在机械臂底部，抓住储藏舱的两个垂直扶手。

我的视线现在完全被舱体阻挡了，我得盲掷。回转技术会以足够的速度为我提供一次完美投掷，在正确的位置扔掉这个现在失去作用的、金属和绝缘体构成的箱子。

我活动着自己的下半身，以便更好地做出向后的动作，然后用力地将我的脚蹬在足部固定器上，做出"脚跟到脚趾"的摆动动作，宇航员和巨大的储藏舱开始一寸一寸地靠近预定丢弃点。

长时间的训练让我十分耐心，稳稳地抱住箱体，等待它经过垂直降落点。

肾上腺素鼓动着我，我做好释放的准备。"耐心，耐心。"我安静地念诵，努力让自己的胳膊保持平稳，像一条线一样紧绷着，等待着最佳时机。

45°。65°。80°。垂直点！我稍微犹豫了一会儿，就像无数个小时中的训练那样，现在刚过垂直点，我就用力把这个1400磅重的巨物推了出去。在多种力量的作用下，箱体向前而我的身体猛地向后。我在全体船员公用麦克风里大呼"丢弃！"时，足部固定器是唯一阻止我发射出去的东西。

箱体翻转着远去，我观察它倾斜、翻滚的角度，粗略计算每分钟的高度数据。我从右边的摇动臂上掏出一个相机，捕捉它在太空完全黑暗背景中的动作。

费奥多，在空间站靠近实验室的地方看着，然后激动地用带着浓浓俄语腔的英语大喊"丢得好！"

之后的计算结果告诉我，我以140厘米每秒的速度推出内布拉斯加1号（VSSA FSE），以每秒40厘米的速度推出内布拉斯加2号（EAS），远远超出了任务前的预估。对于一个老头来说，很不错！

那天我们创造了两个新的太空飞行物。我们太空站的指挥将它们命名为"内布拉斯加1号"和"内布拉斯加2号"。回到站内，喝几口俄罗斯白兰地放松以后，我们感觉很好。当然这完全无视了美国空间项目中的"无酒精登船"规定。飞船上的"三个火枪手"已经完成了他们的任务，而且完成得很好。

内布拉斯加1号会在一个月之内重新进入地球的大气层。而内布拉斯加2号则需要十五个月的时间才会迎来它的消亡，在2008年的11月3日，从塔斯马尼亚岛的正南方进入塔斯马尼亚海。

我会再进行5次太空漫步，其中两次是在这五个月的飞行生活中，与STS-118上的船员一起合作。工程师瑞克·马斯特拉克和加拿大医药博士达维德（戴维）会轮流到外面去探险，陪伴他们的将是这艘船上经验最丰富的美国太空行走者（也就是我）。

令人失望的是，这两位太空行走者的时间都被缩短了。第一位是因为瑞克的太空服手套上出现了一个洞，而第二位则是因为风暴迪恩，一个产生于墨西哥湾的5级风暴，我们担心它也许会袭击休斯敦市区。每个人至少减少了1个小时的太空行走时间，这是指挥中心出于安全考虑的合理举措。指挥中心也十分尊重STS-118上船员和他们的家人需要为风暴做准备的需求，他们也将这艘船的出发和返航时间都提前了一天，好让他们能早点回家。

瑞克和我会在发现号和STS-131号上再进行3次外部旅行。我会再一次成为氨操作专家，这次是为了更换空间站上的最新氨箱。

看起来我的工作似乎有些千篇一律，但这种"千篇一律"真不得了！

根据维基百科，在舱外活动时间最长的30名太空人和宇航员中，现在的记录（到2015年1月），第一名是俄罗斯的阿纳托利·索洛维约夫，他的时长为82小时22分钟，共16次舱外活动。第二名是美国宇航员迈克尔·罗伯茨·阿里西亚，67小时40分钟，10次舱外活动。

在职业生涯结束时，我有了总计38小时28分钟，6次舱外活动的记录，让我成为世界太空行走时长名单上的第28名。想象一下，世界历史上的第28名，是我，一个来自内布拉斯加小镇的男孩。

这就是我所说的"威震八方"。

20
名声和财富

与很流行的看法相反，宇航员并不能挣很多钱——至少和专业运动员、知名音乐家和电影明星等相比。我们在休斯敦这里生活得很舒适，但我们绝不是亿万富翁。

我们作为宇航员到达休斯敦的宇航员军团，然后得到了一个不是那么充满赞美之意的绰号"ASCAN"（后备宇航员），我们既没钱也没有名声。

我们每个人都被要求，如果我们还不是的话，要成为美国政府的雇员。军方的ASCANS基本是借给NASA调用的，由各个不同领域的服务者组成。在所有的相关文件中，这被称为"短时的任务停留"（TDY）。

作为美国国内的公务员雇员，我们处于军方系统的同事按照联邦雇员的工资标准领取薪水，这份薪水根据教育水平或是工作经验被划分成不同阶层和阶段。

在成为一名宇航员之前，我是约翰逊航天中心紧急事件处理中心的一名经理人。在我职业的那个阶段，我为联邦政府工作了十五年，稳步地按照公司晋升制度前进。我1998年的工资水平是GS-15/3级①，粗略的年均收入大概是9万美元。还不算坏。对一个内布拉斯加的小镇男孩来说算是功成名就。它几乎是我父亲在1981年收入的5倍，也就是在1981年，我加入了NASA，成为实习生。

到1981年，我作为实习生加入NASA时，我的父亲已经被内布拉斯加州政府雇佣了超过三十年，但我的年薪已经比我父亲多出5000美元。这令人震惊。

在宇航员中心听到录选结果时，我既兴奋又失望。虽然有了能够参与这次完美体验的机会，但我还得接受降级。

JSC人力资源部的首脑，哈维·哈特曼，命令我接受降级。他说这是前代宇航员们立下的先例。降级不会是薪水上的下降——至少一开始不会。我会降到更低的"等"，但会升入更高的"级"。我的年薪粗算大概会保持着差不多的水平。不是GS-15/3级，我成了GS-14/10级。

人力资源部没有指出的是（我也是太晚才了解到），在GS-14/10级，我会是GS-14中工资最高的，相比而言GS-15/3级却是GS-15中工资比较低的。

先花时间提高"等"之后，我的"级"工资才会有所提高。换句话说，作为GS-15中工资比较低的，在之后10年里我有5次提工资的机会。在这个节点上，我很快会达到最高点，然后薪水在我进入下一"等"之前一直不变。

---

① GS：General Schedule，美国一般公务员工资表。美国一般公务员的工资由Grade（等）和Step（级）决定，一共有15等、10级，1等1级最低，等、级越高，工资越高。

而处于GS-14的工资最高点，我在3年内不会涨薪水。差不多3500美元一年，它会让我损失大约10500美元。这不合逻辑。①

但说实话，没问题……毕竟，我是一个宇航员。在整个过程中最让我感觉到被降级的是，我失去了一个停车位。而且，老天，我就没得到点好的。

被宇航员团队选上，就要求我在汇报任务时换一个大楼（从30号楼到南4号楼）。我联系好朋友和同事，史蒂文·埃尔斯纳，设法"玩转"停车系统。

埃尔斯纳，在任务控制指挥部的同事，最近刚换了工作，他得从南4号楼换到30号大楼。我们协商了一个交易，交换各自的停车位，并正式联系了JSC秘书好让它"合法化"。他们同意的话，我就能把车停在南4号大楼的最前列，离门只有30英尺（9米）。我的感觉好极了！

实际情况并非如此。

兰迪·斯通，我的好朋友，担任指挥部首脑时是我的上司，他代表我勇敢地去说服他们保持我原来的薪资水平。但没有什么效果。哈特曼先生和NASA的高层管理者不会买账，重复这样的降职已经成为惯例。受伤害的是我。

宇航员的生活中，优点多于缺点。第一，也是最主要的，有机会体会到地球外的生活，漂浮、玩耍，在几乎零重力的环境中工作。

同样排在前列的是，能够见到杰出的人物和名人。如果在街上问，他

① 主人公从GS-15/3级变成GS-14/10级，工资水平基本不变，但由于3级在GS-15中相对较低，所以涨薪空间更大，机会更多；而10级是GS-14的顶点，3年内无法涨薪；从较长时间段来看，主人公会损失部分收入。

们不会知道我的身份，但我肯定知道他们。

我有幸见到过老布什总统和小布什总统，教皇本尼迪克特，以及很多参议院和众议院的人。

我有幸见到过比尔·盖茨和梅琳达·盖茨，这个星球上最善良的两个人。

我曾经担任过NBA休斯敦火箭队比赛的裁判，对全明星球员以及未来的哈基姆·奥拉朱旺、克莱德·德雷克斯勒、查尔斯·巴克利和迪肯贝·穆托姆博吹过犯规和违例。

成为一位宇航员代表有无数的机会，以及发展长远友谊的机遇。

我认识一位最热情、最专注于太空的人，现在可以说他是我的好朋友，他是巴里·沃纳尔。绰号是"B-dub"，是那些跟随他电视节目和广播的人给他起的，巴里来自纽约的布法罗，很长时间都是休斯敦的体育专家。他也是NASA的狂热粉丝。他熟悉NASA的历史，与很多原"水星7号"的宇航员私交很好。巴里对于我们国家的空间项目抱有一种热情和激情，他认为那儿有一片未知需要探索。NASA需要更多像他一样的粉丝。

在我宇航员事业的早期，我有幸参与了在佐治亚州萨凡纳市举行的阿尔法·西国家学术颁奖典礼。在黑斯廷斯大学里，作为这个大学荣誉组织的一位成员，我被提名为2001年的杰出校友，跟随着CBS夜间新闻主持人丹·罗德尔的步伐，后者曾在1993年得到这项荣誉。

参与阿尔法·西以前，在飞往一个不相关的公众发布会上时，我从座位前的口袋里挑了一本西南航空《灵魂》旅行杂志。翻了几页，我停下来阅读一篇关于《纽约时报》畅销作家内华达·巴尔的文章。这篇文章摘录了她最新著作《血的诱惑》里的一段。

内华达，一位具有高超口才的叙事者，在2001年出版这本书前已经出了8本书。她的主角，安娜·皮金，一位国家公园服务处的园林官，在发现细节上有特殊的本事，最终解决了一系列在国家公园中发生的谋杀案。

那一年在阿尔法·西上的主讲人正是内华达。我们会在那儿第一次见面，与苏珊以及我们的家人一起，包括我4周大的女儿萨顿，以及4岁的儿子科尔，我的岳父岳母，以及我的母亲。

被她的平易近人和聪明才智迷住，那天我买了她的一本书，她在上面写道"送给克莱顿，带上最好的祝福和一点小嫉妒。爱你的，内华达"，她在后面加了一句，"希望我们还能再见。N. B.。"

我们当然会再见面——在休斯敦，在她下一本书《狩猎季节》的签售会上。

我早早到达了"被书谋杀"，这是位于稻米村的一家很棒的书店。我站在排成一排等着买她新书的人群中，好好保护着签售会的号码牌。我远远地坐在后面，离那些完全沉迷于安娜·皮金眼神的狂热粉丝远一些，我保持着安静。我看着她热情地欢迎一众忠实粉丝，用一种生气勃勃的语调回答他们的问题。

在她的发布会之后，人们排起了长长的队伍去见她。我留在后面，离我本来的号码位有些远。

当所有人都通过后，我慢慢地接近那张小桌子。我穿上了我的宇航飞行夹克——浅褐军绿色，冬装——希望上面的NASA标记能唤起她的记忆。内华达，低着头，右手拿着一支制作精美的黑色夏匹笔，她已经从书堆里拿出一本新的书，翻到正确的页面，准备签字。

当她抬起头我们的目光相遇时，我问，"嗨，记得我吗？"

她停顿了一会儿，然后从座位上站起来，伸出胳膊，跑着绕过桌子，大喊："我的宇航员！"

我们的确再次相遇了，然后有了一段长久友谊。

内布拉斯加的橄榄球英雄们一直是我列表的榜首。作为前任运动员、土生土长的内布拉斯加人，像杰瑞·泰格、强尼·罗德杰斯、麦克·罗齐耶、拉瑞·雅各布森、格兰特·威斯特伦以及杰森·皮特这些名字，都能唤起我儿时和之后一段时光里的美好回忆。事实是，我有机会和这些在我生命中占有重要地位的运动英雄们一起共度片刻光阴。

对我来说，这些运动员是我心中的楷模，他们能在橄榄球场上展示出那些令人记忆深刻、特技一般的技巧。但与三位我有幸作为宇航员和他们见面的特殊人物相比，其他人就黯然失色了。当他们聚在一起时，这几位绅士形成了鲜明的对比。

汤姆·奥斯本博士是一个真正的内布拉斯加传奇，几乎是由全民推选的标志。他是内布拉斯加在位时间最长的首席橄榄球教练，他也因此声名远播。他将内布拉斯加球队带进了国家比赛，并且建立了一个毫无争议、首屈一指的制度传统。

当我第一次呼叫奥斯本教授时，我正在地球上方215海里（398千米）的高处漂浮着。他当时正作为美国国会议员为国家服务（之后会返回内布拉斯加大学担任体育指导员）。在我们的短暂交谈中，我赞扬了他的工作以及对于我们州、国家的积极影响。回到地面后，我依然会拿他因为与我的"付费通话"而欠国家一笔钱开玩笑。

又有多少宇航员能与以短语"就这么干！"闻名的有名人物成为直呼其名的朋友呢？丹·惠特尼（又称为"王牌接线员拉里"）是我们国家最有趣的喜剧演员，也是《蓝领的快乐喜剧》中的一员。我很骄傲能称他为我的朋友。

苏珊和我第一次见到丹和他的妻子卡拉是因为一次一时兴起。我们从《休斯敦纪事报》上得知拉里和蓝领喜剧团将于2010年1月巡回至休斯敦，于是我们联系了我们在内布拉斯加的朋友，艾伦·毕尔曼。毕尔曼，一个精力充沛，人缘相当好的家伙（他做内布拉斯加的部长有24年了），他好像认识内布拉斯加的所有人。

一次简短的电话聊天后，艾伦让我们和丹的经纪人取得了联系。苏珊和我邀请丹到休斯敦对约翰逊航天中心进行探访，时间是他在丰田汽车中心演出的那天早上。

让我们喜出望外的是，丹接受了邀请。他从波士顿飞到佛罗里达去接卡拉，他说卡拉是个"宇宙迷"。当他们到达航天中心时，我们的第一站就是世界著名的航天任务模拟器，也可以称为SMS。这台模拟器能让飞船飞行员和指挥官模拟飞船内部的浮空状态以及之后在全球各个站点的降落情景。

丹很紧张，问我他"驾驶"的时候是否会产生晕动症。我们向他保证一切都会很顺利，但当我们向他提到JSC的5号大楼中，正待在休息室里的STS-131指挥官艾伦·"戴克斯"·波因德克斯特时，他的焦虑变得非常明显。

科尔，他那时14岁了，一直跟着我们，他变得很激动，而他的兴奋在我们进入模拟器时表露无遗，为了模拟冲向轨道的航行，戴克斯担当了指挥官，而丹作为飞行员。科尔坐上了1号专家位（这也是我在之后的4月里，执行发现号进入大气层任务时的座位），就在拉里的后面。卡拉坐在任务专家2号座上，就在戴克斯的右后方，对飞船的仪表、开关一览无遗。我坐在专为游客、新人或是指导员准备的弹射座位上，那是个你基本什么也看不到的座位。我是这趟地外旅行的"怪咖"。

丹依然有些紧张，他仔细地听着戴克斯的方位简述。很明显，他开始放松下来，因为他开始讲笑话了。用平时的丹式语气说话，丹认真地问，"戴克斯，你真的能看见中国的长城？"——他停顿了一会儿，让我们期待一阵那个意料之中的问句，"从外太空？"

然而，他让我们所有人惊讶了。重新用上了王牌接线员拉里的声音，他问道："还有艾尔·罗克①？从外太空？"

模拟器里爆发出笑声，科尔露出了我见过的最大笑容。这会很有趣！

我们模拟一次单向航行，戴克斯描述着重要节点，关键资料被船员们展示在太空船驾驶舱的发光绿色LED显示屏上。到了模拟返回和着陆的时候，这被太空冒险家们称为"十千时刻"，因为这个航程起点在肯尼迪航天中心上方10000英尺（3048米）处，丹和卡拉的竞争天性开始显现。

他们像玩电子游戏的孩子一样争吵起来，每个人都想展现他们的"十千时刻"，好像这是他们赖以为生的东西一样。伴随着像超级碗一样令人怀念的无聊杂谈，卡拉被认为是降落发现号技术最好的人。模拟器支持队伍（在听说是谁要来飞行后，他们都推迟了自己的休假）都来与大家分享电脑打印出的文件结果，"拉里"并不满意，而卡拉也没让他听到最后。

对我来说，与王牌接线员拉里的会面与我和乔治·沃克·布什的见面形成了鲜明对比。我与总统在休斯敦的哥伦比亚号追悼会上有简短的会面，但一个新机会将会成为我家人生命中的纪念时刻。它开始于我在宇宙待了152天后，返回佛罗里达的那天。

完成飞行后检查的日常任务后，所有STS-120的宇航员都会前往可可海滩，在NASA提供的住处与家人共度一晚。在接下来的一天里，我们会

---

① 美国电视节目主持人，演员。

和配偶、孩子一起，在沙滩或游泳池里享受一段放松时间，之后再返回海角，乘坐傍晚的航班飞往休斯敦的艾灵顿·菲尔德机场。我们几乎所有人都有20个小时没睡，而例行的着陆数据测试以及一次记者招待会让我们筋疲力尽。

所有人？我说所有人了吗？我的意思是除了保罗·内斯波利和我。作为国际空间站的长期船员，我是几项需要在落地后立即进行数据采集的实验客体，其中两项数据需要在之后一天进行收集，或者称之为"L+1"。

我的意大利同事和企鹅同窗保罗，也会留在宇航员中心。在宇宙里待了两周后，返回地球时的重力让他无法承受，他可能需要整整24个小时才能恢复。

我在11月8日早上醒来，准备蹒跚着经手NASA深思熟虑的"L+1"计划——蹒跚是因为我的身体依然有一种"依然处于失重状态"的错觉。我感觉比降落那天好多了，一个晚上的好睡眠，一杯滚烫的咖啡，一份早餐（我最终还是得吃那份牛排——里面只有乱七八糟的鸡蛋，而不是烤土豆），以及15分钟的自行车锻炼让我的身体和精神都精力充沛。

我憔悴、苍白，而且严酷太空之旅让我不太稳定。如果我有一点头发的话，我看起来就会像汤姆·佩蒂①一样。我已经厌倦了那些关于我是如何苍白的评价，即使我感觉好些了，苍白依然没有改善。所有其他人都觉得我是活死人骷髅中的一员。

照科学家的要求被当成人体实验小白鼠后不久（最多不过几天，总而言之），我开始期待一天的休息，在公寓游泳池里与我的家人闲游，然后往

---

① 美国摇滚乐队伤心人合唱团的歌手。

自己身上找回点颜色。

之后事情发生了戏剧性的变化。

我们获悉布什总统已经到达得克萨斯，他为见面会和募捐者而来，他要求与发现号的船员进行一次会面。在他返回华盛顿之前，会立即到位于休斯敦艾灵顿·菲尔德机场的空军一号基地短暂停留一会儿。

我们被指挥官派姆·梅洛伊告知，NASA管理部门会将把我们送回休斯敦。在那儿，我会和我壮大的家庭在宇航员中心匆忙见一面，紧接着，苏珊、孩子们和我会立即向附近的飞船降落中心报到，我们会在那里搭上NASA的商务航班前往艾灵顿·菲尔德机场，布什总统的车队也会到那儿，我们会在空军一号基地前的柏油马路上等候。

布什总统会短暂停下，进行"会面交谈"，然后立即坐上他返回华盛顿的航班。

宇航员和家人们被集中起来在佛罗里达的飞机跑道上等候，而我躺在柏油马路上，吸收来自太阳的温暖，我是如此思念它，连我自己都感到惊讶。萨顿和科尔，自从我们早上在宇航员中心团圆后的"形影不离好伙伴"，坐在我旁边，一个挨着一个。他们不发一语地挤近了些。从身体的接触中，我感受到了他们绝对的爱，他们与自己的爸爸分享了一种不同的温暖。

苏珊，她一直在，但站得远远的，好让孩子们能有些时间团聚，她看见这个场景时露出了大大的笑容。

准备收拾好行李走向飞机时，我挣扎着站起来。我行动时孩子们总陪在一旁，跳到他们各自的位置上，科尔在左边，萨顿在右边。他们像平衡支撑一样，是他们自己家那位挣扎着重新适应地球引力的太空外星人的人形拐杖。

我们这个三人组慢慢走到飞机登机楼梯下面，就像三人两腿项目的运动员一样。苏珊也加入进来，我被来自阳光和爱的温暖包围着。

在回家的两个小时航程中，我大多数时间都在睡觉，同时还抓着萨顿的手。她坚持要坐在爸爸的旁边。我所知道的下一件事就是，我们正走下商务机，踏入空军一号基地的巨大阴影中。

我们来得早，梅洛伊指挥官让我在总统来之前小睡一会儿（这个命令完全没必要，我得说），然后让其他船员们做好下午发言的笔记。（我们的返航庆祝活动会在我们见到总司令后进行，我们需要为训练和管理队伍唱一首赞歌，赞美他们让我们准备得这么好。）

总统即将到达的时候，船员和家人都会按指示回到柏油路上，走到我们在空军一号基地前台阶的位置上。我们站成一个半圆形耐心地等待着，我们船员的队形里，指挥官第一位，然后是飞行员和任务专家。我们呈弧形站在巨大的波音747左舷处，从鼻翼伸展到靠近巨大的左翼前沿。

作为一个"太空站小子"和一个非正式的STS-120船员，我站在弧形的最末尾。我会是最后一个被总统问候的人。因为我是唯一一个长期航天员——他们坚持在等待的时候给我一张椅子。他们明白我在感官上依然是一个人类，所以我们的欢迎委员会觉得我在几个月的太空旅行后应该无法自己站立。

等待被车队的喧嚣声打破，我抓紧了苏珊的手，一列黑色的SUV蜿蜒而入，所有的车窗都是黑色的，看不见里面的东西，所以我们并不知道哪辆车上载着我们国家的"头儿"。

橡胶轮胎与沥青地面的尖锐摩擦声让我清醒过来。噪声让我跳了起来，我用重新聚焦的视线看着一辆SUV从政府的车队中脱离出来，然后猛地停在了我们半圆队伍的中心。

我眯着眼，只能辨认出有人在汽车里。他将胳膊伸出后车窗，向家人们展示着那个理查德·尼克松似的V字胜利手势①，布什总统到了。

车门被打开，总统从里面出现。穿着做工精良的海军蓝外套、淡蓝色衬衫、红色领带，总统看起来庄严而且英俊，他带着一个大大的微笑靠近指挥官梅洛伊。

他与每个船员和家属都待了相当长的时间，握手，进行私人交谈，把我们当作一群刚从不那么普通的岗位上返回的普通人一样对待。他与每个家庭共度着美好时光，然后按顺序移动，慢慢靠近我，我专心地看着这个过程，几乎目不转睛。

结束了与保罗·内斯波利以及他美丽的妻子萨沙的相处，总统的注意力转向了我。他以目标明确的步伐向我走来，我们的眼神牢牢锁定，他得克萨斯风格的脸上带着微笑。

"克莱顿，祝贺你完成了不起的任务。"他大声说，对我制服上黄色镶边姓名标牌的短短一瞥让他知道了我的名字，"但看起来你在上面的时候掉了些头发。"

科尔咯咯笑起来，有些惊讶，我伸出手与他已经伸出的手相碰。手掌紧紧相握，手臂以传统的得克萨斯握手风格上下晃动，我骄傲地以笑脸回应，"总统先生，我真不敢相信你刚因为我的头发羞辱了我！"

我们像老朋友一样交谈，简短地讨论着因太空行走、地球难得的美景而备受瞩目的任务。他蹲下，视线与萨顿的平行好与她交谈，她那时候才6岁，非常害羞。他和科尔握手，然后把对方当作顶天立地的小伙子来交

---

① 和丘吉尔不同，尼克松习惯于双手向上伸出，各摆出一个V字。

谈。他很亲切，赞美着苏珊给了她一个拥抱，表达对任务完成的祝贺。猛烈的快门声让我们确信他的随从、摄影师已经用拥有几兆像素的尼康记录下了每一刻。

为了给最后一张与整体船员合照摆出姿势，他喊道："干得好！"然后像运动员一样跳上黄绿色油漆的楼梯，最后一次对聚集的人群转过脸来。在任何意义上都十分具有总统风度地，他微笑然后挥舞着右胳膊，感激我们的出席，谢谢我们所有人。就一瞬间，他就走了，从公众视野中回到了自己的避难所。

那对我和我的家人来说都是值得骄傲的一天。在宇宙航行后，我回到了地球，还与美利坚合众国的布什总统见了面。

我比自己最野心勃勃的梦中都还要富有。

21
鉴我忠诚

　　安德森一家都在亚什兰长大，全镇的人都知道我们忠于教堂，是那里的活跃分子。基督门徒教会的教堂是亚什兰第一个天主教堂，那是一栋漂亮的红色砖墙建筑，位于第十七街和博伊德街相交的路口。我的家人参与了那栋小小教堂里发生的每一桩活动。我们加入了唱诗班，定期去教堂和主日学校，在那里做过钢琴师和风琴师（我们姐弟三个在上大学之前都做过）。简而言之，我们五个一直都在，"我们的祷告、参与、奉献和服事"与我们同在。

　　在成为宇航员这一条路上，需要很多信念。在15年里申请了15次说明我有着很强的信念，或者我仅仅不知道如何去放弃。

　　最终，1998年，在我第二次来到面试环节的时候，我的信念终于得到了回报。当你真的被选中，被通知前往休斯敦时，这件事真的令人无比激动。选拔委员会在面试前会有一个传统环节，被称作是"终极问题"，传统到所有人都经历过，在这个环节，由于期待而积聚的紧张感也能稍稍释放一些。

　　你坐在委员会对面谈论你人生中的成功与失败前，委员会先要布置一份家庭作业。你会被要求回答一个问题，每年选拔的问题都不一样。所有的候选人都要回答同一个问题。这个问题可能非常模糊，甚至可能没有什么意义，但是委员会就是想通过这个问题从你身上找到让你从120个候选人中脱颖而出的因素。在正式面试之前，他们会给你一小段时间回答这个问题，用来评估你在压力下写作和思考的能力。也许他们想通过这种方式向你发问，或者也有可能只是在耍你。

1998年1月，NASA一号公路旁的快捷酒店里，我们遭遇的问题是"你能为美国航天项目做出什么贡献？"我的答案在下文中节选一部分，用来说明信念在我的信仰体系里有着多么重要的位置。首先我引用了《鉴我忠诚》的歌词，其中提到了首先踏上艰苦征程的人将带领我们前进。

> 这些想法来自我曾多次唱过的一首当代基督教圣歌的歌词，由乔恩·莫尔作词作曲，史蒂夫·格林演唱。他们表现了人类对探索的渴望。这一趟旅程不仅仅关于技术成就，也关于人。关于我们的星球，关于整个人类的未来。这一切开始于一场竞争，因为四十年前斯波尼克号的发射而加速[①]，现在则成为了合作和团队精神的终极挑战。我们必须继续前行，因为那里才有未来。这是为了我们的孩子以及未来的后代，我想助力这条道路的探索！

简要介绍我的技术背景以及各种能力和经验之后，我强调了这些经验如何帮助自己理解接受全新的、有难度的项目意味着什么。然后我加以解释，我的领导能力和发展、维护成功合作关系的能力将为我成为美国宇航

---

① 1957年10月4日，苏联发射人类历史上第一颗人造卫星斯波尼克号。

员提供优势，这些能力都是未来人类太空探索的关键能力。我的文章是这样结尾的：

> 我们的孩子有着远大的梦想。我们必须探索太空，不能就此夺走他们的梦想。他们将会发现他们身处一个复杂的世界，有着各种站不住脚的模范。我想要成为一个正面的模范，教他们认识到忠于人、忠于事的重要性，让他们知道你要忠于一段关系或者一个梦想。我可以想象到我成为一名美国宇航员后向全国年轻人讲话的样子，我要告诉他们，他们也可以成功。这也许听起来老套，但是我想影响他们的生活以及美国的未来。我想让他们知道如果一个来自内布拉斯加小镇的男孩能够成功，他们也可以。我想成为美国宇航员并承担这份责任，因为这是我的梦想……我坚持这一成为宇航员的梦想。

宇航员经常会被提问，很多问题就本质而言是重复的。例如，我经常被问到在太空的日子会不会改变我的信仰。我的回答始终相同，太空之旅也是精神之旅，但它进一步加强了我对上帝的信仰。

在地球上空以17500英里（28163千米）每小时的速度飞行，每一秒都能看到地球之美在你眼前展开，这种感觉振奋人心，令人感动，还有些不真实。通过国际空间站的窗户凝视地球是一种荣幸也是一种特权，在你和致命的外太空真空之间只有数层玻璃。那是一个反思的时刻，转向上帝的时刻，感谢他在我的一生中为我提供的无数庇佑。

在宇航员办公室，信仰和宗教是一件奇怪的事。并不是所有的宇航员都有宗教信仰。有些是不折不扣的基督徒，时刻准备帮助你。有些则把信仰当作一种优势，只有在"标志性的时刻"才会召唤它（如，两个犹太宇航员第一次来到外太空）。其他则是无神论者并引以为傲。信仰是个人选择，而宇航员里的各种信仰也印证着这一点。

我在宇航员候选的前期训练阶段就见识过了这种多样性。

2002年8月，我结束怀俄明州风河山国家户外教育学校的训练归来，那时我的1998级企鹅伙伴们——总共25个新手宇航员——都还没有去过太空。凯瑟琳·"便帽"·科尔曼、特雷西·"T.C."·卡德维尔、格雷格·"博克斯"·约翰逊、若田光一（JAXA）、肯·"浩克"·哈姆，STS-107任务和哥伦比亚号的全体成员，和这些人一起在山中艰难跋涉八天，我体会了崎岖的自然之美，我对上帝的威严随之有了深度的领会。

所有的企鹅伙伴们聚集在我们的同学麦克·福尔曼的家中，这场聚会只是为了庆祝大家依然还是宇航员。我惬意地躺在椅子里，盯着福尔曼的泳池，手握一杯红酒，一名同伴问我怀俄明之旅如何。我忘记了确切的回答，但我的回答也是我对当时体会的反思："我无法想象有人在那样绝美的地方生活而不相信上帝的存在。"

我的同伴，宇航员斯坦·洛夫（一个聪明人，行星科学博士），坐在我的左侧，反驳了我的说法。他的回应和他本人特别相符：深思熟虑，简单清晰，直截了当。他那略显怠慢的态度也说明了他对任何与神相关的事物的不屑，还告诉我说我不会想要和他在这点上争执。我并不为我的信仰感到羞耻，一点也不。但是以我对他的了解，我决定不打这一场赢不了的仗。

从成为宇航员的那一刻起，我的信仰就时常遭到挑战。其实就算是其他人也很有可能遭遇如此之多的挑战。只是作为宇航员，这样的时刻会被放大。无论是在球场上拉伤交叉韧带这种小事还是哥伦比亚号事故这样的大事，我的信仰都受到了前所未有的挑战。

2006年年底，我当时刚被分配到STS-118任务，搬到新的办公室。已经开始训练的机组成员都搬进一个公用办公室，中间有一个会议桌。训练通常会持续九个月，为了拉近大家的距离，减少沟通成本并增加辅导时间，机组成员集中办公是最简单和有效的方式。同时也提高了机组和训练团队开会、紧急培训和传递任务目标相关信息的效率。

一天早上，我和STS-118的指挥官斯科特·凯利正在办公室工作，这时我的电话响了。我们的秘书告诉我是我的姐姐洛里打来的。我以为她打电话来是问我什么时候回内布拉斯加，按下通话键后，还准备和她聊聊家乡的小镇生活。洛里的电话通常会以"嘿，老姐来电"开头，但这次不是。这次是严肃地以姐姐的身份向我转述信息，我知道不会是好事。

"妈妈的肺里发现一个斑点。"之后她说的便是家人向你传达坏消息时会说到的内容。她没有说癌症这个词，而是说医生很乐观，他认为发现得早，断言未来会发展成什么样为时尚早。听着她的话，我眼中已经开始泛泪。但是宇航员坚毅的一面不允许我在指挥官面前哭出来，我当然也把这种行为当作软弱的象征。我背过身去，压低声音，以防他看到或听到这一切。强忍住内心沸腾的感情，我迅速结束了对话，离开办公室。

之后的另一通电话告诉我活检结果是阳性，这事算是板上钉钉了。我心里害怕且不安。我们的母亲毕生都在与癌症做斗争。这消息让人心碎。我向上帝祈祷，希望老天能放过她，22年前，父亲也是这样从我们的身边被夺走的。

母亲正在对抗病魔的消息让我在训练期间承受了额外的压力，没有办法专注在任务的技术问题上。我们之间的距离如此遥远，训练的日程安排导致没有合适的时间往返，我只能在脑中搜索帮助她的办法。

宇航员办公室的人都知道我将加入STS-118任务，乘坐航天飞机来到空间站。NASA还没有通过新闻发布会宣布这一信息，需要等待国际合作伙伴们确定全部的机组人员以及整个计划。

有没有新闻发布会对我而言并不重要（尽管我也会很享受）。我有同伴，我有臂章，我有任务。我担心的是我的母亲。

为了帮助母亲赢得这场与癌症的对抗，我想给她一些能够紧紧握住的东西，一个能够带给她期待，激励她奋力渡过难关东西：她儿子的第一次太空飞行。

在完成了T-38飞行后，我决定找STS-118的指挥官凯利谈谈。他的非正式呼号"暴脾气"很少有人用，这个呼号源于他并不友善的外表，微矮的身材，简洁又正经的对话方式，它并不是用来形容这位海军战斗机飞行员最合适的词汇，实际上他极具幽默感，笑声也富有感染力。我们坐在他半吨重的旧小卡车上，正准备回办公室，我决定告诉他一直以来在慢慢吞噬我的那件事。我把一切都告诉了他，想知道能不能想办法推进发布会的进程，官方信息的提早发布对我很重要。斯科特陷入沉思，眉毛皱成一团，看着前方，并没有向我做出承诺，但是答应试一试。

斯科特对领导层的影响力在几个月后有了效果，关于我们太空任务的正式通知发布了。知道即将进行的奋进号飞行任务安排以及STS-118的任务时间安排后，我身上的压力大大减轻了。

和休斯敦无法预测的夏日天气一样，这里的阴影中也潜藏着不确定，这次轮到了发射台39A。

STS-117的机组成员在美国海军上校以及航天飞机指挥官弗雷德里克·"C.J."·斯托考的带领下，一直忙着为2007年3月15日的发射做准备。

航天飞机亚特兰蒂斯号来到肯尼迪航天中心的发射台39A时，他们的发射也进入了最后30天的倒计时。因为载有大量太阳能电池阵列，这个全男性机组缩减到6人，大家都准备好了。

但是冰雹不这么认为。东佛罗里达遭到冰雹袭击。冰雹击中了外燃油箱的泡沫隔层，导致产生安全风险。

这次延迟导致NASA整个发射计划都被放弃了。苏尼·威廉姆斯早已来到了国际空间站，原本打算和STS-118机组一同返回。这场冰雹影响了STS-117和STS-118，也推迟了苏尼返回地球的时间，导致她的在轨时间可能达到辐射极限，有可能会使她再也无法进入太空。

STS-117的起飞时间取决于燃料箱的维修进程。基于工程师的修复速度，NASA将发射日期定在了2007年6月8日。NASA经过对重量、平衡、重心的计算后确定载重余度允许他们再多载一名乘客。这也给了我一个机会成为苏尼的"白马王子"。如果我能够被派到亚特兰蒂斯号机组上，就可以和苏尼替换位置，她就可以回家了。

海森堡的测不准原理完全控制了我的生活，我的发射日期原本是8月中旬，现在可能提前到6月，彻底打乱了我家人的计划。

我的妻子在重新订酒店和餐饮服务，与此同时我则被新的紧急训练任务吞没了。

我只有很少的时间和新机组人员一起训练。在固定任务模拟器（和液压模拟器一样，区别是这个模拟器并不会动）中，大家已经进行到了最后8个小时的模拟，重点是到达轨道后的操作。我急切地想要加入，向STS-117的每一位成员提问："需要帮忙吗？"但是他们都回答："谢谢，我搞得定。"我只能挤在居住舱的食品站旁边，往皱巴巴的绿豆砂锅和奶酪通心粉包装袋上倒上4盎司（113克）的热水，接受太空午餐厨师这个新角色。

但是一切并没有变得混乱无序。母亲实实在在地完成五轮化疗，在发射之前终于恢复了健康。这一天赐的好消息让我和我的家人又有了信心和力量，我们继续前进，迎接决定人生的时刻。

不日，在宇航员机组中心，我便同韦伯斯特长老会的牧师马克·库伯坐在一起。在我的请求之下，我们在这里进行了我离开地球之前最后一次恳谈和祈祷。

尽管我坚守我的信仰，但每件事都在时时挑战着我。马克牧师从铺着毛毡垫的盒子里取出面包和葡萄酒时，我不由得紧张起来。我们在床尾坐下后，这种感觉在我的体内涌动着。但是，我们一起祈祷时，我感受到了一种全新的安宁。马克请求上帝庇佑这场危险的旅程时，我确定这就是我应该做的事，我注定要前往那个致命而迷人的边界。

为了防止在发射前染病，我们被隔离三天，大家在休斯敦看了三部增强同事关系的电影：《警察与卡车强盗》《我的表兄维尼》和《义海雄风》。（哪个海军上校和航天飞机指挥官能拒绝这最后一部？）之后我坐在T-38的后座上飞往美国航天中心。

我的飞行员是凯文·福特（他于2013年1月成为国际空间站的指挥官），我和他很熟了，之前在俄罗斯星城他就是我们的运营总管。我们来到发射地，其他机组成员已经到了，左右对称地集合在目前寂静无声的喷气机前。

我们在跑道上召开新闻发布会，指挥官斯托考提前通知我们要简短，提示我们的发言要和之前的最终倒计时测试（TCDT）一模一样，我没有参加过他们的TCDT，不知道该说什么，但我知道要很简短。之后我们离开居住区，接下来就是发射前的最后三天。

我已经完成了所有的飞行前准备和训练，在隔离期间重点关注的就是我的家人以及这次将离开多久。我已经不会再害怕了，但还是对即将到来的分别感到焦虑。

发射前两天我们与家人倒数第二次见面。首先是机组成员晚餐，除了配偶之外最多可以邀请四名特别嘉宾，地点位于肯尼迪航天中心度假村，传说中肯尼迪总统和玛丽莲·梦露于60年代幽会的地方。

我之前来过这里，第一次是1998年的新宇航员报到活动，之后则作为哥伦比亚号机组家属的陪同。这里被当作是宇航员的圣地，发射前与家人再见一面的地方。

这一次对我而言则是不同的体验。我想起了几年前我曾参加过哥伦比亚号机组的聚会。指挥官里克·赫斯本德作为领导开启那场活动，首先是有爱的祈祷，然后介绍所有的机组成员，讲了讲他们对这次任务的特殊贡献。

现在是我自己的发射派对，我意识到在那天晚上，STS-107的哥伦比亚机组给了我一份珍贵的礼物。我有幸见识到由一个信仰坚定之人带领的紧密团结的队伍以及真正的同伴情谊，我也看到他们对家人和朋友的爱以及骄傲之情，大家聚集在一起，体会着同样的激动以及恐惧。

我们的活动同哥伦比亚号的活动完全不同。指挥官斯托考出身海军，是有条不紊、脚踏实地且高效的领导。没有祈祷，没有机组成员的正式介绍，看起来他认为这些事情只会让人分心，只是一长列需要忍受并完成的社交任务。

对我而言不止如此。

来到现场的家人包括苏珊、妈妈、洛里、卡尔比和科尔。我的儿子出现在那里确实是个惊喜。NASA刚刚修改了规定，年龄大于10岁的孩子可以参加这场活动，只需要任务飞行医生的卫生许可。遗憾的是科尔6岁的妹妹没来。

天气阴沉，还在落雨。我一直祈祷着雨能够小一点，科尔带了棒球手套，希望能和他的父亲在海滩上投个球。科尔被选入利格城的小联盟全明星队，他的教练答应他来发射现场，条件是他保证为接下来的巡回赛坚持训练。

雨终于停了，我和科尔来到海滩，在地上量出46英尺（14米），那是小联盟投手和他队友之间的距离。我戴上接球手的手套，很明显我就是那个接球的队友。

苏珊在一旁眼中含泪看着我们，我的弟弟卡尔比则录下了科尔朝他老爹投球的一幕，这一刻我梦想了好久。练习结束以后，我和儿子慢慢地走着，希望这一刻永远都不会结束。我紧紧抱住他，用我的泪水告诉他我有多爱他，为我的小小全明星感到骄傲。

我不想让他离开，但是随着夜幕降临，我们永远准时的指挥官示意这一切都该结束了，在他看来这些事都是对时间的巨大浪费。

第二天对我而言是更加难熬的一天。

发射前一天塞满了各种活动。首先是带你的伴侣参观发射台，然后是"隔沟挥手告别"，最后则是和伴侣共进午餐，这也是在发射前最后一次相聚。

这一天大家都很情绪化，发射台参观草草了事。但接下来的挥手告别环节带来的情感冲击真的没有办法提前做好准备。

这项活动是航天飞机发射前的另一个传统。因为必须要隔离，所以宇航员只有一次机会见到所有他邀请的客人。宇航员和他们的伴侣在一侧，背后是航天飞机以及发射台，中间是一条50英尺（15米）宽的壕沟，这里曾是草地，现在被铺成了路，另一侧则挤满了激动的客人们，排成好几排，大家都在挥手大声呼喊。

在那里，我的心被揪了出来。人群中很容易就能认出我的弟弟卡尔比和姐夫杰伊。他们比其他人都高。我还看到了叔叔吉姆，戴着那顶永远都不脱的亚特兰蒂斯球帽，流着眼泪向我挥手。后面是我在爱荷华的室友托德以及他安静的家人，默默地看着这一切。当我看到我的母亲和两个孩子的时候，感情再也控制不住了。我的母亲，摆脱了多年以来需要使用的氧气罐，衣服上别有第十五远征队的胸针，下面衬了红白蓝三色的缎带。她戴着超大的太阳镜，就好像小学生带了虚拟现实的大眼镜，盖住了半张脸。不远处站着10岁的科尔和他的表亲布莱斯，还是那天我们投球的样子，他在笑，牙齿在阳光下闪着光。

最后我终于看到了她，我的女儿萨顿，她被好心的家属们推到了最前面，趴在她洛里阿姨的背上。

这个50英尺宽的槽沟简直就是大峡谷。我想穿过去，再一次抱紧他们，无法再一次拥抱我的宝贝女儿，这让人无法忍受。家人让她"向爸爸妈妈挥手"，虽然他们都在她身边，可是在我看来她孤身一人，需要她的父亲。

我的眼泪泛滥了，握紧苏珊的手，尽可能地靠近这条槽沟，我哽咽着说道："我爱你，我的小豆豆。"眼泪模糊了我的视线。接下来至少五个月我都无法见到他们、拥抱他们了。我需要上帝，前所未有地需要。向他祈祷希望我能再次拥抱大家。

宇航员最后几天的发射准备工作有一种难以用言语表达的特质。我经历了特别的激动和期待之情，与外界的隔离使得这段时间有种超现实的感觉。发射前的整整一周我们都被隔离起来。我们住在宇航员机组中心，约翰逊航天中心和肯尼迪航天中心都有这样的机构，分别是27号楼和M-7355

号楼，里面有各种设施，让你有家的感觉，让你能以最健康的状态进入太空。与机组人员接触的只有少数关系密切的人，其他人必须经过体检，确认没有问题——一点"小病"也没有——以后才能和机组人员进行有限的接触。

开始自己第一次也可能是惟一一次飞行时，我在隔离期间，尤其是在肯尼迪航天中心经常思考这个问题。原本的STS-117机组训练有素，已经准备好了进入太空，大家都是不折不扣的A型人格。指挥官则是一名勇敢的海军军官，有着自己的一套领导方式，大家经过成百上千小时的训练之后已经结下了深厚的情谊。我是最后一刻才加入的"空间站小子"，机组人员每日跑步时并没有通知我时间和地点，我只能独自待在机组中心的电脑站。虽然那仅仅发生过一次，但我是独自一人，我能感觉到。

虽然知道家人发射那天会都在场，我还是为接下来几天将要发生的事情感到焦虑。尽管母亲赢了同癌症的战争——肺部的阴影已经消失，她也不用再携带氧气瓶了——还是有一丝不确定感在折磨着我。

这种感觉不是恐惧，经过训练我已经跨越了这个阶段，更像是一种长期的刺痛，像脚跟上的水泡。我知道太空飞行和空间任务一定有风险以及不确定性，觉得非常有必要将这些感受告诉我的家人。我给他们写信，将我的想法告诉他们，告诉他们挑战者号和哥伦比亚号的悲剧有可能再次发生，我可能无法活着回来。

三年后和STS-131机组一起准备发射时，我的情况几乎一模一样，需要面对机组人员隔离期单调无聊的日子。但奇怪的是这次有了不一样的感受。虽然辗转反侧，但我不再担心事故，而是在反思我加入这个机组的决定。我一直在思考死亡和道德，一直被自私和怀疑的想法折磨。我是否欺骗了死神太多次？我是不是以家人安稳的生活为代价，只为了追求一个早已有幸完成的梦想？对我来说，这是艰难的时刻，我祈求上帝给我指引。被困在这里，我写了第二封信，内容来自第一封信，但是为了让孩子们能看懂，措辞稍有修改。

2010年3月25日

我最爱的苏珊，科尔和萨顿：

很抱歉我们只能以这种方式交流。现在是3月25日星期四，我马上就要被隔离了。万一航天飞机或者空间站任务发生意外，我觉得有些话需要提前告诉你们。我希望你们永远都不用读到这封信。但是现在你们必须知道我已经准备好了接受上帝为我以及我们大家的安排。

我非常非常爱你们！苏珊，在遇到你以前，我从没有想过可以如此地爱一个人，也无法想象你、科尔和萨顿带给我的欢乐。我们有一个美好的家庭和很多人都会嫉妒的人生。我为你骄傲，苏珊，如此美丽、坚强、聪慧以及独立。你是完美的妻子以及最好的母亲。我每天都会感谢上帝让你在1989年进入了我的生活，让我能同你一起共度之后的时光。

科尔，你已经长成一个大小伙了。我们的记忆永远都是我人生中最爱的一段。在我去空间站之前我们在海滩玩球，一年一年看着你愈发自信，看着你强大的意志和品格以及温暖真挚的心灵。我为你骄傲，非常爱你，儿子！

萨顿，我亲爱的"小豆豆"。父女之间的爱总是神奇。你的精力和笑容总是吸引着我，我会永远记得我们在客厅里的"摔跤比赛"……当你背着手和我说："爸爸，快来，马上！"的时候，你是如此美丽……就像你的母亲。我非常爱你，也为你骄傲。

如果你们在读这封信……我和我的同伴们应该已经出事了。请一定记得，生活要继续。你们都会挺过来，失去只会让人更坚强。我知道家人和朋友们会照顾你们。我们的教堂也是。请坚强起来，我爱的人，继续骄傲地活着。记得我是为了毕生的梦想而离开。我曾一直认为这梦想有一线希望，但是希望渺茫。我最终实现了这个梦想，而你们都在我的身边。

真希望能有时间再写一些什么……再多写些话，写得更明白，也更有诗意。苏珊，我给科尔和萨顿写过歌，也一直想为你写一首歌。我有在写，但是从来都没有真正把它写完。歌名是《在你眼中看到上帝的爱》，特别适合你，适合我们。我以为有一天我会完成这首歌……这样我就能唱给你听，抱歉已经不能了。但是不用担心……我们终会再见的，和我们的孩子，在一个超越所有想象的美好之境，到那时，再为你唱。

全心全意爱你们，感谢你们成为了我的家人。

克莱顿

我永远都不想让这两封信被人读到，感谢上帝，也确实没有。

家人对我而言非常重要，在五个月的太空奥德赛即将结束之时，我在轨道上也发送了一篇日志"给家人的信"：

这将是最后一篇在轨道上的日志。对我而言很特别，在这个美妙的地方的旅行即将结束。有太多事情还没有完成……时间过去得真快啊！但是今天，我希望通过这篇日志完成一件任务，一件极为重要的任务，这也是为什么这篇是献给我的家人的。致所有关心这次冒险的人们，也欢迎你们读这篇日志，希望你们会喜欢……而它真正的读者其实是我的家人：苏珊，科尔和萨顿。

致我美丽聪明的妻子、高大坚强的儿子以及活力四射顽皮的女儿，我必须说，写这些话花了太长的时间，但是我认为现在时机正合适，我一直在想如何以一种特别的方式结束太空之旅，我该说什么才能向你们表达我的感受。你们又会作何感想？我想做出正确的决定，让你们有特别的感觉，我想让你们知道家人对我而言是多么重要，我在太空的日子是梦想成真的日子，但是很快就要结束了，也是时候和你们分享一些我的想法了。

首先，最重要的是，我只是想和你们道一声，谢谢。感谢你们允许我追求自己的梦想，感谢你们忍受来往旅途之苦和我不在家的时日。感谢你们忍受我因为加班疲惫而暴躁的脾气，忍受我无法出席你们的活动、比赛以及开学日。无论你们是否相信，在这个世界上，真的有人无法忍受所爱的人做出这些事。他们一心关注自己，想着如何以某种方式改变他们的生活，并成就他们希望达成的成绩。但是你们三个不是那样的人。你们给我的礼物我也许一生都无法回报。你们给了我爱，给了我信任和支持，给了我一个家。你们坚强而专注，承担起了我本应该承担的责任，做出了非凡的牺牲。

我最亲爱的苏珊，你是母亲也是父亲，是司机、会计、园艺设计师以及妻子，同时还在工作上有着出色表现。科尔和萨顿，你俩长得好快，也学到了很多东西，你们还将继续成长，我希望你们能更好地理解赋予和牺牲意味着什么。抱歉在过去的几年中错过的各种大事，我真的想陪在你们身边。现在我可以了。

我非常思念你们，过去的每天都在想，为你们祈祷，也会因为想到你们而微笑。期待着周末通过电波接收你们的视频，期待着我们在电话里的闲聊。能听到你们的声音、看到你们的脸庞对我而言意义重大。能让我有回到家的感觉，帮我撑过一整天。你们是我的全世界，我为你们骄傲。我们一家人一起完成了这一切，也因此更加强大。

一切顺利的话，我很快就到家了。我已经等不及团聚的一刻了。

爱你们！

我飞了两次，两次都挺过来了。也许是时候让"我"变成"我们"了。

2007年7月，来到空间站的第二个月我给苏珊打了个电话，这个电话和我在JSC时同姐姐通话的内容大致相同，只是我"办公室"的位置变了。

苏珊的声音阴沉，用词谨慎。"阴影是黑色的。"她说。这六个字让我无言。我十分生气，意识到这是上帝又一次在考验我。

"她这次需要同时进行化疗和放疗，"苏珊继续说道，"这次将是一场恶战。"

我和母亲在接下来的几个月通了好多次电话。每次我都会告诉她要按医生的建议来。"我需要你坚强，"每次关电话之前我都会说这句话，在"爱你，在地上见"之前。在接下来的时间里，我时常祈祷，希望得到上帝的眷顾。

2007年11月7日，发现号的机载计算机用一系列的1和0锁定了降落肯尼迪航天中心的路线，我被紧紧绑在太空舱内的座椅上。我舒服地躺着，看着航天飞机启动了减少能量的反向滚转——第一次正是在内布拉斯加上空——前往佛罗里达。我们要回家了！

太空中152天的旅程，起点是亚特兰蒂斯号震耳欲聋的发射，那一天也恰好是我父亲77岁生辰纪念，终点是我们降落的15/33跑道。那一天标志着我完成了151天18小时23分14秒的太空之行，同时也是我和苏珊的结婚纪念日。

不到24小时之后，我来到宇航员机组中心我自己的房间里，小心翼翼地开始行动，终于洗了五个月以来的第一个热水澡。在水中冲刷了半晌，我慢慢穿上NASA的飞行服。感觉自己远不止200磅，终于还是回到了地球引力的影响范围里。

挣扎着终于穿上飞行靴，我从椅子上起身，扶着墙，慢慢地沿着走廊往前走。

在太空积攒了五个月的决心支撑着我的脑袋，让人不至于再次感觉到眩晕。我终于走到了休息室，等待着人生中最完满一天的到来。

来到房间里，终于见到了我的家人：不仅有我的妻子和孩子，还有我的弟弟、我的姐姐以及他们的家人，还有我的叔叔吉姆。后排的椅子上静静坐着一个人，戴着一副超大的太阳镜，那是我的母亲，爱丽丝。她脸上的笑容在房间另一头也能看到，我脸上也绽放了同样的笑容。我心中充满骄傲和爱，那是只有儿子才能体会的情感。发射之前我就在梦想着这一刻，祈祷着她能够坚持到我回到地球。

我以一个刚落地的宇航员能够在地面上移动的最快速度朝她走去。她慢慢坐起来，伸出了手。我轻轻地把她拉了过来，我们抱在一起，什么都没说。过了一会儿，我握着她的双臂，告诉她我爱她。她以母亲的眼神看着我，告诉我说她"好多了"。还说她其实只想要摸摸我，握着我的手，这样她就知道我是真的回来了。

2007年12月13日，母亲最终还是被癌症夺走了。仅仅在我和她见到彼此一个月之后。那一次见面也成了最后一次。

她享年77岁。我们真的不知道去世的原因，也许就是癌症。但是我们都知道，不管是什么原因，她真的累了。厌倦了那些化疗和放疗，厌倦了我的太空往返之旅让家人担惊受怕。我们姐弟三个都很感激，她能一直参与其中，我们也最终能够在肯尼迪航天中心团聚。

我们的母亲慈爱、亲切又慷慨，她教会了我们如何成就自己，为了梦想全力以赴。她爱着家人和教堂，她懂得坚持自己价值观的意义，对她的孩子有着强烈的责任感。世界需要更多像她一样的母亲。

母亲是信仰的信标，那一天的她也坚定了我的信仰。

自从她离开后有好几次我都想和她说话。幸运的是，我们最后一面之后几天她在我的电话上留了言。她打电话就是为了说："嘿，是你的妈妈来电，欢迎回来。"

谢谢你，妈妈，感谢一切。我想你。

22
榜样的力量

　　10岁时我成为了密尔沃基雄鹿队的粉丝。他们的新人小费迪南德·刘易斯·阿辛多尔来自加州大学洛杉矶分校，凭一己之力带领棕熊队连夺三届NCAA冠军。如果你在成长期见证过篮球巨星之间的经典对决，诸如洛杉矶湖人队张伯伦对波士顿凯尔特人队比尔·拉塞尔，阿辛多尔注定是一个传奇。后来他改信伊斯兰教，将名字改为卡里姆·阿卜杜·贾巴尔。这个名字也是我得到的第一个球星签名。我并不是当面拿到它的，而是给雄鹿队的办公室写了信。几周之后，我收到一张4×6的黑白照片。照片上是阿辛多尔，穿着装饰红白两色的绿色线衫，上面还绣了数字33，照片里的他做出了著名的"天钩"动作。我简直高兴坏了，他成为了我的偶像。

　　偶像这件事非常严肃。身为美国宇航员，我的一言一行对年轻人和成年人都会产生影响。这是重大的责任，也是宇航员工作的重要部分。我们的言行必须经得住质疑，因为你永远都不知道你会怎样影响到一个人。

　　我在一部2008年的内布拉斯加州教育纪录片里曾讨论过偶像这件事的重要性。

**　　我想让你们知道在这个位置对我而言是巨大的荣誉。**

　　我想告诉大家我仅仅是一个人，爱他的上帝，爱他的家人，爱他的国家。作为一名"美国宇航员"，我真的很爱"美国"这个部分。偶像这件事对我而言非常严肃，我从没有瞒报过税，从来没有出过轨，从来没有朝裁判吐过口水，从来没有骗过钱也没有打过类固醇。但是今天我要告诉大家，作为一个内布拉斯加人我从未感到如此骄傲。

　　宇航员生涯十五年，我参加过数百场活动，每次我都希望能给观众带来正面的影响。

　　哪怕只有一次。

　　这一切都开始于2006年春天的那封信。那封信被送到了我在利格城的家，尽管这封信来内布拉斯加的黑斯廷斯，但却是一个我没见过的地址。

　　这是一封手写的信，来自一位担忧的祖母。她的孙子汤玛斯需要戴上颚扩张器，之后还要戴上丑陋的头套和背带。她说汤玛斯担心不好看，也害怕会痛。这是任何接受正畸的年轻人都会担心的事。他的父母担心他不会遵守医生的嘱咐，影响正畸效果。

　　"祖母"对内布拉斯加的宇航员有个简单的请求，她礼貌地请求我能否给汤玛斯写一封信，告诉他一切都会好起来，不用担心。

　　我读这封动人的信时，有犹豫过如何应对这个请求。通常我会按照他祖母的请求，坐下来给他写一封信。但是正式回复的话需要使用NASA的信纸，用宇航员办公室的地址和NASA的信封。我并不想这么麻烦。还得有秘书给我敲一份草稿，并准备邮寄事宜。

　　但是这个孩子毕竟是来自黑斯廷斯，我还是应该响应一下这个请求。这是应该做的事情，这是美国宇航员的责任，如果我只是打个电话的话会更简单，也许那样还更好。

我没有那个年轻人的电话，但是我有他的名字，知道他住在黑斯廷斯。

我给琼·普利姆罗斯打了个电话，她是黑斯廷斯学院院长秘书，问她能否找到那家人。琼很快就给了我结果，她的电话簿里只有一家人有那个名字。

那天晚饭后不久，我打了那个电话。

汤玛斯接了。

"你好，我是克莱顿·安德森，内布拉斯加的宇航员，你是汤玛斯·哈林么？"

"是……"他迟疑了一下。

我们熟悉了一下彼此，愉快地聊了一会儿，我听到一个声音大喊，"汤玛斯，你在和谁说话？""宇航员克莱顿·安德森。"汤玛斯一板一眼地回答。

"汤玛斯，得了吧，"他的父亲麦克不相信，"到底是谁？"

"宇航员克莱顿·安德森。"汤玛斯又回答了一遍。

"电话给我。"他的父亲命令道，显然觉得儿子被什么无聊的人骗了。

我花了整整两分钟才说服他我真是自己声称的那个人。

他的语气一下变了："非常荣幸，先生。"

现在问题变成了他不愿意把电话给汤玛斯！他问了无数的问题，足足聊了二十分钟，我多次委婉地用语言暗示之后，他才终于不情愿地把电话给了汤玛斯。

后来很长一段时间我都没有想起这件事，我需要为任务做准备，需要思考更多更重要的事情。

汤玛斯和我在纪录片首映的那一天又遇到了。那是2008年的春天。内布拉斯加教育通讯网络的主管罗德·贝茨和制作人苏·马里奥特发布了关于我人生的纪录片。首映式在亚什兰的战略航空航天博物馆举行。

汤玛斯和他的父亲来了。他给我看了一张我们之前的合影，当时我穿着深蓝色的飞行服，弯腰和他保持着同样的高度，我俩都在大笑，背面他写着他的梦想是有一天能够飞到太空。

我把这张珍贵的照片放在胸前的口袋里，向他承诺会有一天把这张照片带到太空，如果有幸再次前往的话。

当有机会参与STS-131的训练时，我带上了所有的照片，包括汤玛斯的照片，都放在一个小塑料袋里，粘在我飞行日志的最后面。2010年4月5日，它将被固定在我的左腿大腿上和我一起前往太空。

飞行的第十天，完成了所有的太空行走任务后，我们的任务量也少了下来。我把我们的照片拿出来。一架尼康D2相机，带有手动释放快门，固定在空间站栏杆的托架臂上，已经准备好了。

那张照片因为失重在空中漂浮，背景是驻停的发现号和太空中的真空，我按下了手动释放快门，拍下了我和我的朋友汤玛斯的合影。

降落以后，我浏览了上千张在轨道上拍摄的照片，找到我和汤玛斯的那一张，我笑着将文件通过邮件发给JSC照片实验室，请他们给我一张8×10的照片。按下"发送"键后，我胸中涌过一股暖意。我会将这两张照片一起寄给汤玛斯，还有一张NASA太空证书，这张证书上文字摘录如下：

> 为了帮我的朋友汤玛斯·哈林达成梦想，这张照片曾随美国航天飞机发现号一起来到空间站。发现号于东部时间2010年4月5日6时21分，从肯尼迪航天中心的39A发射台发射成功，于东部时间2010年4月20日早9时降落在33号跑道，绕地球飞行238圈。

发现号来到了221英里（355千米）高的位置，速度达到了每小时17500英里（28163千米）。飞行时长为15天2小时47分10秒，总飞行里程为6232235英里（10029810千米）。

那张彩色照片被送到我的桌前，我在照片左上角写了："汤玛斯，我遵守了承诺！"然后我在发现号上方签上自己的名字，在签名下面还加上了STS-131的字样。直到2010年8月我才知道汤玛斯收到了这个包裹。

那次我在内布拉斯加大学的莫瑞尔礼堂和穆勒天文馆参加一场公共活动。那天下午我收到脸书发给我的邮件，称有人在照片里标记了我。我并不怎么用社交网络，很少收到这样的邮件，通常也不会看。也不知道为什么那天我打开了那封邮件。那是汤玛斯·哈尔的一张照片。他手里拿着纪录片的海报、证书、那张8×10的照片还有我们合影的初始照片。

他脸上有大大的笑容。我又打破了另一条我自己设定的"不在脸书上留评论"的宇航员准则，给他的母亲留了言，正是她在照片里标记了我。

那天晚上哈林一家人给了汤玛斯一个惊喜，带他来博物馆看我。他和他的弟弟斯科特以及父母一起。两个男孩都穿着棕色的衬衫，上面印着白色的太空船，尽管在活动前我忙着弄展示的各种设备，但是在采访开始前我还是和汤玛斯打了个招呼。

"我认识你吗？"我说。

他笑了。

"汤玛斯……是吗？"我朝他眨下眼睛，笑了笑，继续去弄设备。

汤玛斯的母亲后来给我写信："现在你不仅是汤玛斯的英雄，也是斯科特和麦克的英雄，我们非常骄傲斯科特和汤玛斯能以你为榜样。在这个时代有着太多的不良示范。我很感激汤玛斯选择了你，也感谢你愿意花时间让这两个孩子受到特殊的照顾。我们永远都不会忘记你。"

我对人产生了正面的影响，汤玛斯和他的家庭，就像当年贾巴尔对我的影响一样。

2007年，第一次长期任务之前，我在约翰逊航天中心认识了德夫林。他当时仅仅8岁，我和德夫林握握手，马上成为了朋友。那时我第一次来到太空，通过我的妻子和公共事务办公室的同事珍妮，我和他建立了重要的"长期关系"。我在太空的五个月期间，珍妮是我们联络的中间人。

德夫林患有癌症。

德夫林的父亲保罗通过珍妮转告我说他同大脑里肿瘤的斗争一切顺利。"我们看了好几个医生，他们都对德夫林的恢复情况感到满意。"他父亲写道，"他的头发已经长了出来，不久以后就得理发了。"他还告诉我说，将来德夫林的头发都长回来以后大家甚至都看不出他得过癌症。

德夫林的肿瘤医生也报告了好消息，他认为肿瘤的等级可以进一步降低，这也是长期以来这个家庭听到的最好消息。

珍妮和其他公共事务办公室的同事给他寄了一些"NASA的酷玩意儿"，希望能鼓励一下他。他们还给德夫林一家寄一个纪念包，里面甚至有几张宇航员亲笔签名照，他们就好像来到JSC拜访那一天一样开心。据德夫林的母亲说，"他和其他的孩子（当然，还有他爸爸）都特别喜欢那些臂章、贴纸、照片什么的。"

保罗给我们写了感谢信："感谢你（珍妮），以及NASA的所有人，感谢为德夫林做的一切。我知道，当他长大一些以后回望这段经历，他会感到惊奇，竟然受到了这样特殊的对待。"

在德夫林同癌症作战的同时，NASA也遇到了麻烦。德夫林的父母从航天中心的悲剧中受到了启示："听到过去几周发生的悲剧，我感到非常抱歉和悲伤。希望大家都能渡过难关（我不确定该说什么，但我想这也是大家和我们说话时会有的感受）。"（当时NASA发生了枪击事件，一名雇员因为个人原因导致情绪失控，携带武器来到JSC，杀死一人后自杀。）

NASA刚从这件事中缓和过来，另一边的情况又急转直下。保罗向我们报告："抱歉这么久都没有联系，不过这次带来的也是坏消息。"

"德夫林的病情恶化了，他现在没有办法自主行走，总是在睡觉（肿瘤压迫了他脑中的睡眠中枢）。他现在在家中，并没有受苦。我们担心没有多少时间了。"

这是噩兆。

他又写道："我们一直在争取，德夫林最近睡得没有那么多了，但是还是无法自主行走，他的右眼已经永久闭合。"德夫林还是像孩子一样："他还是很爱看电视，让我们都很担心。"

珍妮告诉我德夫林知道我在太空中的任务，这让我安心了一些。他的父亲写道："在访问space.com网站时能够在国际空间站上看到熟悉的名字令人激动。上面有任何消息我都会和德夫林分享。"

信的结尾表明了一切："以后再聊，希望那时能发生奇迹。"读到这一句时我动起了心思。

是时候做些什么了，帮助这位年轻人为自己的生命抗争。

我给地面写了封信，珍妮给我留了德夫林的联系方式。在飞越澳大利亚大堡礁的时候，我给他写了一封信："你好，德夫林，这封信来自地球上空215英里（346千米）处。我正在以每秒5英里（8千米）的速度环绕地球。今天我掠过了澳大利亚东北部的海岸，看到了大堡礁。很酷。看到了最美的蓝色和绿色，不知道那里有没有鲨鱼。"

"继续战斗，年轻人！你在太空中有一个好朋友。"

"祝你和你的家人万事顺利。"

我按下发送键之后，不禁在想，我真的能帮上忙么？

尽管德夫林的病情还在恶化，他还是会因为我的邮件感到激动。

他的父亲给我回了信："嗨，克莱顿，感谢你的邮件。我们非常感动，你能从国际空间站给我们发信息。德夫林被你的信息惊呆了，尤其是你在太空中的速度，他不禁喊出了'我的神啊'，我们都笑了。太空中看到的礁石美景和其他的美丽景色我们只能想象了。"

我被这个坚强的小男孩感动了："尽管病情反复，医生们还是惊讶于这个孩子的表现和他的生存意志。"

保罗最后写道："并没有多少人能说真的有人在天上看着他们，关照着他们。"

我只能从他们口中得到关于德夫林的各种消息片段，不过我觉得这些消息也证明着我确实影响了他的生活。珍妮的话也证实了我的想法："我知道你在空间站上有很多重要的工作，非常感谢你能够抽出时间给德夫林写信，我相信德夫林收到这些邮件的时候一定高兴坏了。我知道他的父母非常感谢你能让病中的日子变得如此特别。这也证明了你是一个很棒的人。"

按照承诺，我为德夫林进行了特别的巡鲨活动。

"德夫林，我承诺过，我昨天在礁石上看过了，没有看到你，但是我也没有看到鲨鱼，这也许是件好事，不是吗？"

"看看我的照片吧，继续寻找中。"

在结束这封邮件之前，我有了某种顿悟。为什么不能用更有效的方式帮助这个孩子呢？我想到了一个独特的办法，一个可以在外太空执行的治疗性方案。

我只需要地面的一点点帮助。

我拿起了手持式麦克风，呼叫了任务控制中心。联系到了当班的指令舱通信员，告诉他们我需要生物医学工程师卡琳·加斯特的帮助，她的工作时段是在晚上11点到早上7点。

我解释说我需要给德夫林发送一条私人消息。在空间站的术语里，发送消息意味着我录下了一条信息，需要发送给接受者。这里就需要卡琳了。

通过神奇的电子媒介，卡琳会和电视以及媒体的同仁将我的话通过空对地音频回路传送给8号楼的专家，再将可以传送的信号传回给卡琳。然后珍妮会和卡琳一起将信号传送给德夫林和他的家人。

珍妮兴奋地给德夫林传话："今天的邮件里有一个特别的音频文件给你，是空间站的克莱顿·安德森发给你的。十分荣幸，我能帮他转交。看起来下一次见到你的时候，你要给我签个名了。"

我录下的信息短小简单。转录成文字以后流失了声音中酝酿已久的感情。

克莱：休斯敦，想请你帮个忙。

克里斯·卡西迪：说吧，克莱。

克莱：嗯，我想告诉地面上的人，去年在发射之前，我带了一名来自澳大利亚的年轻人参观。他的名字叫德夫林，德夫林·拉塞尔。

德夫林很了不起，他聪明又有活力，脑袋很灵光，能提出很好的问题。我很骄傲能在休斯敦带领他参观。我只是想从国际空间站和他打个招呼。如果可以的话，想让他成为第十五远征队的荣誉队员。

所以，希望我在地面的船员德夫林能够度过一个美好的夏天，继续关注太空。德夫林，坚强起来，你在外太空也有朋友。

> 克里斯，还请把这条消息转给珍妮·阿奎诺。
>
> 卡西迪：好的，克莱。谢谢。
>
> 克莱：当然，谢谢。

授予德夫林荣誉队员这件事比我想象的容易多了，很可能是因为我遵循一条古训，先斩后奏了吧。

德夫林通过他的父母传达了他的回应，看到他仍在受苦让人心疼："德夫林非常感谢你录了这么一段话，还让他成为了荣誉队员，尽管他正在经历非常艰难的阶段，我们也很担心。他总是在问我们能否带他去学校看看他的同学们。周一我们会去学校，把录音放给他的同学们听。"

"我一直为NASA在太空探索方面进行的工作激动不已，但是现在我更见识到了你们每一个人灵魂中的善意与慷慨。也许所有为这个星球进行伟大探索的人以及所有看到大局同时也不会忘记小人物的人，都有这样的特质吧。大家请继续你们伟大的事业。"

我后来再也没有听到德夫林的消息。他于2007年8月23日离世。

保罗在信中写道，德夫林的弟弟凯西告诉他，"他想成为一名宇航员。"仿佛在回答我之前不知道是否改变了这个世界的疑问。

得知德夫林的死讯后，我回到睡眠舱，关上了门。那天我哭了。我为一个小男孩流泪，他小小的肩膀不应该承受这样的重担；还有那个家庭，失去了所爱之人，只能去面对一种巨大的、无法想象的虚空；还有一名宇航员，他处处受到庇佑，走上了不可思议的人生之路，此刻却孤独而无助。他希望自己能更尽一份力……

有句老话说，你触动了一个孩子的一生，你也会受到终生的祝福。

榜样的力量，确实如此。

23
终点也是起点

在亚什兰小学读四年级的时候，课间我们会打篮球，球场是水泥地面，旁边是铺了碎石的操场，设备急需修理。

我要上篮，鲍比·乔丹重重地打了我的手。我大喊犯规，他说他没有。我俩开始对喊。

学校里的小霸王帕特·凯克勒当起了调解员，他留过一级，所以年纪大一些。"放学以后再解决。"他命令道。

他只说了这一句，这句话也预兆着我的末日。我的名字进入了放学后打架的名单里。

那一天我拼命地讨好鲍比·乔丹，我从没有打过架，想尽最大努力不要让它发生在今天。我并不确定自己能挨过这么一架，更别说赢了。我友善地同他说话，问他的爱好以及最喜欢的电视节目是什么，还给他我自己都没吃到的糖果。

这些可悲的行为并没有什么效果。放学之后我来到大门口，发现鲍比正在台阶另一头等着我。他的同伴有四十来号人，课间休息的那场即兴摩擦看来得收尾了。

我慢慢地走下台阶，不知道怎么收场。人群开始包围我和鲍比，组成一个圈子围观。

双眼盯着攥紧的双拳，放在鼻子下方，我俩转着圈子，感觉有一个小时那么长。人群鼓动着我们，鲍比先出手，直接把胳膊甩了过来。我躲开了，用胳膊挡住他的前胸，把他甩到地上，用双腿缠住他的腰。

我用右臂卡住他的下巴，朝自己的方向用力拉，紧紧拽住他的喉咙，告诉他放手。

他嘟囔了几声，根本听不清楚说什么，但是围观的人帮他说了出来。一堆小学生在大喊"他投降了！他投降了！"

就像小学四年级的那一架一样，我成为NASA的实习生以后也不知道要做什么。我也完全不知道将在这里开启什么样的旅程。

现在我在NASA工作了三十年，回望职业生涯有很多值得骄傲的地方。尽管如此我还是不太确定我是否知道该做什么。

我现在是一名退休的宇航员，不是前宇航员，而是退休的宇航员。完成了STS-131任务回到地球之后，我站在了世界之巅，这话既是比喻，也代表着字面意义上的世界之巅。我们完成了每一项任务。现在，航天飞机项目已经成为了历史，航天飞机也被摆到水泥柱子上，分散在全国各地。我为我们在航天项目上的贡献感到骄傲，也很感激能够成为美国历史的一部分。

但是离开从来就不容易。

我在宇航员办公室的最后两年是困难时期。宇航员长官佩吉·惠特森认为我的性格不适合再进行长期太空任务，认为有比我更适合飞入太空的人选。由于再也没有短期飞行任务，我的太空生涯就此结束了。

从宇航员的职位上退下来后，我被安排到了管理层。我感到挫败，生气，失望，嫉妒那些被认为可以继续执行飞行任务的人。很明显，和第一次打架一样，我也不知道如何应对这样的状况。

这需要一大步的信仰之跃。

作为一名宇航员，没有什么衣服比蓝色飞行服更让人骄傲了，没有什么比为国家奉献并在太空中冒生命危险更荣幸。能将自己的名字镌刻在伟大的太空先驱旁边，让人感到无比谦卑，更要感激的是，能够体验全能的上帝展现的力量与权威。

宇航员身份的终结也开启了下一段旅程。比如写这本回忆录，一切都是全新的挑战，这段旅程才刚刚开始，我和我的家人都不知道通向何方，但是我们心存信仰，祈祷着也能有收获和挑战，如同我作为宇航员代表美国一样。

出名是一件有趣的事情，我回到内布拉斯加后，人们常常在餐厅以及大街上认出我来。和他们合影、为他们签名都是一种荣幸。看着小孩子问我问题或者仅仅是害羞地站在那里，他们的父母赶紧说："小乔伊最爱外太空了，不是吗？"这时候感觉美妙极了。

名声也是一把双刃剑。有些人是所谓的"太空骨肉皮"①。你需要对上帝和家人坚定的爱才能抵御这种诱惑。对我而言，在个人生活及职业发展方面，苏珊都是关键人物。能够和她共享这一段人生实在是很特别。她有着无尽的爱和忍耐……就像我们的宇宙。

最近我都被介绍为"前宇航员"，感觉很怪。我认识的其他"前宇航员"都穿着蓝色飞行服到处演讲，用他们的宇航员故事迷倒观众，看起来再正常不过了。但我觉得有一点别扭。

---

① 骨肉皮（groupie），指那些追求和明星发生关系的女人。

作为管理层，工作日的节奏和工作的职责有了翻天覆地的变化，再也没有T-38、训练模拟或者俄语课。你可以在指挥中心作为指令舱通信员轮班，这倒是很有意思。坐在控制面板后面，作为曾经在另一端的宇航员，感到自己又发挥了功用。即使如此，这工作也不像之前那么让人兴奋了。

这状况有点像一个专业棒球运动员来到了职业生涯的末期。想象一下你曾经是大联盟的明星游击手或者三垒，比赛日，你已经到了球场。你重复之前已经做过数百次的动作，穿戴好比赛服，拉伸，开始投球热身，做防守准备，练习击球，甚至接受一两个当地媒体的采访。比赛开始，你需要展现通过平时艰苦训练得来的技巧为球队卖力。这一场结束以后又继续打下一场。你要一直表现出最好的水准。

但是这一天你甚至都没有办法参加比赛。

我曾经到达过职业的最高峰（220英里高），在太空中生活了167天，进行了6次太空行走，总共在外太空的真空中飞行了38小时28分钟。每90分钟就能绕地球一圈，在四个不同的太空船中上过大号。就像很多宇航员说的："我生活在梦里。"

我离开了那里……非常想念。

但是为了忠于自己，我必须承认是我自己行为不当导致不能再飞了。我负全责。

取消航天飞机计划最早是布什总统提出的，最终在奥巴马任上开始推行，给航空航天就业市场造成了冲击。随着航天飞机的退役，NASA的承包商和公务人员都有了冗余，对于承包商而言意味着解约，对于NASA和美国政府的雇员而言，需要调整到其他的职位。但是航天飞机项目有着众多的人员冗余，很多高等级的官员很难转移到其他机构。

幸运的是，约翰逊航天中心说服了人员管理办公室，实施了主动提前退休计划。为还没有达到退休年限的官员提供退休，减少人员冗余，腾出工作机会。

我加入了这个计划，该寻找下一个机会了。

"你现在想做什么，你梦想的工作是什么？"大家都在问。

这个问题现在很难回答，我早就做过了梦想中的工作。那是无法超越的体验。还有什么工作能够让你体验太空行走，控制机械臂，说俄语，操纵复杂的太空船，学习零重力环境下的生活？

我的下一个冒险一定要是一场冒险。必须能够让我充满热情，全身心地投入，就像我被选为宇航员时一样。

另一个关于宇航员的迷思就是宇航员这张牌你只能打一次。这是大实话，但是无论下一次冒险是什么，我都不想让人们认为我仅仅是前宇航员，新的"办公室盆栽"①。

我拥有一个有爱的家庭：美丽的妻子和很棒的孩子，以及一份遗产丰富的工作。我希望人们记住的是一个善良的领导者，一个性格坚强的人，一个尽量去做正确的事情的人。

2013年1月31日，我写了最后一封政府邮件。它会发送给宇航员办公室的负责人，正式转发给为宇航员办公室工作的所有人。它的内容如下：

来自：凯莉·格瑞艾姆（JSC-CB111）

发送：2013年1月31日，星期四下午12：07

至：JSC-DL-FCOD-VITT-CB4S

---

① 比喻那些占据位置而无所作为的人。

主题：来自克莱·安德森的"再见"

来自：克莱顿·C. 安德森（JSC-CB611）

发送时间：2013年1月31日，星期四上午11：51

大家好：

　　这一天终于到来了。今天是我作为公务员在NASA的最后一天，但不是作为美国宇航员的最后一天。我以为这一天永远不会到来，可是行星已经排成一列（你们喜欢这个太空引用么？），我也该继续进行下一个冒险了。

　　就像很多人曾说过的一样，这是全宇宙最好的工作。我全心全意地赞同这个说法。为宇航员办公室工作的诸位毫无疑问是最具天赋的团队之一，能够成为这个团队的一员我感到非常骄傲、荣幸以及谦卑。

　　祝所有人一切都好……这是一场奇异之旅。保持联络，继续学习"内布拉斯加州著名城市"，可能会有小测验的！加油，红队！

真诚的

克莱

"愿原力与你同在。"①原力一直都与我同在。

———————

① 《星球大战》系列影片中的著名台词，绝地武士的祝福语。